KB049393

VIETNAM
베트남

김낙현 지음

시공사

Contents

지도 찾아보기

베트남 여행의 시작

스페셜 테마

저자의 말

베트남을 소개합니다. 베트남은 남북으로 길게 뻗은 지형적인 특성 때문에 지역마다 기후는 물론 사람들의 기질과 음식, 문화에서 차이가 납니다.

세련된 도시의 모습을 하고 있는 호찌민을 여행하다가 고원 지대의 달랏으로 가면 같은 나라를 여행하고 있는 게 맞나 싶을 만큼 사람들의 모습과 풍경이 달라지고, 푸른 바다와 아름다운 섬들로 둘러싸인 냐짱으로 가면 남국의 분위기가 물씬 풍기는 이국적인 분위기에 매료되기도 합니다. 이뿐만이 아닙니다. 중부로 발길을 옮기면 요즘 인기 있는 여행지인 다낭, 고즈넉한 분위기와 역사가 살아 숨 쉬는 후에와 호이안을 마주하게 됩니다. 북부는 어떨까요? 베트남의 수도이자 대표 도시인 하노이는 활력이 넘쳐나고, 북부 고산 지대에 자리한 사빠에서는 소수 민족의 전통과 문화를 가까이에서 체험해 볼 수 있습니다. 비취색 바다 위로 기암괴석들이 즐비한 할롱베이, 짱안 경관 단지가 자리한 닌빈은 자연이 빚어 놓은 신비로운 풍광들이 끝없이 이어지기도 하지요. 베트남의 매력은 아무리 설명해도 끝이 보이지 않을 것 같습니다. 여행지에서는 어디라도 좋으니 현지인들처럼 작은 플라스틱 간이 의자에 앉아 쌀국수 한 그릇, 진하고 단 베트남 커피 한 잔을 마셔 보기를 권합니다.

글·사진 김낙현

지구 반대쪽 뉴질랜드, 서퍼들의 파라다이스라 불리는 인도네시아 발리에서 오랜 시간 거주했다. 여행과 서핑을 하고 그림을 그리고 글 쓰는 일을 하며 지내고 있다. 여행 잡지 〈뚜르드몽드〉와 〈요팅〉 에디터로 활동했다.
저서로는 《발리&롬복 여행백서》, 《저스트고 쿠알라룸푸르·랑카위·코타키나발루》, 《저스트고 라오스》, 《저스트고 베트남》이 있다.

이메일 saltytrip@naver.com 홈페이지 www.saltytrip.com

저스트고 이렇게 보세요

이 책에 실린 모든 정보는 2023년 2월까지 수집한 정보를 기준으로 했으며, 이후 변동될 가능성이 있습니다. 특히 교통편의 운행 일정과 요금, 관광 명소와 상업 시설의 영업시간 및 입장료, 현지 물가 등은 수시로 변동될 수 있으므로 여행 계획을 세우기 위한 가이드로 활용하시고, 직접 이용할 교통편은 여행 전 홈페이지를 통해 검색하거나 현지에서 다시 확인하는 것이 좋습니다. 변경된 내용은 편집부로 연락 주시기 바랍니다.
편집부 justgo@sigongsa.com

- 요금, 영업시간, 전화번호, 교통편의 운행 일정 등 각종 정보는 취재 후에 변동될 수 있으므로 여행 계획을 세우기 위한 가이드로 활용하시고, 여행 전 홈페이지를 통해 검색하거나 현지에서 다시 한번 확인하시길 바랍니다.
- 지명과 관광 명소, 상점 등의 표기는 국립국어원의 외래어 표기법을 최대한 따랐습니다.
- 관광 명소, 식당, 상점의 휴무일은 정기 휴일을 기준으로 실었습니다. 설날 등 명절이나 국경일에는 문을 닫는 경우가 있으므로 확인하시기 바랍니다.
- 맛집과 카페 등의 제시된 예산은 주요 메뉴의 가격을 기준으로 했습니다.
- 숙박 시설의 요금은 일반 객실 요금을 기준으로 실었습니다. 예약 시기와 숙박 상품 등에 따라 요금은 달라집니다.
- 베트남의 통화는 동(VND)입니다. 1만 동은 한화로 약 525원입니다(2023년 2월 기준). 환율이 수시로 변동되므로 여행 전 확인은 필수입니다.

지도 보는 법

각 명소와 상업 시설의 위치 정보는 '지도 p.73-K'와 같이 본문에 표시되어 있습니다. 이는 73쪽 지도의 K구역에 찾는 장소가 있다는 의미입니다.

스마트폰으로 QR코드를 스캔하면 책에 소개한 장소들의 위치 정보를 담은 '구글 지도(Google Maps)'로 연결됩니다. 웹 페이지 또는 애플리케이션의 온라인 지도 서비스를 통해 편하게 위치 정보를 확인할 수 있습니다.

지도에 삽입한 기호	
관광 명소 ●	사원 🌲
식당 ℞	교회, 성당 ♙
카페 Ⓒ	학교 🏫
쇼핑 Ⓢ	병원 ✚
숙소 Ⓗ	공항 ✈
마사지 Ⓜ	기차역 🚂
나이트라이프 Ⓝ	선착장 ⛴
여행사 Ⓣ	버스터미널 BUS

사빠

NORTH

하노이 ● 할롱베이 ●

● 닌빈

베트남 북부

하노이 Hà Nội

베트남의 수도이자 정치, 문화의
중심지로 베트남 북부 여행의
시작점이다. 오래된 사원과 왕릉,
프랑스 식민지 시대의 건축물,
현지인들의 생생한 삶의 풍경을
볼 수 있다.

Vietnam Quick Look

베트남
한눈에 보기

베트남은 크게 북부, 중부,
남부로 구분하며 지역에 따라
다른 테마 여행이 가능하다.
베트남의 역사와 유적에 관심이
있다면 중부의 후에와 호이안,
베트남의 문화와 예술이
궁금하다면 북부의 하노이,
도시의 매력을 만끽하고 싶다면
남부의 호찌민을 추천한다.
여유로운 휴가를 즐기고
싶다면 멋진 해변을 품고 있는
남부 지역의 냐짱(나트랑)과
중부 지역의 다낭으로 가자.

베트남 중부

● 후에
● 다낭
미선 유적 ● ● 호이안

CENTRAL

다낭 Đà Nẵng

베트남 중부 지역의 최대 상업
도시. 도심을 가로지르는
한강과 다낭 해변을 따라 늘어선
리조트들은 남국의 분위기가
물씬 풍긴다. 최근 인기 관광
도시로 급성장하고 있다.

베트남 남부

냐짱(나트랑) ●
● 달랏

SOUTH

● 호찌민 ● 무이내
● 메콩 델타

호찌민 Hồ Chí Minh

베트남 최고의 상업 도시로
비텍스코 파이낸셜 타워를
비롯해 고층 빌딩과 세련된
레스토랑, 상점들이 즐비하다.
현대적인 베트남의 모습을 만날
수 있는 남부 여행의 시작점이다.

닌빈 Ninh Bình

유네스코 세계 문화유산으로 지정된 짱안 경관 단지를 비롯해 '육지의 할롱베이'라 불리는 땀꼭 계곡과 호알 등이 자리하고 있다. 나룻배를 타고 아름다운 풍경을 감상한다.

사빠 Sa Pa

하노이 북쪽에 자리한 고원의 피서지로 베트남 소수 민족이 많이 살고 있다. 유럽의 시골 풍경을 연상케 하는 마을은 식민지 시대 프랑스인이 휴가를 보내던 곳이기도 하다.

할롱베이 Vịnh Hạ Long

비취색 바다 위로 3,000여 개의 기암괴석들이 솟아 있는 베트남 최고의 명승지. 유네스코 세계 문화유산으로 등재된 명소로 크루즈를 타고 즐기는 할롱베이 크루즈가 관광 포인트다.

호이안 Hội An

유네스코 세계 문화유산으로 지정된 도시로 과거 무역의 중심지였던 곳이다. 저녁이면 거리마다 제등이 내걸리는데 은은한 불빛과 고즈넉한 도시의 풍경이 멋진 분위기를 연출한다.

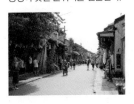

미선 유적 Mỹ Sơn

짬파 왕국의 성지. 대부분의 건축물은 전쟁 때 파괴되었지만 70여 곳의 유적 중 15곳이 옛 모습 그대로 남아 있다. 호이안에서 약 30km 떨어져 있는 인기 관광 명소이다.

후에 Huế

베트남 최후의 왕조가 있었던 옛 도읍지로 응우옌 왕궁과 같은 역사적인 유적지가 많이 남아 있다. 한적하게 흐르는 흐엉강이 아름다운 중부 지역의 대표 관광 도시이다.

메콩 델타 Mekong Delta

메콩강 하구에 자리한 삼각주로 강과 함께 살아가는 현지인들의 모습을 생생하게 구경할 수 있다. 메콩 델타 관광의 하이라이트는 메콩강 크루즈로 미토에서 출발한다.

달랏 Đà Lạt

프랑스 식민지 시대의 분위기를 느낄 수 있는 고원 지대. '꽃의 도시'라는 별칭이 있으며 베트남 사람들에게는 신혼여행지로 인기다. 커피, 와인, 차 등의 산지로도 유명하다.

냐짱(나트랑) Nha Trang

베트남 대표 휴양지로 최고의 해변 리조트와 현대적인 시설을 자랑하는 호텔이 즐비하다. 주변에는 크고 작은 19개의 섬이 있으며 신나는 보트 투어로 섬들을 돌아볼 수 있다.

베트남 여행 계획 세우기 팁

여행 최적기는 건기

베트남 북부 지방을 제외한 중부·남부 지방은 1년을 건기와 우기로 나눌 수 있다. 여행은 당연히 건기에 하는 것이 좋다. 호찌민을 중심으로 한 남부 지방은 항상 더운 여름 날씨라는 점을 기억하자. 하노이를 중심으로 한 북부 지방은 우리나라와 같은 사계절의 변화를 보이는데 겨울에는 두터운 점퍼가 필요할 정도로 쌀쌀한 날이 이어진다. 또한 중부와 남부는 건기와 우기의 시기가 거의 반대이니 함께 여행할 때 철저히 준비하자.

지역마다 다른 우기 시즌 고려

동남아시아의 특성상 우기라고 해도 하루 종일 비가 내리는 것은 아니다. 하루에 몇 차례 강하고 짧게 비가 내리는 것이 대부분이므로 우기라고 해서 크게 걱정할 필요는 없다. 참고로 남부 지역이 우기일 때 냐짱(나트랑)과 중부 지역은 화창한 날씨를 보이며, 다낭을 비롯한 중부 지역이 우기(9~12월)로 접어들면 하노이를 포함한 북부 지역은 건기의 기후를 보인다. 중부 지역은 9월경 태풍이 상륙하는 경우가 종종 있으니 이 시기는 피하는 게 현명하다.

한 도시당 최소 3일 할애

호찌민이나 하노이 등의 도시에 머물 예정이라면 최소 3일은 할애해야 한다. 여행의 시작이 되는 도시를 중심으로 가까운 근교 도시로 1일 투어를 다녀오면 3박 4일이나 4박 5일 정도가 최적의 코스가 된다. 하나 이상의 지역을 여행한다면 5~6일 정도가 필요하다.

근교 도시로 이동하려면 여행사 오픈 투어 버스를 타면 된다. 거리가 먼 지역이나 도시로 이동할 경우 국내선 항공편을 이용하면 효율적으로 시간을 절약할 수 있다.

베트남의 음력설은 피할 것

베트남도 우리나라와 마찬가지로 음력설을 지낸다. 음력설은 '뗏'이라고 부르며 시기는 1월 하순~2월 하순 사이로 매년 달라진다. 음력설을 전후한 1주일은 관광지를 포함해 문을 닫는 곳이 많고 열차와 비행기 등 교통수단도 매진이거나 가격이 올라간다. 4월 30일과 5월 1일은 베트남 해방기념일과 노동절이 있어 휴양지가 현지인들로 북적거린다. 베트남 중부의 호이안은 매월 음력 14일에 온 거리의 전등을 끄고 오직 제등만 밝히는 행사가 열리니 이 시기에 맞춰 가는 것도 좋다.

베트남 추천 여행 일정

Best Route 01

베트남 최대의 도시와 자연을 즐기다
호찌민 + 메콩 델타 4박 5일

★여행 포인트

호찌민에 숙소를 잡고 시내 관광과 다양한 먹을거리, 쇼핑을 즐긴 후 하루 또는 이틀 정도 시간을 투자해 메콩 델타를 돌아보자.

1DAY
인천→호찌민 도착 후 휴식

↓

2DAY
호찌민 시내 관광

↓

3DAY
호찌민 시내 관광

↓

4DAY
호찌민 근교 껀터 또는 메콩 델타 관광

↓

5DAY
호찌민 시내 관광 후 베트남 출국

하노이

후에

방콕

떠이닌
꾸찌 ● 호찌민
미토 ●
껀터

★Travel Budget

항공권 ················· **₩450,000**
호찌민 IN / 호찌민 OUT 왕복 티켓

숙박 ················· **₩400,000**
호찌민 중급 호텔 4박(2인 1실 기준)

교통 ················· **₩80,000**
시내 교통비

현지 비용 ················· **₩253,000**
투어(메콩 델타 90만 동)
식사비(300만 동)
입장료(50만 동)
기타(40만 동)

총 여행 경비 ················· **₩1,183,000**

Best Route 02

유구한 세계 문화유산을 순례하다

베트남 중부 5박 6일

★여행 포인트

호찌민 시내 관광 후 비행기로 베트남 중부 다낭으로 이동한다. 베트남 최후의 왕조 응우옌 왕조의 잔영이 남아 있는 후에를 둘러보고 짬파 왕국의 성지인 미선 유적과 그 시대 번영했던 호이안을 둘러본다.

1DAY
인천→호찌민 도착 후 휴식,
호찌민 시내 관광

2DAY
호찌민 시내 관광

3DAY
호찌민→다낭 도착, 후에로 이동

4DAY
후에 시내 관광 후 호이안으로 이동

5DAY
호이안 시내 관광, 미선 유적지 관광 후
다낭으로 이동

6DAY
다낭 시내 관광 후 베트남 출국

★Travel Budget

항공권 ························· **₩470,000**
호찌민 IN / 다낭 OUT 왕복 티켓(40만 원)
호찌민→다낭 편도 티켓(7만 원)

숙박 ···························· **₩500,000**
주요 도시 중급 호텔(2인 1실 기준)

교통 ···························· **₩145,000**
시내 교통비(10만 원)
다낭→후에 오픈 투어 버스 편도(1만 5,000원)
후에→호이안 오픈 투어 버스 편도(1만 5,000원)
호이안→다낭 오픈 투어 버스 편도(1만 5,000원)

현지 비용 ····················· **₩325,000**
투어(후에 85만 동, 미선 유적 65만 동)
기타(65만 동)
식사비(350만 동)
입장료(50만 동)

총 여행 경비 ·················· **₩1,440,000**

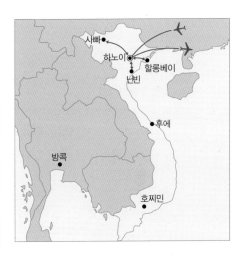

Best Route 03

때 묻지 않은 자연에 흠뻑 취하다
베트남 북부 5박 6일

★여행 포인트

수도 하노이에서 예술과 전통을 만끽하고
할롱베이 크루즈를 즐겨 보자.
사빠나 닌빈에서는 때 묻지 않는
자연 경관을 감상하자.

1DAY
인천→하노이 도착 후 맥주 거리 탐방

2DAY
하노이 시내 관광

3DAY
할롱베이 크루즈 또는 사빠로 이동

4DAY
할롱베이 크루즈 또는 사빠 관광 후
하노이로 이동

5DAY
닌빈 관광 후 하노이로 이동

6DAY
하노이 시내 관광 후 베트남 출국

★Travel Budget

항공권 ······················· ₩450,000
　　　　하노이 IN / 하노이 OUT 왕복 티켓

숙박 ·························· ₩550,000
　　하노이 중급 호텔 4박(2인 1실 기준, 40만 원)
　　할롱베이 중급 크루즈 1박(2인 1실 기준, 15만 원)

교통 ·························· ₩170,000
　　　　　　　　시내 교통비(8만 원)
　　하노이→사빠 리무진 버스 왕복(5만 원)
　　하노이→닌빈 열차 왕복(하드 시트, 1만 원)
　　　　닌빈 차량 대절(반나절, 3만 원)

현지 비용 ····················· ₩450,000
　　투어(할롱베이 300만 동, 닌빈 80만 동,
　　　　　사빠 75만 동, 기타 50만 동)
　　　　　　식사비(300만 동)
　　　　　　입장료(50만 동)

총 여행 경비 ················· ₩1,620,000

베트남 추천 여행 일정

호찌민에서 하노이까지 베트남을 종단하다

베트남 전역 14박 15일

★여행 포인트

열차와 오픈 투어 버스(슬리핑 버스)를
이용해 남북으로 긴 베트남을 종단해 보자.
호찌민과 하노이, 후에, 호이안, 나짱(나트랑) 등
베트남 대표 관광 도시를 둘러보고
각 지방 특유의 분위기를 느껴 보자.
주변 소도시 여행도 놓치지 말자.

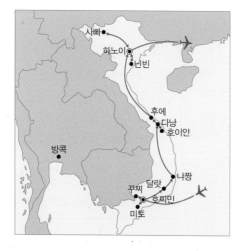

1DAY
인천→호찌민 도착 후 휴식, 시내 관광

2DAY
메콩 델타 1일 투어 후 호찌민 시내 관광

3DAY
호찌민에서 달랏으로 이동, 달랏 시내 관광

4DAY
달랏 시내 관광 후 나짱으로 이동,
나짱 시내 관광

5DAY
나짱 보트 투어 후 나짱 시내 관광

6DAY
나짱에서 다낭으로 이동, 다낭 시내 관광

7DAY
다낭에서 호이안으로 이동,
호이안 시내 관광

8DAY
호이안 시내 관광 후 후에로 이동

9DAY
후에 시내 관광

10DAY
후에에서 하노이로 이동, 하노이 시내 관광

11DAY
하노이 시내 · 외곽 관광

12DAY
하노이에서 사빠로 이동, 사빠 관광

13DAY
사빠 관광 후 하노이로 이동

14DAY
하노이에서 닌빈으로 이동, 닌빈 관광

15DAY
하노이 시내 관광 후 베트남 출국

★Travel Budget

항공권 ································· **₩550,000**
호찌민 IN / 하노이 OUT 왕복 티켓(50만 원)
나짱→다낭 편도 티켓(5만 원)

숙박 ································· **₩1,000,000**
지역별 중급 호텔 14박(2인 1실 기준)

교통 ································· **₩500,000**
시내 교통비(30만 원)
호찌민→달랏 오픈 투어 버스 편도(2만 5,000원)
달랏→나짱 오픈 투어 버스 편도(2만 원)
다낭→호이안 오픈 투어 버스 편도(1만 5,000원)
호이안→후에 오픈 투어 버스 편도(1만 5,000원)
후에→하노이 오픈 투어 버스 편도(3만 5,000원)
하노이→사빠 리무진 버스 왕복(5만 원)
하노이→닌빈 열차 왕복(하드 시트, 1만 원)
닌빈 차량 대절(반나절, 3만 원)

현지 비용 ································· **₩565,000**
투어(메콩 델타 90만 동, 미선 유적 65만 동,
후에 왕릉 40만 동, 닌빈 80만 동,
사빠 75만 동, 기타 70만 동)
식사비(600만 동)
입장료(50만 동)

총 여행 경비 ································· **₩2,615,000**

Best of Vietnam

베스트 오브
베트남

Xin Chào Vietnam!

베트남을 소개합니다 **씬짜오 베트남**

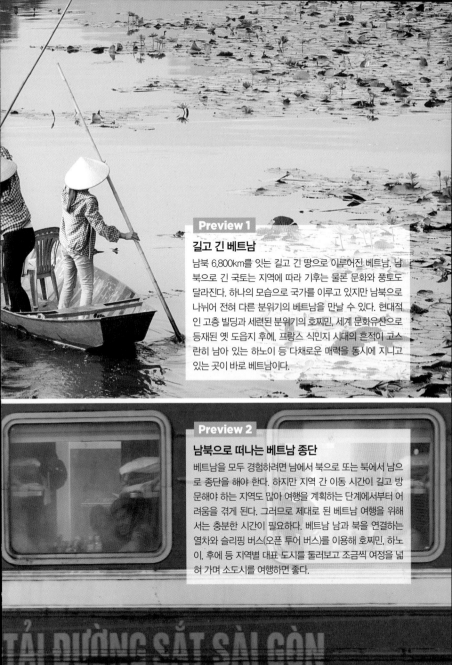

Preview 1

길고 긴 베트남

남북 6,800km를 잇는 길고 긴 땅으로 이루어진 베트남. 남북으로 긴 국토는 지역에 따라 기후는 물론 문화와 풍토도 달라진다. 하나의 모습으로 국가를 이루고 있지만 남북으로 나뉘어 전혀 다른 분위기의 베트남을 만날 수 있다. 현대적인 고층 빌딩과 세련된 분위기의 호찌민, 세계 문화유산으로 등재된 옛 도읍지 후에, 프랑스 식민지 시대의 흔적이 고스란히 남아 있는 하노이 등 다채로운 매력을 동시에 지니고 있는 곳이 바로 베트남이다.

Preview 2

남북으로 떠나는 베트남 종단

베트남을 모두 경험하려면 남에서 북으로 또는 북에서 남으로 종단을 해야 한다. 하지만 지역 간 이동 시간이 길고 방문해야 하는 지역도 많아 여행을 계획하는 단계에서부터 어려움을 겪게 된다. 그러므로 제대로 된 베트남 여행을 위해서는 충분한 시간이 필요하다. 베트남 남과 북을 연결하는 열차와 슬리핑 버스(오픈 투어 버스)를 이용해 호찌민, 하노이, 후에 등 지역별 대표 도시를 둘러보고 조금씩 여정을 넓혀 가며 소도시를 여행하면 좋다.

남중국해를 따라 이어지는 동부 해안

베트남의 동부와 서부 지역은 각각 해안과 내륙으로 연결된다. 서부는 라오스, 캄보디아와 경계를 마주하고 있는 반면 동부는 남중국해에 닿아 있는데 북부 지역의 할롱베이를 시작으로 다낭, 호이안, 냐짱(나트랑), 무이내 등 휴양을 즐길 수 있는 해안 도시가 이어진다. 특히 최근 인기 관광지로 각광받고 있는 다낭과 냐짱은 베트남을 대표하는 휴양지로 온화한 기후와 아름다운 바다에서 여유를 만끽하기 그만이다.

멀지만 가까운 나라

유교 전통, 근면함과 성실함, 높은 교육열, 전쟁, 식민 통치, 남북 분단 등 베트남과 우리나라는 여러 면에서 절묘하게 닮아 있다. 오랜 격동의 시간을 꿋꿋이 견뎌 내고 빠른 경제 발전을 이루고 있는 지금까지도 말이다. 비록 사용하는 언어와 모습은 다르지만 자화상처럼 닮은 베트남 사람들의 진솔한 모습을 만나면서 진정한 여행을 경험해 보자.

호찌민 여행의 하이라이트
Ho Chi Minh Highlight

데탐 거리
여행자를 위한 편의
시설, 레스토랑, 펍
등이 모여 있는 여행자
거리로 유명하다.

동커이 광장
인민위원회 청사를
마주하고 있는
광장은 시민들의
휴식 공간으로
이용된다.

비텍스코 파이낸셜 타워
호찌민시를 대표하는
아이콘으로 전망대에
오르면 아름다운 도시가
한눈에 펼쳐진다.

야시장
벤타인 시장 주변에
야시장이 열려
관광객을 위한
각종 먹거리를 파는
노점들이 늘어선다.

통일궁

프랑스 식민지
시대에 총독
관저로 지어졌으며
현재는 박물관으로
사용하고 있다.

중앙 우체국

유명 건축가 에펠이
설계한 건축물.
파스텔 톤의 외관은
고풍스러움이
느껴진다.

남부식 쌀국수

숙주와 담백한
국물 맛이 특징인
남부식 쌀국수를
즐겨 보자.

메콩 델타

베트남 남서부에 위치한 메콩강
하류의 삼각주. 작은 나룻배를
타고 둘러보는 투어가 인기다.

하노이 여행의 하이라이트
Hanoi Highlight

하노이 시내 관광

탕롱 유적지, 호찌민 박물관과 묘지, 관저, 못꼿 사원, 문묘 등 볼거리가 많다.

호안끼엠호

하노이 중심에 자리한 호수로 하노이 시민들의 진정한 휴식처로 사랑받고 있다.

맥주 거리

늦은 저녁 맥주 거리에서 현지인들처럼 플라스틱 의자에 앉아 시원한 맥주를 마셔 보자.

수상 인형극

하노이를 대표하는 전통 예술. 물 위에서 움직이는 인형들의 유쾌한 동작을 감상해 보자.

하노이 외곽 투어

독특한 풍경을
지닌 닌빈이나
북부 사빠 등으로
투어를 떠나 보자.

밧짱 마을

하노이 시내에서
멀지 않은 도자기
마을로 베트남
분위기가 물씬
풍기는 도자기를
제작해 판매한다.

할롱베이 크루즈

베트남 대표
명승지인
할롱베이에서
고급스러운
크루즈를 체험해
보자.

하노이 요리

담백한 국물 맛이
일품인 하노이
쌀국수와 분짜,
부드러운 가물치
요리는 꼭 맛보자.

다낭 여행의 하이라이트
Da Nang Highlight

다낭 시내 관광

다낭 시내 주요 관광 명소를 둘러보자. 한강을 가로지르는 용교에서는 주말마다 멋진 불 쇼가 펼쳐진다.

바나 힐

다낭 속 유럽이라 불리는 바나 힐은 산꼭대기에 위치한 테마파크. 바나 힐 케이블카는 단일 로프 최장 거리로 기네스북에 등재되었다.

안방 비치

아름다운 해안을 따라 형성된 해변에서 해수욕과 물놀이를 즐겨 보자.

호이안

베트남의 옛 향수를 불러일으키는 고풍스러운 거리 풍경을 만끽하자.

후에

베트남 최후의
왕조인 응우옌
왕조의 수도이자
세계 문화유산에
등록된 고도(古都)를
관광하자.

미선 유적

과거 눈부신 번영을
누렸던 짬파 왕국의
성지를 돌아보자.

에코 투어

때 묻지 않은 자연과
현지인들의 삶을 체험해 보자.

중부 요리

두터운 면발이 특징인 중부식
면 요리나 바인쌔오를 맛보자.

베트남의 세계 문화유산

베트남에는 총 8곳의 세계 문화유산이 있는데 대부분 중부와 북부에 집중되어 있다.
그중 지역별로 방문하면 좋은 대표적인 세계 문화유산을 알아보고 직접 둘러보면서
베트남이 가진 독특한 매력들을 만나 보자.

할롱베이

'바다의 작은 계림'이라
불리는 베트남 최고의 관광
명소. 바다 위에 크고 작은
기암괴석들이 늘어선 모습은
마치 한 폭의 동양화 같다.
기암괴석 너머로 펼쳐지는
해넘이는 할롱베이 크루즈의
매력 중 하나다.

탕롱 유적

탕롱 유적은 천 년이 넘는
하노이의 역사가 기록되어
있다는 점에서 높은 평가를
받고 있다. '탕롱'이란
하노이의 옛 이름으로
당시 제국주의 시대의 성채
중에서 중요한 가치를
지니고 있으며 보존 상태도
양호하다.

짱안 경관 단지

베트남 세계 문화유산 중
가장 최근에 지정된 곳이다.
하노이에서 차로 약 2시간
거리에 위치한 닌빈에 있다.
기암괴석이 늘어선 짱안
계곡과 땀꼭에서 나룻배를
타고 동굴을 둘러보거나 옛
도읍지였던 호아르, 바이딘
사원 등을 관람한다.

Vietnam Unesco

후에 기념물 복합 지구

베트남의 마지막 왕조인 응우옌 왕조의 수도였던 곳으로 구시가지의 응우옌 왕궁과 교외에 흩어져 있는 왕릉(민망, 뜨득, 카이딘)들의 가치가 높아 베트남에서 가장 먼저 세계 문화유산으로 지정됐다.

문화 유산
1993년 등재

호이안 구시가지

'바다의 실크로드'라 불리던 요충지이자 항구 도시였던 호이안 구시가지에는 15~19세기 호황을 누렸던 과거의 모습을 보존하고 있는 전통 가옥들이 남아 있다. 매월 음력 14일 밤에는 전등을 모두 끄고 제등만 밝히는 제등 축제가 열린다.

문화 유산
1999년 등재

미선 유적

4세기경부터 900년에 걸쳐 번영을 누렸던 짬파 왕국의 성지로 '베트남의 앙코르와트'라고도 불린다. 깊은 산속에 짬파 건축 양식으로 지어진 70여 개의 유적들이 있다. 아쉽게도 베트남 전쟁 당시 많은 부분이 파괴되었다.

문화 유산
1999년 등재

요즘 베트남에서 핫한 휴양지와 비치

과거 호찌민, 하노이로 대표되던 베트남이 최근 아름다운 해안선과 해변을 품고 있는
다낭, 냐짱, 무이내 등 중남부 해안 도시로 인기를 얻으면서 관광에 휴양이라는 테마가 추가되었다.
요즘 한국인 여행자들에게 인기 있는 베트남 휴양지와 해변을 소개한다.

다낭

베트남 중부를 대표하는 휴양 도시 다낭은 약 70km의 해안선을 따라 해수욕을
즐길 수 있는 해변과 호텔, 리조트들이 자리하고 있다. 최근 커플 여행자들에게
인기가 높아지면서 풀빌라와 글로벌 체인 리조트도 새롭게 생겨나고 있다.
레스토랑과 카페, 마사지 숍 등 여행자를 위한 편의 시설도 충실하다.

미케 비치

베트남에서 가장 인기 있는 해변 중 하나로 손꼽히는 미케 비치는 고운 모래와
넓은 백사장이 특징이다. 다양한 수상 레포츠와 물놀이를 할 수 있다.

G Beach

호이안

유네스코 세계 문화유산으로 등재된 호이안. 고즈넉한 분위기의 구시가지는
예스러운 베트남의 모습이 여전히 남아 있다. 최근 다낭과 함께 급부상하고
있는 휴양지 중 한 곳으로 중급 호텔이 많아 가성비가 좋은 여행지다.

안방 비치

안방 비치는 바람과 파도가 강하고 수온이 높은 편이라 서양 여행자들에게 특히 인기 있다.
해변에는 바다가 보이는 레스토랑과 비치 바 등이 자리하고 있어 시간을 보내기 좋다.

냐짱(나트랑)

베트남 남부를 대표하는 휴양지로 고급 호텔들과 리조트가 해변을 마주하고 있다.
일 년 내내 따뜻하고 온화한 기후 덕분에 휴양을 즐기기에 그만이다. 시내에서
해변까지의 거리가 가깝고 해변 산책로도 잘 정비되어 있다. 냐짱의 푸른 바다 위에
떠 있는 아름다운 섬들까지 보트를 타고 다녀올 수 있어 일석이조다.

냐짱 비치

새하얀 모래사장과 이국적인 정취가 물씬 풍기는 냐짱 비치에는
비치파라솔과 선베드가 가득하다. 파도가 강하지 않고 백사장도 잘
관리되어 아이를 동반한 가족 여행자들이 물놀이를 즐기기 좋다.

무이내

남동부의 작은 어촌 마을인 무이내는 호찌민에서 다녀올 수 있는 인기 휴양지다.
자연이 만들어 낸 해안 사구와 높게 뻗은 야자수, 그 안에 자리한 리조트와 빌라,
방갈로 등이 모여 여느 동남아시아의 휴양지와 비슷한 분위기를 연출한다.
여행자를 위한 편의 시설은 다소 부족하지만 평온한 시간을 보낼 수 있다.

무이내 비치

무이내 비치는 바람이 강하게 불고 거친 편이라 물놀이나 해수욕보다는 카이트
서핑과 같은 해양 레포츠를 즐기기 좋다. 대부분의 숙소들이 해변 코앞에 자리하고
있어 선베드에 누워 책을 읽거나 음악을 들으면서 여유를 만끽한다.

Accomodation

하룻밤 꿈 같은 취향 저격 숙소

최근 몇 년간 베트남은 빠르게 변모하고 있다. 휴양지를 중심으로 고급 유명 리조트와 풀빌라가 속속 문을 열고 있다. 전통 스타일을 고수하면서도 현대적인 시설로 무장한 호텔 중에 내게 맞는 숙소는 어디일까? 가족, 커플, 나 홀로 등 여행 동반자에 따라 최적의 숙소를 추천한다.

호찌민

인터컨티넨탈 레지던스 사이공
InterContinental Residences Saigon

레지던스 타입으로 넓은 객실에는 주방 시설이 있어 취사가 가능하며 세탁기도 설치되어 있다. 수영장과 레스토랑, 카페도 갖추고 있어 아이를 동반한 가족 여행자들에게 제격이다.

호텔 데자르 사이공 M갤러리 컬렉션
Hotel des Arts Saigon MGallery Collection

신혼여행에 어울리는 고급스럽고 세련된 5성급 부티크 호텔. 뷰티 스파의 평이 좋고 수영장과 루프톱 바 등 부대시설도 충실하다.

렉스 호텔
Rex Hotel

호찌민 시내 중심가에 위치하고 있어 주변 관광지로의 이동이 편리하며 기본적인 호텔 시설도 좋은 편이다. 주변에 늦은 시간까지 운영하는 식당과 카페, 상점 등이 모여 있다.

힐튼 하노이 오페라
Hilton Hanoi Opera

수영장을 비롯한 부대시설과 세심한 서비스를 갖춘 고급 호텔. 주변에 호안끼엠호를 비롯해 박물관 등 볼거리가 다양해 아이와 함께하는 여행에 잘 맞는다.

인터컨티넨탈 하노이 웨스트레이크
InterContinental Hanoi Westlake

하노이에서 고급 호텔로 손꼽히는 곳으로 떠이호 풍경을 조망할 수 있어 낭만적이다. 수영장과 레스토랑, 스파 등의 부대시설을 갖추고 있다.

코니퍼 부티크 호텔
Conifer Boutique Hotel

깔끔하고 스타일리시한 중급 부티크 호텔. 시내 중심에 위치하고 주변에 편의 시설도 두루 갖추고 있어 활동적인 여행을 즐기기에 안성맞춤이다.

다낭 미카즈키 재패니스 리조트 앤 스파
Da Nang Mikazuki Japanese Resorts & Spa

독립 형태의 빌라부터 야외 욕조와 일본식 다다미로 꾸민 호텔 객실까지 갖추고 있다. 일본풍으로 꾸며진 야외 온천을 비롯해 워터 파크까지 있어 아이를 동반한 가족 여행자들에게 제격이다.

인터컨티넨탈 다낭 선 페닌슐라 리조트
InterContinental Danang Sun Peninsula Resort

일생에 한 번뿐인 허니문이라면 럭셔리하고 로맨틱한 이곳을 추천한다. 곤돌라를 타고 해변까지 이동할 수 있으며 독보적인 화려한 스타일로 특히 허니부너에게 인기가 높다.

래디슨 호텔 다낭
Raddsson Hotel Danang

가성비 좋은 다낭 신생 호텔로 젊은 층의 여행자들에게 추천한다. 전체적으로 깔끔한 객실과 아늑한 인피니티풀, 루프톱 바가 매력적이다. 다낭 해변과의 거리도 가까워 물놀이를 하기도 좋다.

Activity

베트남에서 즐기는 꿀잼 액티비티

베트남은 지역마다 개성 넘치는 즐길 거리와 다채로운 액티비티가 있다.
기암괴석이 즐비한 할롱베이나 짱안 경관 단지로 투어를 떠나도 좋고 도심 속에서
쉽고 간단히 체험할 수 있는 거리도 다양하다.

크루즈 여행으로
할롱베이 낭만 유람

3,000여 개의 섬이 펼쳐진
'바다의 계림' 할롱베이를
가까이에서 만나 보자.
선상 위에서 여유로운
한때를 보내는 일은
잊지 못할 추억이다.

세계에서 가장 긴 케이블카 타기

다낭, 달랏, 사빠 등에는
관광 명소와 연계해
운영되는 케이블카가
있다. 그중 다낭의 바나 힐
케이블카는 세계에서 가장
긴 것으로도 유명하다.

사빠에서
에코 트레킹 즐기기

사빠 지역에는 소수 민족들이 살아가는 마을이 남아 있고 이곳을 둘러보는 트레킹 코스가 인기다. 소수 민족과 함께 트레킹을 하며 그들의 삶을 체험해 보자.

호이안 투본강에서
소원 등불 띄우기

호이안 지역은 제등으로도 유명하지만 저녁이 되면 작은 배를 타고 투본강으로 나가 소원을 빌며 등불을 띄워 보는 체험이 인기다. 비용도 저렴해 부담 없이 즐기기 좋다.

무이내 사구에서 액티비티 즐기기

호찌민에서 멀지 않은 무이내에는 자연의 손으로 만들어진 해안 사구가 있다. 사구 위에서 사륜구동 ATV나 샌드 보드를 타며 짜릿한 기분을 느껴 보자.

시원한 기후의 고원
휴양지 방문하기

달랏과 사빠는 고원 지대의 기후 특징이 도드라져 시원하다. 고원 지대에서 재배한 다양한 식재료로 만든 특산 요리나 커피, 차 등의 특산품 쇼핑도 놓치지 말자.

짱안 경관 단지 감상하기

작은 나룻배를 타고 '육지의 할롱베이'라 불리는 짱안 경관 단지를 둘러보자. 석회 동굴과 기암괴석들이 만들어 내는 황홀한 절경을 감상하며 베트남의 숨은 매력을 만나 보자.

하노이 수상 인형극 관람하기

10세기부터 시작된 베트남 북부의 전통 공연 중 하나로 전통 악기의 연주와 노래, 물 위에서 춤을 추는 인형들을 통해 이야기를 풀어낸다.

호이안에서 베트남 요리 배워 보기

이른 아침 호이안 시장에 들러 장을 본 후 현지 요리사와 함께 3~4가지의 베트남 중부 요리를 직접 만들고 시식한다. 베트남 요리에 관심이 있다면 꼭 한 번 참여해 보자.

달랏 캐니어닝에 도전하기

달랏 캐니어닝은 최근 젊은 여행자들 사이에서 뜨고 있는 레포츠. 급류 타기, 트레킹, 암벽 타기 등 다양한 방법으로 달랏의 산과 폭포, 계곡을 체험한다. 달랏은 세계적으로도 유명한 캐니어닝 장소다.

메콩 델타 만나 보기

'엘리펀트 피시'라 불리는 명물 요리를 맛보고 작은 나룻배로 좁은 물길을 통과한다.
메콩강을 터전으로 살아가는 현지인들의 모습을 가까이에서 볼 수 있다.

아오자이 입어 보기

현지에서 아오자이를 빌리거나 현지
시장 내 원단 가게에서 직접 맞춰
입을 수도 있다. 제작은 1~2일 정도
소요되며 비용(US$10~)은 원단에
따라 달라진다.

냐짱 아일랜드 보트 투어

저렴한 비용으로 즐기는 냐짱의 아름다운
섬 여행. 보트 위에서 주변 섬을 구경하고
스노클링, 다이빙을 체험하며 신나는 하루를
보낼 수 있는 냐짱 여행의 필수 코스다.

하노이 맥주 거리 탐방하기

하노이 구시가지에는 일명
'맥주 거리'라 불리는 곳이
있다. 플라스틱 간이 의자와
테이블에 앉아 시원한
베트남 맥주를 마셔 보자.

Water Puppet Show

TRAVEL ZOOM IN ⊕

하노이 수상 인형극 즐기기

베트남 여행에서 빼놓을 수 없는 볼거리 중 하나가 바로 하노이 전통 예술인 수상 인형극이다. 물로 채워진 무대에서 단원들이 여러 인형들을 능숙하게 조작하는데 인형의 유쾌한 동작과 세밀한 움직임, 전통음악이 멋진 조화를 이룬다. 공연은 1시간가량 진행되며 입장권은 극장 입구에서 구입할 수 있다.

하노이 수상 인형극과 전용 극장

베트남 수상 인형극의 역사는 약 1,000년 전부터 시작된 것으로 알려져 있다. 처음에는 베트남 북부 지방의 농부들이 수확 축제 때 연못이나 호수에서 인형극을 상연했다고 한다. 그것이 리 왕조와 쩐 왕조 시대에 이르러 궁중 예술로 발전했다. 유서 깊은 전통 공연이지만 현지인들보다는 관광객들의 눈높이에 맞춰 유쾌하고 쉽게 풀어냈다. 수상 인형극 전용 극장은 300여 명이 입장할 수 있는 규모이며 공연을 펼치는 중앙 무대 외에 전통 악기 연주자들의 연주 공간이 마련되어 있다. 중앙 무대 뒤쪽으로는 22명의 인형 조종 단원이 자리한다. 극장은 인형도 직접 제작하며, 해외 공연 횟수도 매년 늘려 가고 있다.

이해하기 쉬운 스토리

총 11개의 단막으로 구성된 수상 인형극은 1막당
3~5분 정도로 진행된다. 남녀 혼성으로 이루어진
연주단의 연주와 가수들의 노래에 맞춰 인형들이
춤을 추고 소가 뛰어오르고 용이 승천하고
농부들이 모내기를 하는 순으로 진행된다.
수상 인형극의 스토리는 서민 생활을 그린 것이다.
인형들의 표정과 동작, 빠른 템포로 진행되는
전개를 보고 있으면 언어가 통하지 않아도 금세
이해할 수 있다. 현란한 조명과 불꽃놀이, 물보라
등도 소소한 볼거리다. 공연 말미에는 참여했던
인형 조종 단원들이 무대 인사를 하며 마무리한다.

INFO

입장권 구입하기

공연 직전에 구입할 수도 있지만 저녁 시간에는 표가 빠르게 매진되므로 가급적
미리 예매해 두는 것이 좋다. 매표소는 극장 앞에 있으며 판매 시간은 08:30~11:30,
13:00~18:30, 19:00~마지막 공연 시간 전까지다.

탕롱 수상 인형극장 Nhà Hát Múa Rối Nước Thăng Long
⭐ **지도** p.261-H, 263-G, 264-D **구글 맵** 21.031640, 105.853177
주소 57B Đinh Tiên Hoàng, Lý Thái Tổ, Hoàn Kiếm **전화** 024-3824-9494
개방 16:10~20:00(1일 2~3회 공연, 첫 회와 마지막 회는 부정기 공연)
요금 Type1(A~E열) 20만 동, Type2(G~J열) 15만 동, Type3(K~R열) 10만 동(카메라 소지 시
2만 동, 비디오 소지 시 6만 동 추가) ※앞줄일수록 가격이 올라감.
홈페이지 thanglongwaterpuppet.com **교통** 호안끼엠호 동쪽, 대성당에서 도보 10분

Traditional Food

퍼 Phở
한국에서도 흔히 볼 수 있는 베트남
쌀국수. 쌀국수의 시작은 하노이로
알려져 있다. 지역에 따라 재료와
맛이 다른데 숙주를 많이 넣은
남부식과 파를 많이 넣은 북부식이
대표적이다.

바인배오 Bánh Bèo
후에 지역의 요리. 곱게 간
쌀가루로 피를 만들고 그 위에 파,
작은 건새우, 다진 새우 소스 등을
올려 느억맘 소스에 찍어 먹는다.
이름은 같지만 지역마다 맛과
모양이 다르다.

베트남의 대표 요리

프랑스와 중국의 영향을 받은
베트남 요리는 시간이 흐름에
따라 자체적으로 발전하여
지금의 베트남 요리를
탄생시켰다. 같은 음식이라도
지역에 따라 그 모습이 다르고
들어가는 재료와 먹는 방법도
제각각이다. 고유의 맛을
살리면서도 여행자들의 입맛에
잘 맞는 베트남의 대표 요리를
살펴보자.

바인쌔오 Bánh Xèo
쌀가루와 녹두 가루를 코코넛
밀크에 반죽해 부친 것으로 겉은
바삭하고 속은 찰기가 있다.
속은 돼지고기와 새우, 숙주 등이
들어가고 허브나 라이스페이퍼에
싸서 소스를 찍어 먹는다.

바인미 Bánh Mì
베트남식 샌드위치로 바게트 빵에
햄과 오이, 파테(가공육) 등을 넣고
마지막에 베트남 간장을 뿌려
먹는다. 베트남 전역에서 맛볼 수
있는데 지역마다 들어가는 재료와
토핑이 달라진다.

고이꾸온 Gỏi Cuốn
돼지고기, 새우, 부추, 당면, 허브
등을 라이스페이퍼에 돌돌 말아
땅콩소스에 찍어 먹는 스프링
롤이다. 주로 남부 지방에서 먹지만
베트남 전역에서 맛볼 수 있다.

분짜 Bún Chả
떡갈비처럼 구운 고기와 삼겹살을
새콤달콤한 국물 소스에 찍어
각종 허브, 삶은 면과 함께 먹는다.
하노이의 경우 국물 소스에
파파야가 들어가는 곳이 많다.

껌스언 Cơm Sườn
갓 지은 쌀밥 위에 구운 양념갈비
맛이 나는 고기를 올리고 약간의
채소를 함께 낸다. 고기를 먹기
좋게 가위로 잘라 얹어 주는 것도
특징이다.

미꽝 Mì Quảng
중부 지역을 대표하는 국수 요리.
쌀로 만든 넓적한 면에 고기,
해산물, 채소, 견과류 등을 올리고
약간의 육수를 부어 비벼 먹는다.
기호에 따라 잘게 썬 고추를 뿌려
먹기도 한다.

껌랑 Cơm Rang
베트남식 볶음밥으로 밥알이
살아 있어 꼬들꼬들한 맛이
특징이다. 베트남식 볶음밥은
종류가 다양하고 넣는 재료도 지역,
가게마다 다르다. 가격이 저렴한
서민 음식 중 하나이다.

분짜까 Bún Cha Ca
어묵을 넣어 국물을 우려내는데
간은 소금으로만 한다. 국물 맛이
깔끔한 것이 특징이다. 토마토를
넣어 신맛을 가미하는 경우도 있다.
주로 중부 지역에서 많이 먹는다.

껌가 Cơm Gà
찹쌀과 멥쌀을 혼합하여 밥을
지으며 닭 육수를 사용한다. 밥
위에 닭고기를 가늘고 길게 찢어
올리는데 담백하면서도 닭고기
본연의 맛을 느낄 수 있다.
호이안 지역이 유명하다.

프라이드 완탄
Hoành Thánh Chiên
라이스페이퍼를 튀겨 그 위에
베트남식 양념과 토마토, 고수 등을
올린다. 바삭하면서 이국적인 맛이
나는데 가볍게 먹기 좋다. 호이안의
명물 요리다.

화이트 로즈
Bánh Bao Bánh Vạc
만두와 비슷한데 만두피가 얇고
투명하다. 새우와 돼지고기로 속을
채우고 바삭하게 튀긴 양파나 마늘,
파 등을 올려 새콤달콤한 소스에
찍어 먹는다.

까올러우 Cao Lầu
호이안의 명물 요리로 두툼한
면발을 사용한다. 면 위에 채소,
허브, 돼지고기 등을 고명으로 올려
먹는다. 국물이 거의 없는 것이
특징이다.

라우무옹싸오또이
Rau Muống Xào Tỏi
공심채를 이용한 볶음 요리로
싸고 맛이 좋아 식사 때 빠지지
않고 등장한다. 마늘과 기름, 간장
등으로 맛을 낸다.

껌떰 Cơm Tấm
쌀을 도정하는 과정에서 생겨나는
깨진 쌀을 이용해 지은 밥에 갖가지
반찬을 올려 먹는다. 가게마다
반찬이 다르며 올리는 가짓수에
따라 가격이 달라진다.

냄란 Nem Rán/
짜조 Chả Giò
튀긴 스프링 롤. 안에 들어가는
재료는 지역마다 다른데
북부 지역에서는 냄란, 남부
지역에서는 짜조라고 부른다.

분보후에 Bún Bò Huế
후에 지역을 대표하는 국수로 굵은
면을 사용하며 소고기, 돼지고기,
내장 등이 듬뿍 올라간다. 국물은
돼지 뼈와 소고기, 토마토,
레몬그라스 등을 넣고 우려낸다.

미옵라 Mì Ốp La
후에 지역에서 주로 먹는 아침 식사
메뉴로 빵과 달걀을 이용한다.
동그란 무쇠 접시에 달걀프라이와
갖은 채소를 올려 내는데 취향에
따라 소고기를 추가할 수도 있다.

바인봇록 Bánh Bột Lọc
쌀가루 피에 새우를 싸서
먹는 후에 지역의 요리.
반투명한 쌀가루 피는 식감이
쫄깃쫄깃하다. 느억쩜 소스에
찍어 먹으면 더욱 맛이 좋다.

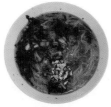

분옥 Bún Ốc
우렁이로 국물을 내는 것이
특징이다. 우렁이 국물과 토마토
수프에 삶은 우렁이 살을 넣는데
쫄깃한 식감이 좋다. 하노이
떠이호의 명물 요리다.

분리에우꾸어 Bún Riêu Cua
으깬 게로 국물을 낸 면 요리. 면은
쌀로 만들고 국물에는 토마토가
많이 들어가 시큼한 맛이 난다.
고명으로는 튀긴 두부나 선지 등이
올라간다.

냄하이산 Nem Hải Sản
스프링 롤의 일종으로
라이스페이퍼에 해산물이 들어간
소를 넣고 튀겨 낸다. 게살과 각종
해산물을 으깬 뒤 튀겨 바삭하며
바다의 향이 물씬 풍긴다.

분보남보 Bún Bò Nam Bộ
소고기 국수의 일종으로 국물 없이
비벼 먹는 형태다. 새콤달콤한
소스에 간장, 라임 등을 뿌려
먹으며 면 위에 소고기와 땅콩,
채소, 향채, 민트 등이 올라간다.

짜깔라봉 Chả Cá Lã Vọng
가물치를 허브와 기름으로 볶아
낸 요리. 부드러운 가물치와 익힌
채소를 함께 먹는데 기호에 따라
맘뚬(Mắm Tôm, 새우장)과 땅콩을
곁들여 먹는다.

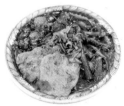

바인다꾸어 Bánh Đa Cua
캐러멜색의 넓고 두툼한 면에 갖은 채소와 어묵, 새우, 토마토, 메추리알 등을 올리고 마지막에 국물을 부어 준다. 국물은 고기가 아닌 게를 넣어 시원한 맛이 난다. 하이퐁 지역이 유명하다.

까따이뜨엉찌엔쑤
Cá Tai Tượng Chiên Xù
메콩 델타 지방인 미토의 명물 요리로 '엘리펀트 피시(Elephant Fish)'라고 불리는 담수어를 통째로 튀긴 후 생선 살을 라이스페이퍼에 싸서 먹는다.

똠수헙느억즈어
Tôm Sú Hấp Nước Dừa
새우를 이용한 요리로 코코넛 주스에 쪄서 살이 부드럽고 달콤한 맛과 향이 나는 것이 특징이다. 베트남 전역에서 맛볼 수 있다.

쏘이만 Xôi Mặn
생선조림, 햄, 튀긴 마늘, 양파 등을 얹은 밥. 닭고기나 땅콩, 연밥을 넣은 것도 있다. 북부 지역에서는 닭고기를 많이 얹어 먹고 남부 지역에서는 판단 잎을 넣어 먹는다.

고이두두 Gỏi Đu Đủ
파파야 무침으로 덜 익어 푸른색을 띠는 파파야를 사용한다. 새우, 돼지고기 등과 함께 무쳐 내는데 느억맘 소스를 넣어 시큼하고 달콤한 맛이 난다.

껌샌 Cơm Sen
연밥이 들어간 덮밥. 말랑말랑한 식감의 연밥을 넣어 만든다. 연잎으로 밥을 찌기 때문에 밥에 연 향기가 배어 있다. 플레이팅도 연꽃 모양으로 내온다.

짜오 Cháo
베트남 현지인들이 자주 먹는 음식으로 우리의 죽과 비슷하다. 짜오롱(돼지 내장죽)과 짜오가(닭죽)가 인기 있으며 건강식으로도 그만이다.

까코또 Cá Kho Tộ
베트남식 생선조림으로 코코넛 주스를 넣어 만든 캐러멜소스로 조리는 것이 특징이다. 달고 짭조름한 맛 때문에 보통 밥과 함께 먹는다.

고이브어이 Gỏi Bưởi
샐러드의 한 종류로 신선한 자몽에 삶은 새우나 돼지고기, 향채 등을 넣고 레몬, 설탕 등을 첨가해 만든다. 자몽의 달콤한 맛과 레몬의 새콤한 맛이 조화를 이룬다.

한국인 여행자들이 사랑하는 베트남 '퍼'

쌀국수인 퍼는 베트남의 국민 음식일 뿐만 아니라 전 세계 사람들에게 사랑받는 음식이다. 각 지방마다 들어가는 재료와 조리하는 방법도 다양하다. 한국인의 입맛에도 잘 맞는 쌀국수를 제대로 즐겨 보자.

Phở

국물

쌀국수의 국물은 기본적으로 돼지 뼈나 양지 등을 우려 만든다. 하노이 사람들은 뼈 외에 다른 재료를 넣지 않은 순수한 육수를 선호하고, 남부 지역은 뼈와 지방, 무 등을 넣고 끓여 단맛이 있는 기름진 국물에 소스를 넣어 먹는 것을 좋아한다.

면

일반적으로 쌀로 만드는데 지역마다 면의 굵기는 조금씩 다르다. 시중에서 판매하는 면을 사용하는 곳도 있고 직접 면을 만들어 내는 가게도 있다.

채소

신선한 채소는 쌀국수의 맛을 좌우하는 중요한 재료다. 지역마다 채소의 종류가 조금씩 다르다. 하노이를 중심으로 한 북부 지역은 파를 많이 사용하며 남부 지역은 삶은 숙주를 내기도 한다. 기본적으로 민트, 허브, 고수, 양파 등 4~5가지 채소가 제공되는데 원하는 채소를 적당한 크기로 잘라 국물에 넣어서 먹으면 된다.

라임

허브

숙주

고추

소스 및 기타

식당마다 준비되어 있는 소스가 조금씩 다르지만 보통 멸치, 정갱이, 정어리와 같은 생선을 소금에 절여 만든 액젓인 느억맘(Nước Nắm)과 매콤한 맛을 내는 칠리소스, 해선장 소스, 식초, 설탕 등이 있다. 여기에 밀가루를 반죽해 기름에 튀긴 꾸어이(Quẩy)와 돼지고기를 으깨어 만든 소시지의 일종인 짜(Chả), 달걀, 고추, 라임 등을 곁들여 먹으면 더욱 맛있는 쌀국수가 된다.

칠리소스

해선장 소스

꾸어이

쌀국숫집 Best

퍼자쭈옌
p.293

퍼틴
p.293

퍼스엉
p.291

퍼 10 리꾸옥스
p.292

퍼호아 파스퇴르
p.101

퍼 24(파스퇴르점)
p.100

퍼꾸인
p.104

쌀국수를 사랑한 유명 인사들

베트남에는 '오바마 분짜', '백종원 쌀국수', '빌 클린턴 쌀국수', '문재인 대통령 맛집' 등으로 불리는 식당들이 있다. 번듯한 상호가 있음에도 불구하고 유명 인사들의 닉네임이 붙은 경우가 있는데 식당이 유명해지면서 기다림은 필수. 그러나 기다린 보람이 있을 만큼 맛은 끝내준다.

문재인 대통령 쌀국수

퍼 10 리꾸옥스
Phở 10 Lý Quốc Sư

문재인 대통령 부부가 방문해 더욱 유명해진 프랜차이즈 쌀국숫집. 한국인이 좋아할 만한 국물 맛이 특징인데 매콤한 소스나 고추를 넣어서 얼큰하게 먹을 수 있다.
▶ 이 집이 궁금하다면 p.292

빌 클린턴 쌀국수

퍼 2000
Phở 2000

벤타인 시장 인근에 위치한 쌀국숫집으로 남부식 쌀국수를 선보인다. 깔끔하면서도 담백한 국물 맛이 특징이다. 삶은 숙주와 함께 먹는다.
▶ 이 집이 궁금하다면 p.103

백종원 쌀국수

퍼자쭈옌
Phở Gia Truyền

하노이에서 3대째 맛을 이어오고 있는 쌀국
숫집으로 현지인은 물론 여행자들에게 인기
가 높다. 쌀국수에는 잘게 다진 파가 들어가
며 부드러운 고기와 진한 육수가 특징이다.

▶ 이 집이 궁금하다면 p.293

오바마 분짜

분짜 흐엉리엔
Bún Chả Hương Liên

미국 오바마 전 대통령이 재임 당시 다녀간
식당으로 쌀국수도 있지만 '오바마 콤보'라
불리는 분짜 세트 메뉴가 인기다. 하노이식
분짜와 스프링 롤, 맥주가 포함되어 있다.

▶ 이 집이 궁금하다면 p.288

Dessert & Drink

베트남의 디저트와 음료

베트남 디저트로는 요거트와 비슷한 스어쭈어, 설탕과 각종 토핑을
올려 먹는 째, 아이스크림 깸 등이 대표적이다. 진하고 달콤한
베트남식 커피와 과일 음료 신또도 인기다.

깸버 Kem Bơ

아이스크림의 한 종류로
아보카도가 들어간다.
'버'는 아보카도를 뜻하며
담백한 맛이 특징이다.

째 Chè

디저트의 일종으로 팥,
콩, 녹두, 우뭇가사리,
땅콩, 두부, 연유 등
들어가는 재료에 따라
맛과 가격이 달라진다.

깸 Kem

아이스크림을 말하며
재료에 따라 다양하다.
깸만을 전문으로 하는
전문점도 많다.

깸즈어 Kem Dừa

속을 파낸 코코넛 안에 코코넛
밀크 아이스크림을 담고 각종
토핑을 올려 먹는다.

스어쭈어 Sữa Chua

요거트와 비슷한데 컵이나 봉지에 담아 판매한다. 신선한 우유로 만들어 맛이 좋고 과일을 올려 먹기도 한다.

째쭈오이 Chè Chuối

코코넛 밀크에 타피오카와 바나나를 넣어 만든다. 바나나 죽처럼 보이는데 3가지 재료가 잘 어울린다.

바인플란 Bánh Flan

커스터드푸딩으로 우유 대신 연유가 들어가고 캐러멜이나 커피를 넣은 시럽과 얼음을 얹는 것이 특징이다.

까페스어 Cà Phê Sữa

보통 뜨거운 연유 커피를 가리키며 커피를 추출하는 핀을 올려 준다. 주로 진한 로부스타종 원두를 사용한다.

느억즈어 Nước Dừa

코코넛 주스로 덜 익은 야자열매에 빨대를 꽂아 그대로 마신다. 갈증을 해소하는데 큰 역할을 한다.

신또 Sinh Tố

과일과 연유, 얼음을 넣고 즉석에서 갈아 만들어 주는 셰이크 형태의 음료. 시원하고 맛있다.

코코넛 밀크 커피 Cốt Dừa Cà Phê

연유와 코코넛 밀크를 넣어 만든 커피로 코코넛의 달콤함과 특유의 향을 느낄 수 있다.

베트남 술, 알고 마시기

베트남 사람들은 술을 많이 마시기보다는 도수가 낮고 수분 함유량이
높은 술을 주로 마신다. 베트남에서 마실 수 있는 각종 주류에 대해 살펴보고
마음에 드는 술을 골라 마시는 재미도 놓치지 말자.

 4.3도

 5.3도

 4.2도

 4.7도

비어 사이공
Bia Saigon
일반적으로 순한 맛이
특징이며 톡 쏘고
약간의 쓴맛이 난다.

333
자극적이지 않고 목
넘김이 부드러워 인기가
많은 맥주. 미국 맥주
맛과 비슷해 깔끔하다.

비어 하노이
Bia Hanoi
베트남 북부 지역을
대표하는 맥주로
단맛이 적고 끝맛이
쌉싸래하다.

후다
Huda
유럽식 양조 기술로
만든 맥주로 보편적인
맛이 특징이다.

Alcoholic Drink

 4.2도

10~16도

 30도

 40도

라루
Larue
도수에 비해 알코올
향이 적은 편이며
가볍게 마시기 좋은
라거 스타일의 맥주다.

르어우방
Rượu Vang
과거 프랑스인들의
휴양지였던 달랏의
포도주가 맛있고
유명하다.

르어우데
Rượu Đế
쌀로 만든
곡주로 우리의
청주와 비슷하다.
달짝지근한데 도수가
높아 빨리 취한다.

넵머이
Rượu Nếp Mới
찹쌀을 이용해 만든
곡주. 도수가 높아 많이
마시지는 않지만 특유의
맛 때문에 칵테일을
만들 때 넣기도 한다.

하노이의 맥주 거리 탐방

늦은 저녁, 어둠이 내리기 시작하면 맥주 거리(Tạ Hiện)는 시원한 맥주를 마시려는 현지인들과 여행자들로 어김없이 북적인다. 좁은 골목길을 사이에 두고 각종 술과 안주를 판매하는 술집들이 문을 연다. 인기 메뉴는 한화로 1,000원 남짓한 병맥주와 일회용 플라스틱 컵에 제공하는 생맥주이다. 늦은 밤 거리를 가득 메운 사람들과 함께 신나는 맥주 파티를 즐겨 보자.

✪ **지도** p.263-C, 264-B **구글 맵** 21.035180, 105.852019 **주소** Tạ Hiện, Hàng Buồm, Hoàn Kiếm **영업** 19:00~01:00
요금 바비큐 · 핫포트(2인) 25만 동~, 생맥주 3,000동~, 병맥주 2만 동~, 안주 4만 동~ **교통** 호안끼엠호에서 도보 9분

**낮과 밤이
다른 거리 풍경**

오후 무렵부터 장사를 준비하는 사람들로 분주해진다. 식료품과 각종 물품들을 운반하는 오토바이, 차량들이 모여들기 시작하고 이후 식사를 하거나 맥주를 마시려는 사람들로 거리는 활기가 느껴진다.

현지인들처럼 즐겨 보자

이왕이면 현지인들처럼 가게 안보다는 밖으로 나와 낮은 플라스틱 의자에 자리를 잡고 병맥주나 생맥주를 시키자. 안주는 가게마다 정해진 메뉴를 골라도 되고 거리를 돌아다니며 판매하는 아주머니에게 직접 주문해도 된다. 맥주와 함께 먹기 좋은 안주로는 구운 한치나 건어물, 식사 메뉴로는 바비큐나 핫포트 등이 인기다.

허울뿐인 단속

보행자 거리에 테이블과 의자를 놓고 영업을 하는 것은 불법 행위다. 이를 단속하는 현지 경찰들이 수시로 거리를 순찰하는데 거리를 가득 점령하고 있던 테이블과 의자들이 눈 깜짝할 사이에 사라진다. 경찰이 돌아가고 나면 접었던 테이블과 의자들이 다시 거리로 나타난다.

진하고 달콤한 베트남 커피

베트남은 전 세계 커피 생산 2위의 커피 강국으로 커피 맛을 제대로 즐길 수 있는
나라 중 하나다. 원두는 중부 고원 지대에서 주로 생산되는데 로부스타종이 일반적이며
아라비카종보다 쓰고 진한 맛이다. 쓴맛이 강하기 때문에 베트남에서는 연유를 넣어 달콤하게 먹는
편이다. 쭝응우옌(Trung Nguyên)과 하일랜즈(Highlands) 브랜드가 많이 알려져 있지만
하노이와 호찌민을 중심으로 인기 카페들이 등장하고 있다.

베트남 커피의 종류

핀 커피

핀이라는 도구에 내린 커피에
달콤한 연유를 섞어서 뜨겁게
또는 차갑게 마신다.

에그 커피

일반적으로 달걀노른자를
연유와 섞어 거품을 낸 다음
커피 위에 올린다.

코코넛 커피

코코넛 밀크를 넣어 독특한 향과
맛이 난다. 우유를 넣거나 얼음을
갈아서 스무디 형태로 마신다.

TIP 알아 두면 편리한 베트남 커피 용어

까페핀(Cà Phê Phin) 커피를 내리는 도구로 뚜껑과 받침 등으로 구성되어 있다.
연유(Ong Sữa) 당이 첨가된 우유
까페스어다(Cà Phê Sữa Đá) 연유를 넣은 차가운 커피로 얼음을 따로 주기도 한다.
까페댄농(Cà Phê Đen Nóng) 연유를 넣지 않은 블랙커피. 커피가 진해 뜨거운 물에 연하게 희석시켜 마시기도 한다.
까페스어농(Cà Phê Sữa Nóng) 뜨거운 커피에 연유를 넣은 형태. 연유가 가라앉으므로 잘 저어서 마신다.
콘삭 커피(Con Soc) 콘삭은 베트남어로 '다람쥐'를 뜻하는데 실제로는 족제비로부터 얻은 생두를 이용한다. 헤이
즐넛 향이 나며 위즐 커피라고도 한다.

베트남 커피 이렇게 마시자

베트남 커피는 로스팅된 로부스타종을 핀이라 불리는 기구를 이용해 슬로 드립 형태로 내려 마신다. 커피가 진해 맛이 쓰기 때문에 연유를 섞어 마시는 것이 전통 방식이다. 차가운 커피를 주문해도 핀을 이용해 내린 후 얼음을 추가해서 먹는 경우가 많다. 보통은 까페핀에 뜨거운 물을 부어 주니 2~3분가량 커피를 추출해 마시면 된다. 연유가 들어간 경우 잘 저어서 마시도록 하자.

베트남 커피 내려 마시는 법

① 원두 적당량(18~20g)을 핀에 넣는다.

② 뜨거운 물(40~50ml)을 천천히 부어 준다.

③ 커피를 2~3분 정도 추출한 후 핀을 제거한다. 뚜껑 위에 핀을 올려 둔다.

④ 연유가 들어간 경우 잘 저어서 마신다. 차갑게 마시고 싶으면 얼음을 넣는다.

카페 투어의 성지 베트남 인기 카페

꽁 카페 Cộng Càphê
하노이를 중심으로 시작된 커피 프랜차이즈로 여행자는 물론 현지인들도 좋아하는 카페. 시그너처는 코코넛 커피로 최근에 한국에도 매장을 오픈했다.

카페 루남 Càfê RuNam
고급스러운 분위기로 인기몰이 중인 카페로 커피와 식사 메뉴를 갖추고 있다. 가격대는 조금 높은 편이지만 격식 있는 분위기이다.

푹롱 커피 & 티 Phuc Long Coffee & Tea
호찌민을 중심으로 한 남부 지역에서 인기 있는 프랜차이즈 카페. 커피 종류가 다양하며, 밀크티와 차 종류도 선보인다. 가격이 저렴하다.

하일랜즈 커피 Highlands Coffee
원두, 인스턴트커피 등 커피 관련 상품을 판매하며 다양한 디저트와 스낵 등도 제공한다. 베트남 전역에서 볼 수 있다.

쭝응우옌 Trung Nguyên
베트남 최대 커피 회사로 베트남 전역에서 만날 수 있다. 여행자들에게 유명한 G7 커피는 다양한 커피 관련 제품도 내놓고 있다.

망고(쏘아이) Xoài

한국인들에게 가장 인기 있는 열대 과일 중 하나로 우리나라에 비해 가격이 저렴하고 시장에서 쉽게 구입할 수 있다. 노란색과 초록색이 일반적이며 잘 익은 망고는 달콤한 맛과 향이 뛰어나다. 시원한 주스로 많이 판매한다.

Tropical Fruits

베트남의 열대 과일

열대 기후 덕분에 베트남에서는 계절에 따라 다양한 열대 과일들을 맛볼 수 있다. 베트남 전역에서 공수하는 과일들이 대부분이지만 이웃한 국가에서 수입한 과일도 다양하다. 카페처럼 과일을 팔거나 과일을 이용한 음료를 제공하는 신또 가게도 많으니 마음껏 즐겨 보자.

오렌지(깜) Cam

라오스산 오렌지로 태국이나 중국에서 수입되는 것과 비교해 껍질이 조금 두꺼운 편이다. 당도가 높고 과즙이 풍부해 주스로 먹기 좋다.

파인애플(텀) Thơm

현지인은 물론 여행자들도 즐겨 먹는 과일로 어디서나 쉽게 구할 수 있다. 각종 요리에도 많이 사용되며 거리에서 조각으로 판매하기도 한다.

망고스틴(망꿋) Măng Cụt

망고와 함께 가장 인기가 높은 과일로 자주색의 두꺼운 껍질을 벗기면 새하얀 속살의 과육이 나온다. 손으로 힘을 주어 양쪽으로 나누면 쉽게 먹을 수 있다.

바나나(쭈오이) Chuối

바나나는 크기가 작고 노랄수록 맛이 좋다. 현지인들은 초록색 야생 바나나를 구입하기도 한다. 과일로도 먹지만 팬케이크나 과일 셰이크 등에도 많이 사용된다.

수박(즈어허우)
Dưa Hấu
과즙이 풍부하면서
당도가 높아 인기 있는
과일 중 하나다. 보통
11월이 제철이며 속은
빨간색과 노란색이 있다.
씨가 많지 않아 먹기 좋고
생과일주스로도 먹는다.

두리안(서우리엥)
Sầu Riêng
과일의 왕이라
불리기도 하는
두리안은 그 특유의
냄새 때문에 호불호가
갈리는 과일이다.
뾰족한 껍질을 벗기면
부드러운 속살이
나온다. 열량이 높고
영양이 풍부하다.

**드래곤 프루트
(타인롱)**
Thanh Long
영어로는
피타야(Pitaya),
우리말로는 용과라고
한다. 핑크색의 두꺼운
껍질을 벗기면 하얀
과육에 작은 씨가 가득
박혀 있다. 수분이 많고
상큼한 맛이 특징이다.

용안(롱냔)
Long Nhãn
열매가 달린 나뭇가지를
통째로 판매한다. 껍질을
손으로 벗긴 후 투명한
과육을 먹으면 되는데
과즙은 적지만 단맛이
난다. 씨는 먹지 않는다.

석가두(망꺼우) Mãng Cầu
슈거애플(Sugar Apple)이라고도 불리는 과일로
석가모니의 머리를 닮았다고 하여 석가두라는
이름이 붙여졌다. 손이나 칼로 껍질을 벗긴 뒤
먹는데 단맛이 강하다.

람부탄(쫌쫌) Chôm Chôm
털이 나 있는 동그란 모양의 붉은색
과일로 내용물은 투명한 색을 띠고 있다.
과육은 달콤하고 부드럽다. 중앙에 있는
씨를 빼고 과육만 먹으면 된다.

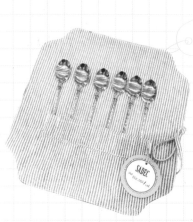

66만 동

50만 동

고급스러운 스푼 세트

밧짱 도자기

베트남에서 놓치면 아쉬운 기념품 쇼핑

여행자가 많이 찾는 인기 도시에는 베트남을 상징하는 테마로 제작된
기념품들이 많다. 선물용으로 제작된 상품부터 현지인들이 이용하는
생활 아이템까지 종류도 다양하다. 거리마다 생활 잡화, 식료품, 기념품을
판매하는 상점들이 즐비하니 친구와 가족들에게 나눠 줄 선물을 구입해 보자.

25만 동

2만 동

비즈 손가방

자수가 놓인 천 주머니

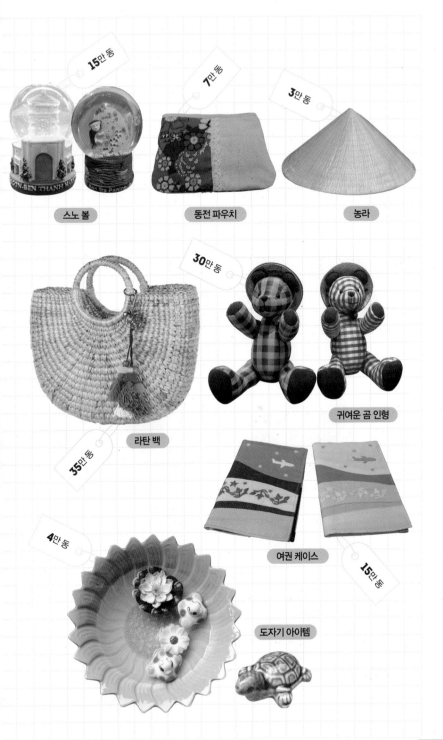

15만 동

7만 동

3만 동

스노 볼

동전 파우치

농라

30만 동

35만 동

라탄 백

귀여운 곰 인형

여권 케이스

15만 동

4만 동

도자기 아이템

10만 동

밧짱 스타일 그릇

10만 동

사빠 문양 패브릭 지갑

패브릭 필통

15만 동

5만 동~

까페핀 세트

하카퐁 방석

20만 동

줄자

3만 동~

17만 동

패브릭 파우치

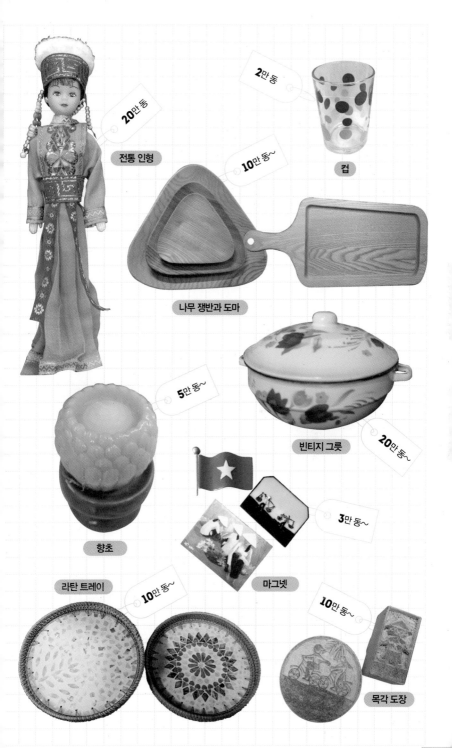

2만 동

컵

20만 동

전통 인형

10만 동~

나무 쟁반과 도마

5만 동~

향초

빈티지 그릇

20만 동~

3만 동~

마그넷

라탄 트레이

10만 동~

10만 동~

목각 도장

슈퍼마켓에서
사야 할 아이템

베트남 전역에 영업 중인 대형 슈퍼마켓에는
베트남 제품은 물론 동남아시아, 유럽 등에서
수입한 제품이 넘쳐 난다. 쾌적한 냉방 시설을
갖추고 있고 신용카드 결제도 가능해 여행 중
구경도 하고 필요한 아이템들을 구입하기도 좋다.
여행자들이 많이 찾는 호찌민, 다낭, 하노이 등에는
체인 형태의 대형 슈퍼마켓이 자리하고 있다.

5,500동~

인스턴트 봉지 라면

Supermarket Shopping

8,000동~

4만 동

10만 동~

인스턴트 컵라면

베트남산 재스민차

말린 망고

1만
9,000동~

4만 동~

4만 동~

나무젓가락

코코넛 과자

말린 과일칩

15만 동~

캐슈넛

2만 동~

연유

1만 5,000동~

과일 소금

2만 동~

G7 커피

8만 동~

콘삭 커피

3만 동~

까페핀

1만 동~

베트남 맥주

TIP 인기 체인형 슈퍼마켓

베트남에는 전국적으로 운영되는 대형 슈퍼마켓들이 있다. 하노이, 호찌민, 다낭 등 여행자들이 많이 찾는 도시에는 빅C, 롯데마트, 빈마트, 인티멕스, 꿉마트 등을 쉽게 찾을 수 있다. 가격과 품목에 큰 차이가 나지 않으므로 여행지에서 가까운 곳을 이용하면 된다.

Southern Vietnam

베트남 남부

호찌민

Ho Chi Minh

베트남 남부 사이공(Sài Gòn)강과 동나이(Đồng Nai)강 하류에 위치한 호찌민은
베트남 경제의 중심 도시다. 프랑스 식민지 시대에 지어진 콜로니얼 양식의 건물들과
도심의 스카이라인을 바꾸어 가고 있는 고층 빌딩들이 한데 어우러져
이국적인 풍경을 연출한다. 도시는 바둑판 모양으로 잘 정비되어 있고
어딜 가든 높고 풍성한 가로수들이 늘어서 있어 도심의 휴식처를 제공해 준다.
자유롭고 개방적인 남부 지역 정서를 품고 있는 도시, 격변의 세월을 잘 이겨 내고
현대적인 도시로 나날이 성장하고 있는 호찌민을 만나 보자.

ⓥ CHECK

여행 포인트 | 관광 ★★★★★ 쇼핑 ★★★★★ 음식 ★★★★ 나이트라이프 ★★★★★

교통 포인트 | 도보 ★★★★★ 택시 ★★★ 버스 ★★ 투어 버스 ★★★★

ⓥ MUST DO

1 호찌민의 심장 동커이 거리 산책하기
2 비텍스코 파이낸셜 타워 관람하기
3 여행자 거리인 데탐 거리 탐방하기
4 호찌민의 핫 플레이스인 낡은 아파트 구경하기
5 메콩 델타, 꾸찌 터널, 무이내 등 호찌민 근교 다녀오기

호찌민

떤빈구
Quận Tân Bình

CGV 극장 •
CGV Hoàng Văn Thụ

떤선녓 국제공항 방향
Sân Bay Quốc Tế Tân Sơn Nhất
(북서쪽으로 약 30km, 차로 10분 소요)

Hoàng Văn Thu

Nguyễn Văn Trỗi

🚌 탄닌, 안스엉 버스 터미널 방향
Bến Xe An Sương

Trường Chinh

Lê Văn Sỹ

Ⓢ 팜반하이 시장
Chợ Phạm Văn Hai

A

8월 혁명 거리 Cách Mạng Tháng Tám

B

레티리엥 공원
Công Viên Lê Thị Riêng

사이공역
Ga Sài G

떤빈 시장 Ⓢ
Chợ Tân Bình

🔺 작렴사
Chùa Giác Lâm

E

빅 C 미엔동 Ⓢ
Big C Miền Đông

교도소
Chí Hòa Prison

F

리틍끼엣 거리 Lý Thường Kiệt

끼호아 공원
Công Viên Kỳ Hòa

Âu Cơ

Lê Đại Hành

호아빈 극장 •
Nhà Hát Hoà Bình

Điện Biên Phủ

11구
Quận 11

Đường 3 Tháng 2

5구
Quận 5

Ngô Gia Tự

Đường Hùng Vương

Trần Phú

I

An Dương Vươ

J

Hồng Bàng

쩔런 지역
Chợ Lớn

Trần Hưng Đạo

🚌 미엔떠이 버스 터미널 방향
Bến Xe Miền Tây

티엔허우 사당
Chùa Bà Thiên Hậu

🔺 응이아안 호이 꽌 사당
Hội Quán Nghĩa An

쩔런 버스 터미널
Bến Xe Chợ Lớn

🏠 짜땀 성당   쩐홍다오 거리
Giáo Xứ Thánh Phanxicô Xaviê
(Nhà Thờ Cha Tam)

6구
Quận 6

🚌

Ⓢ 빈떠이 시장
Chợ Bình Tây

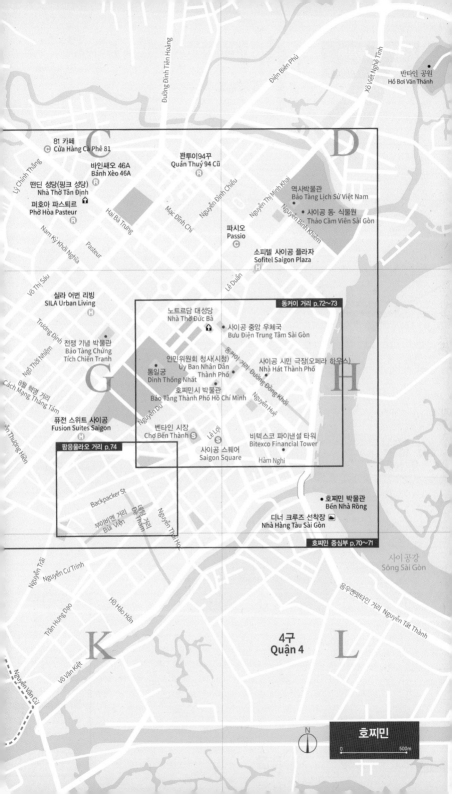

81 카페
Cửa Hàng Cà Phê 81

C

바인쌔오 46A
Bánh Xèo 46A

판투이94꾸
Quán Thuý 94 Cũ

떤딘 성당(핑크 성당)
Nhà Thờ Tân Định

Đường Đinh Tiên Hoàng

Điện Biên Phủ

Xô Viết Nghệ Tĩnh

반타인 공원
Hồ Bơi Văn Thánh

D

역사박물관
Bảo Tàng Lịch Sử Việt Nam

사이공 동·식물원
Thảo Cầm Viên Sài Gòn

퍼호아 파스퇴르
Phở Hòa Pasteur

Lý Chính Thắng

Nguyễn Đình Chiểu

Nguyễn Thị Minh Khai

Nguyễn Bỉnh Khiêm

Hai Bà Trưng

Mạc Đĩnh Chi

Nam Kỳ Khởi Nghĩa

Pasteur

파시오
Passio

소피텔 사이공 플라자
Sofitel Saigon Plaza

Lê Duẩn

실라 어번 리빙
SILA Urban Living

Võ Thị Sáu

동커이 거리 p.72~73

노트르담 대성당
Nhà Thờ Đức Bà

사이공 중앙 우체국
Bưu Điện Trung Tâm Sài Gòn

Trương Định

Ngô Thời Niệm

전쟁 기념 박물관
Bảo Tàng Chứng
Tích Chiến Tranh

G

통일궁
Dinh Thống Nhất

인민위원회 청사(시청)
Ủy Ban Nhân Dân
Thành Phố

호찌민시 박물관
Bảo Tàng Thành Phố Hồ Chí Minh

사이공 시민 극장(오페라 하우스)
Nhà Hát Thành Phố

Nguyễn Huệ

H

Cách Mạng Tháng Tám

8월 혁명 거리

Nguyễn Du

Đường Đồng Khởi

동커이 거리

Trần Thượng Hiền

퓨전 스위트 사이공
Fusion Suites Saigon

Nguyễn Đình

벤타인 시장
Chợ Bến Thành

Lê Lợi

팜응우라오 거리 p.74

사이공 스퀘어
Saigon Square

비텍스코 파이낸셜 타워
Bitexco Financial Tower

Hàm Nghi

Backpacker St.

부이비엔 거리
Bùi Viện

데탐 거리
Đề Thám

Nguyễn Thái Học

호찌민 박물관
Bến Nhà Rồng

디너 크루즈 선착장
Nhà Hàng Tàu Sài Gòn

호찌민 중심부 p.70~71

Nguyễn Trãi

Nguyễn Cư Trinh

Trần Hưng Đạo

Hồ Hảo Hớn

K

4구
Quận 4

L

사이공강
Sông Sài Gòn

응우옌떳타인 거리 Nguyễn Tất Thành

Võ Văn Kiệt

Nguyễn Văn Cừ

N

호찌민

0   500m

호찌민 중심부

0   200m

N

떤선녓 국제공항 방향
Sân Bay Quốc Tế Tân Sơn Nhất

81 카페
Cửa Hàng Cà Phê 81

Trần Quang Khải

Thạc...

빈응이엠사
Chùa Vĩnh Nghiêm

떤딘 시장
Chợ Tân Định

아일라 스파
Ayla Spa

Huỳnh Tịnh Của

바인쩨오 46A
Bánh Xèo 46A

떤딘 성당(핑크 성당)
Nhà Thờ Tân Định

A

Lê Văn Sỹ

Trần Huy Liệu

티응애강
Thị Nghè

왓 찬타란사이
Wat Chantaransay

Trần Quốc Toản

Nam Kỳ Khởi Nghĩa

3구
Quận 3

B

퍼호아 파스퇴르
Phở Hòa Pasteur

Võ Thị Sáu

파스퇴르 거리

남부 여성 박물관 •
Bảo Tàng Phụ Nữ Nam Bộ

인터내셔널 SOS
International SOS

사이공역
Ga Sài Gòn

Kỳ Đồng

Lý Chính Thắng

Trần Quốc Thảo

Lê Quý Đôn

분보가
Bún Bò Gá

Hoà Hưng

E

10구
Quận 10

Cách Mạng Tháng 8

Lý Thái Tổ

3 Tháng 2

Điện Biên Phủ

Nguyễn Thông

F

Hồ Xuân Hương

전쟁 기념 박
Bảo Tàng Chứng Tích Chiến T

골든 드래곤 수상 인
Golden Dragon Water Puppet Th

껌니에우 사이공
Cơm Niêu Sài Gòn

Cách Mạng Tháng 8

I

Nguyễn Đình Chiểu

Nguyễn Thị Minh Khai

Bùi Thị Xuân

Phạm Viết Chánh

Công Quỳnh

쩔런 방향
Chợ Lớn

팜응울라오 거리 p.74

J

후옌시 교회
Huyện Sĩ Church

사이공 버스 터미널
Xe Buýt Sài Gòn

팜응울라오 거리 Phạm Ngũ Lão

타이빈 시장
Chợ Thái Bình

퍼꾸
Phở

n Phi Khanh

ⓢ 다까오 시장
Chợ Đa Kao

비엔호아 방향 ↗
Biên Hòa

ⓢ 티응애 시장
Chợ Thị Nghè

쩐흥다오사
Đền Thờ Đức Thánh
Trần Hưng Đạo

Mai Thị Lựu

Phan Kế Bính

응우옌딘찌에우 거리
Nguyễn Đình Chiểu

딘띠엔호앙 거리
Đinh Tiên Hoàng

티응애강
Thị Nghè

공원
ê Văn Tám

응우옌반투 거리
Nguyễn Văn Thủ

ⓣ 베트남항공
Vietnam Airlines

호알르 경기장
Sân Vận Động Hoa Lư

역사박물관
Bảo Tàng Lịch Sử

응우옌빈키엠 거리 Nguyễn Bỉnh Khiêm

ⓒ 사이공 동·식물원
Thảo Cầm Viên Sài Gòn

Phùng Khắc Khoan

호찌민 작전 박물관
Bảo Tàng Chiến Dịch Hồ Chí Minh

하이바쯩 거리 Hai Bà Trưng

ⓒ 파시오
Passio

소피텔 사이공 플라자
Sofitel Saigon Plaza

똔득탕 거리 Tôn Đức Thắng

응우옌흐우까잉 거리
Nguyễn Hữu Cảnh

 옥 거리
ọc Thạch

사이공 무역 센터
Saigon Trade Center

호텔 데자르 사이공 M갤러리 컬렉션
Hotel des Arts Saigon MGallery Collection

1구
Quận 1

미우미우 스파
Miu Miu Spa
Ⓜ

쫑응우옌 레전드
Trung Nguyên Legend

인터컨티넨탈 레지던스 사이공
InterContinental Residences Saigon
ⓗ

동커이 거리 p.72~73

다이아몬드 플라자 ⓢ
Diamond Plaza

책 골목

사이공 중앙 우체국
Bưu Điện Trung Tâm Sài Gòn

H

Nguyễn Thị Minh Khai

노트르담 대성당
Nhà Thờ Đức Bà

레탄똔 거리

파스퇴르 거리 Pasteur

남끼커이응이아 Nam Kỳ Khởi Nghĩa

하이바쯩 거리 Hai Bà Trưng

똔득탕 거리 Tôn Đức Thắng

통일궁
Đinh Thống Nhất

인민위원회 청사(시청)
Ủy Ban Nhân Dân Thành Phố

사이공 시민 극장(사이공 오페라 하우스)
Nhà Hát Thành Phố

리뜨쫑 거리 Lý Tự Trọng

호찌민시 박물관
Bảo Tàng Thành Phố Hồ Chí Minh

동커이 거리 Đồng Khởi

사이공 센터
ⓢ Saigon Centre

벤타인 스트리트 푸드 마켓 ⓝ
Thành Street Food Market

레타인똔 거리 Lê Thánh Tôn

이스트 웨스트 ⓝ
East West

벤타인 시장 ⓢ
Chợ Bến Thành

호텔 머제스틱 ⓗ
Hotel Majestic

사이공강
Sông Sài Gòn

Huỳnh Thúc Kháng

호뚱머우 거리 Hồ Tùng Mậu

비텍스코 파이낸셜 타워
Bitexco Financial Tower

럴드 사이공 호텔
w World Saigon Hotel

K

함응이 거리 Hàm Nghi

L

사이공 터널
Hàm Thủ Thiêm

Lê Thị Hồng Gấm

Nguyễn Thái Bình

똔텃담 아파트
Tôn Thất Đạm

심스 카페
Things Cafe

호찌민 박물관
Bến Nhà Rồng

오 거리 Trần Hưng Đạo

Nguyễn Thái Học

호찌민 시립 미술관
Bảo Tàng Mỹ Thuật Thành

모킹버드 카페
MockingBird Cafe

벤응애강
Sông Bến Nghé

예신 거리 Yesin

보티싸우 거리 Võ Văn Kiệt

벤반돈 거리 Bến Văn Đồn

디너 크루즈 선착장
Nhà Hàng Tàu Sài Gòn

ⓢ 전신 시장
Chợ Dân Sinh

4구
Quận 4

응우옌떳탄 Nguyễn Tất Thành

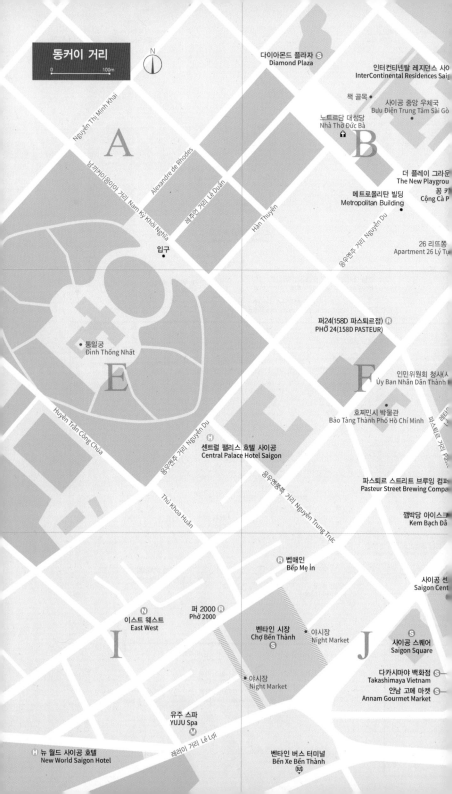

동커이 거리

0   100m

N

A

Nguyễn Thị Minh Khai
남 끼 카이 코이 응이아 거리 Nam Kỳ Khởi Nghĩa
Alexandre de Rhodes
레주언 거리 Lê Duẩn

입구

B

다이아몬드 플라자 ⓢ
Diamond Plaza

인터컨티넨탈 레지던스 사이공
InterContinental Residences Saig

책 골목
사이공 중앙 우체국
Bưu Điện Trung Tâm Sài Gò

노트르담 대성당
Nhà Thờ Đức Bà

더 플레이 그라운
The New Playgrou

공 카
Cộng Cà P

메트로폴리탄 빌딩
Metropolitan Building

Hàn Thuyền
응우옌주 거리 Nguyễn Du

26 리뜨쯩
Apartment 26 Lý Tự

E

통일궁
Dinh Thống Nhất

Huyền Trân Công Chúa
응우옌주 거리 Nguyễn Du

Thủ Khoa Huân

센트럴 팰리스 호텔 사이공
Ⓗ Central Palace Hotel Saigon

응우옌쭝쯕 거리 Nguyễn Trung Trực

F

퍼24(158D 파스퇴르점) ⓡ
PHỞ 24(158D PASTEUR)

인민위원회 청사(사
Ủy Ban Nhân Dân Thành

호찌민시 박물관
Bảo Tàng Thành Phố Hồ Chí Minh

파스퇴르 거리 Pas

파스퇴르 스트리트 브루잉 컴퍼
Pasteur Street Brewing Compa

깸박당 아이스크
Kem Bạch Đằ

I

이스트 웨스트 Ⓝ
East West

퍼 2000 ⓡ
Phở 2000

유주 스파
YUJU Spa Ⓜ
레러이 거리 Lê Lợi

뉴 월드 사이공 호텔
Ⓗ New World Saigon Hotel

J

벱매인 ⓡ
Bếp Mẹ Ìn

사이공 선
Saigon Cent

벤타인 시장
Chợ Bến Thành ⓢ

야시장
Night Market

사이공 스퀘어 ⓢ
Saigon Square

다카시마야 백화점 ⓢ
Takashimaya Vietnam

안남 고메 마켓 ⓢ
Annam Gourmet Market

야시장
Night Market

벤타인 버스 터미널
Bến Xe Bến Thành 🚌

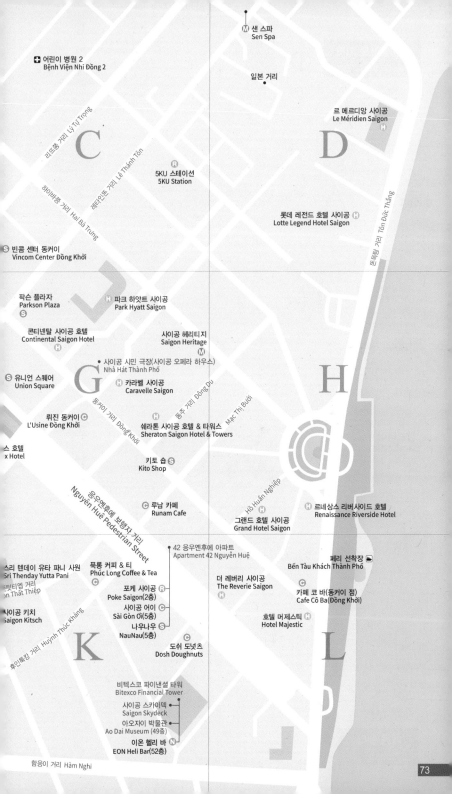

샌 스파
Sen Spa

일본 거리

르 메르디앙 사이공
Le Méridien Saigon

어린이 병원 2
Bệnh Viện Nhi Đồng 2

리뜨쫑 거리 Ly Tự Trọng

레탄똔 거리 Lê Thánh Tôn

하이바쯩 거리 Hai Bà Trưng

C

5KU 스테이션
5KU Station

D

똔득탕 거리 Tôn Đức Thắng

롯데 레전드 호텔 사이공
Lotte Legend Hotel Saigon

빈콤 센터 동커이
Vincom Center Đồng Khởi

팍슨 플라자
Parkson Plaza

파크 하얏트 사이공
Park Hyatt Saigon

콘티넨탈 사이공 호텔
Continental Saigon Hotel

사이공 헤리티지
Saigon Heritage

사이공 시민 극장(사이공 오페라 하우스)
Nhà Hát Thành Phố

유니언 스퀘어
Union Square

G

카라벨 사이공
Caravelle Saigon

동커이 거리 Đồng Khởi

동주 거리 Đồng Du

막티부이 Mạc Thị Bưởi

H

뤼진 동커이
L'Usine Đồng Khởi

쉐라톤 사이공 호텔 & 타워스
Sheraton Saigon Hotel & Towers

스 호텔
x Hotel

키토 숍
Kito Shop

호후언응이엡 Hồ Huấn Nghiệp

응우옌후에 보행자 거리
Nguyễn Huệ Pedestrian Street

루남 카페
Runam Cafe

르네상스 리버사이드 호텔
Renaissance Riverside Hotel

그랜드 호텔 사이공
Grand Hotel Saigon

스리 텐데이 유타 파니 사원
Sri Thenday Yutta Pani

텐턴티엡 거리
on Thất Thiệp

42 응우옌후에 아파트
Apartment 42 Nguyễn Huệ

푹롱 커피 & 티
Phúc Long Coffee & Tea

페리 선착장
Bến Tàu Khách Thành Phố

더 레버리 사이공
The Reverie Saigon

카페 코 바(동커이 점)
Cafe Cô Ba (Đồng Khởi)

사이공 키치
Saigon Kitsch

포케 사이공(2층)
Poke Saigon(2층)

사이공 어이(5층)
Sài Gòn Ơi(5층)

나우나우(5층)
NauNau(5층)

호텔 머제스틱
Hotel Majestic

후인툭킹 거리 Huỳnh Thúc Kháng

K

도쉬 도넛츠
Dosh Doughnuts

L

비텍스코 파이낸셜 타워
Bitexco Financial Tower

사이공 스카이덱
Saigon Skydeck

아오자이 박물관 (49층)
Ao Dai Museum (49층)

이온 헬리 바(52층)
EON Heli Bar(52층)

함응이 거리 Hàm Nghi

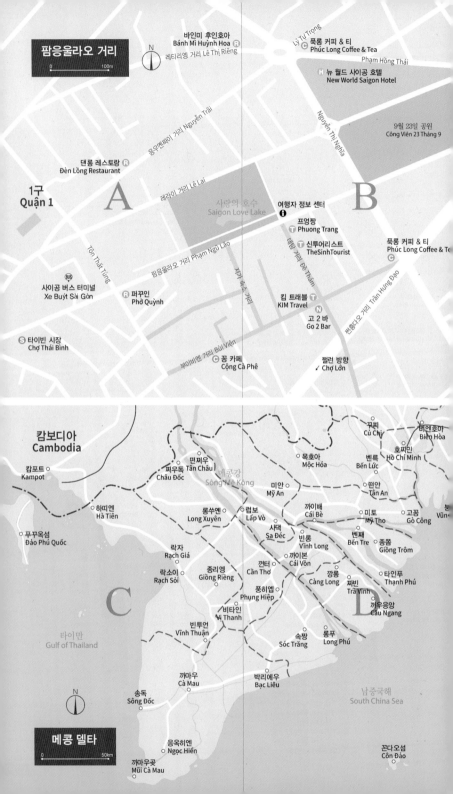

팜응울라오 거리

0   100m

N

바인미 후인호아
Bánh Mì Huỳnh Hoa
레티리엥 거리 Lê Thị Riêng

Lý Tự Trọng
푹롱 커피 & 티
Phúc Long Coffee & Tea

Phạm Hồng Thái

뉴 월드 사이공 호텔
New World Saigon Hotel

9월 23일 공원
Công Viên 23 Tháng 9

용우엔짜이 거리 Nguyễn Trái

Nguyễn Thị Nghĩa

댄롱 레스토랑
Đèn Lồng Restaurant

레라이 거리 Lê Lai

A

사랑의 호수
Saigon Love Lake

여행자 정보 센터

프엉짱
Phuong Trang

B

신투어리스트
TheSinhTourist

푹롱 커피 & 티
Phúc Long Coffee & Te

팜응울라오 거리 Phạm Ngũ Lão

데탐 거리 Đề Thám

쩐흥다오 거리 Trần Hưng Đạo

사이공 버스 터미널
Xe Buýt Sài Gòn

퍼꾸인
Phở Quỳnh

킴 트래블
KIM Travel

고 2 바
Go 2 Bar

타이빈 시장
Chợ Thái Bình

부이비엔 거리 Bùi Viện

꽁 카페
Cộng Cà Phê

찔런 방향
Chợ Lớn

1구
Quận 1

Tôn Thất Tùng

메콩 델타

0   50km

N

캄보디아
Cambodia

꾸찌
Củ Chi

비엔호아
Biên Hòa

떤쩌우 Tân Châu

목호아
Mộc Hóa

벤륵
Bến Lức

호찌민
Hồ Chí Minh

캄포트
Kampot

쩌우독
Châu Đốc

메콩강
Sông Mê Kông

미안
Mỹ An

떤안
Tân An

하띠엔
Hà Tiên

롱쑤옌
Long Xuyên

럽보
Lấp Vò

까이배
Cái Bè

미토
Mỹ Tho

고꽁
Gò Công

붕
Vũn

푸꾸옥섬
Đảo Phú Quốc

사덱
Sa Đéc

빈롱
Vĩnh Long

벤째
Bến Tre

종쫌
Giồng Trôm

락자
Rạch Giá

까이본
Cái Vồn

락소이
Rạch Sỏi

종리엥
Giồng Riềng

껀터
Cần Thơ

깡롱
Càng Long

타인푸
Thạnh Phú

C

풍히엡
Phụng Hiệp

D

짜빈
Trà Vinh

까우응앙
Cầu Ngang

타이만
Gulf of Thailand

비타인
Vị Thanh

빈투언
Vĩnh Thuận

속짱
Sóc Trăng

롱푸
Long Phú

까마우
Cà Mau

박리에우
Bạc Liêu

남중국해
South China Sea

송독
Sông Đốc

응옥히엔
Ngọc Hiển

끈다오섬
Côn Đảo

까마우곶
Mũi Cà Mau

호찌민 들어가기

호찌민 떤선녓 국제공항은 호찌민 중심부에서 약 8km 떨어져 있으며, 차로 약 20분 거리다.
국제선과 국내선 터미널은 도보로 이동 가능하고 공항과 호찌민 시내를 오갈 때는 보통
셔틀버스(노선버스)나 택시를 이용한다.

비행기

인천 국제공항에서 베트남항공, 비엣젯항공, 대한항공, 아시아나항공, 티웨이항공, 제주항공 등이 떤선녓 국제공항(Sân Bay Quốc Tế Tân Sơn Nhất)까지 1일 1~3편의 직항 노선을 운항하고 있으며 그 밖에도 다양한 항공사가 매일 호찌민으로 직항 및 경유 편을 운항한다. 인천 국제공항에서 호찌민까지는 직항 편으로 4시간 55분 소요된다. 또한 하노이, 다낭, 나짱 등 베트남 전역에서 호찌민까지 국내선이 매일 출발한다.

공항 코드 SGN **구글 맵** 10.818157, 106.658814
전화 028-3848-5634 **홈페이지** www.hochiminhcityairport.com

열차

베트남 북부 지역에서 출발하는 열차가 호찌민의 사이공역에 도착한다. 열차는 1일 5~8회 운행하며 호찌민과 하노이를 연결하는 통일 철도의 총거리는 1,726km이다.

사이공역 Ga Sài Gòn

호찌민역이 아닌 사이공역으로 통용된다. 사이공역은 베트남 남부를 대표하는 기차역이지만 외국인 여행자를 위한 편의 시설이나 시스템은 부족한 편이다. 영어가 가능한 직원이 있지만 친절한 응대는 기대할 수 없다. 호찌민에서 출발하는 인기 노선은 판티엣과 중부 지역인 다낭, 북부 지역인 하노이로 가는 노선 정도다. 승차권을 구입할 때는 기차역에 직접 방문하는 것보다는

호찌민 데탐 거리의 여행사 신투어리스트를 통해 구입하는 것이 편리하다. 사이공역에서 출발해 벤타인 시장을 오가는 149번 시내버스(요금 6,000동)가 운행한다.

구글 맵 10.782408, 106.677169 **홈페이지** http://dsvn.vn

▶**호찌민 데탐 거리의 여행사(신투어리스트)**
주소 246-248 Đường Đề Thám, Phường Phạm Ngũ Lão, Quận 1, Hồ Chí Minh **구글 맵** 10.768100, 106.693769

버스

베트남 전역을 촘촘하게 연결하는 장거리 버스가 있지만 버스 터미널 간의 거리가 멀고 현지인 위주로 운영되므로 여행자들이 이용하기에는 불편하다. 여행자들에게 유용한 교통수단으로는 오픈 투어 버스가 있다. 데탐 거리의 여행사에서 승차권을 예매하거나 구입할 수 있으며 요금도 저렴한 편이다. 오픈 투어 버스는 각 지역 버스 터미널이 아닌 연계된 여행사 사무소 근처에 내려 주기 때문에 편리하다. 일부 오픈 투어 버스는 호텔 앞에 내려 주기도 하니 미리 가능 여부를 여행사에 문의하자.

●**오픈 투어 버스 주요 구간 소요 시간**

출발지	도착지	소요 시간
무이내	호찌민	5시간
나짱	호찌민	11시간 30분
달랏	호찌민	8시간
호이안	호찌민	23~24시간
하노이	호찌민	30시간 이상

공항에서 시내로 가기

픽업 서비스

호텔이나 여행사에서 제공하는 서비스로 비행기가 심야에 도착해 택시를 타기 불편하거나 일행이 많을 경우 이용한다. 요금은 택시보다 조금 비싸지 만 안전하고 편리하게 공항에서 숙소까지 이동할 수 있다. 픽업 신청은 사전에 호텔이나 여행사를 통하면 된다. 호찌민 시내 중심가에 위치한 호텔의 경우 비용은 US$10~15 정도 예상하면 된다.

택시

국제선, 국내선 터미널에서 호찌민 시내로 갈 때 주로 이용하는 교통수단이 다. 국제선은 도착 로비를 나와 왼쪽에, 국내선은 도착 로비를 나와 정면에 택시 승차장이 있다. 데탐 거리까지의 요금은 15만~20만 동 정도. 택시 요 금에 공항 이용료 1만 동이 추가된다. 공항에는 여러 회사의 택시가 있는데 그중 마일린(Mai Linh) 택시(녹색 차체)와 비나선(Vinasun) 택시(흰색 차체)

가 그나마 문제가 적고 평이 좋다. 공항에서 택시를 탈 때는 각 택시 회사의 직원이 탑승 전에 택시 번호를 적은 카드를 주니 확인 후 탑승하자. 호객 행위를 하거나 택시가 필요하냐며 먼저 접근하는 사람은 조심할 것.

그랩

최근 베트남에서는 '그랩(Grab)'이라 불리는 차량 공유 플랫폼 이용이 늘고 있다. 단, 사전에 현지 전화번호로 애플리케이션을 활성화해야 한다. 요금은 실시간으로 변동이 있지만 공항에서 시내까지 대략 15~20만 동 수 준이며 공항 이용료가 별도(1만 동~) 추가된다. 공항 내 탑승 구역(10번 기둥, 국제선 도착 로비에서 나오면 공 항 바깥쪽 기둥(Pillar)에 번호가 표시되어 있음)이 정해져 있다. 탑승 구역 변동이 있을 수 있으므로 호출 시 확 인하자.

셔틀버스(노선버스)

국제선, 국내선 터미널에서 호찌민 시내 중심가까지 4대의 노선버스가 운 행한다. 국제선 도착 로비를 나와 1번 게이트 방향으로 이동하면 버스 승차 장이 나온다. 쾌적한 시설을 갖춘 신형 버스 109번, 미니버스 49번을 주로 이용하며 구형 버스 152번과 119번은 과거에 비해 탑승자가 줄고 있다.
※코로나19 이후 일부 버스는 미니밴으로 운행 중. 109번 버스는 현재 미운 행 중.

●셔틀버스 운행 정보

버스 번호	노선 특징
109번	1구 및 데탐 거리와 가까운 팜응울라오 거리(175 Phạm Ngũ Lão)까지 운행한다. 티켓은 버스 승 차장 앞 티켓 창구나 버스 승무원을 통해 구입한다. 국내선 터미널에서 탑승이 가능하며 티켓은 운행 중간에 확인하는 경우가 있으니 버리지 말 것. 정해진 출발 시간은 없고 15~20분 단위로 출발한다. ※현재 미운행 중 **운행 시간** 05:45~23:40 **요금** 1만 5,000동~2만 동
49번	미니버스로 1구 중심부와 벤타인 시장까지 운행한다. 승차 후 버스 승무원에게 호텔명을 알려 주면 노선에 가까운 호텔은 그 앞에 정차한다. **운행 시간** 05:30~01:00 **요금** 4만 동

시내에서 공항으로 가기

택시

국제선, 국내선 터미널이 다르므로 출발 전 택시 기사에게 목적지를 확실히 전달하도록 한다. 요금은 미터기에 찍힌 요금에 공항 이용료 1만 동을 합산하는데 보통 시내 중심가에서 택시를 이용할 경우 20만~25만 동 정도 예상하면 된다. 심야 비행기로 떠난다면 호텔에 짐을 맡기고 식사를 하거나 시내 구경을 한 뒤 다시 호텔로 돌아와 택시를 불러 달라고 요청하자. 심야에 공항으로 가는 경우 할증이 붙어 요금은 2배 이상 비싸진다. 새벽에 출발할 때는 전날 미리 요청해 둘 것.

그랩

호찌민 시내에서 공항까지 그랩 이용이 가능하다. 자신이 위치한 곳으로 손쉽게 호출할 수 있어 편리하며 택시나 드롭 서비스에 비해 요금이 저렴하다.

드롭 서비스

공항 픽업 서비스와 마찬가지로 호텔이나 여행사에서 공항까지 데려다 주는 서비스. 짐이 많거나 일행이 2명 이상일 경우, 늦은 시간 출발하는 경우에 이용하면 효과적이다. 요금은 호텔과 여행사마다 다르지만 호찌민 시내 중심부인 경우 대략 US$10~15 내외. 무료 서비스를 제공하는 호텔도 있으며 최근에는 공항 픽업 서비스만을 전문으로 하는 업체도 생겼다.

셔틀버스(노선버스)

셔틀버스를 이용해 공항으로 갈 수 있지만 버스 정류장이나 버스 터미널까지 이동해야 하는 번거로움이 있다. 호텔 안내 데스크에 가까운 정류장이 있는지 물어보고 판단하자. 109번 버스(요금 2만 동)와 152번 버스(요금 5,000동, 캐리어 요금 별도), 49번 버스(요금 4만 동)가 공항까지 운행한다. 공항까지는 40~50분 정도 걸리며 국제선 터미널과 국내선 터미널 모두 정차한다.

MORE INFO | **호찌민 지하철은 언제쯤 완공될까**

총 6개의 노선을 계획 중인 호찌민 지하철 사업의 완공 시점이 늦어지고 있다. 가장 먼저 사업을 시작한 1호선은 총길이 19.7km의 노선으로, 1구(벤타인 시장)에서 9구(수오이띠엔 테마파크)까지 총 11개의 역을 포함하고 있다. 코로나19 확산 등의 이유로 시범 운행이 연기되었지만 2023년 상업 운영을 계획하고 있다.

호찌민 시내 교통

사방 2km 정도 되는 호찌민 중심지에서는 일반 차량부터 택시, 노선버스,
투어 버스, 오토바이 택시, 오토바이, 자전거 등 다양한 교통수단이 이용된다.
각각의 장단점과 특징을 살펴보고 적절한 교통수단을 이용하자.

택시

미터제 택시는 여행자들에게 가장 편리한 교통수단이다. 하지만 언어가 잘
통하지 않으면 택시만큼 골치 아픈 교통수단도 없다. 호찌민에는 시내를
주행하는 영업용 택시가 많고 우리나라와 마찬가지로 손을 들어 택시를 잡
는다. 택시 회사에 따라 기본요금과 주행 거리당 요금에 조금씩 차이가 있
다. 기본요금은 휘발유 가격에 따라 자주 바뀌는데 보통 5,000~1만 6,000

동 정도이다. 안심하고 탈 수 있는 택시 회사는 마일린 택시(Mai Linh)와 비나선 택시(Vinasun)다. 최근에는 이
들 회사의 로고나 색깔을 모방한 악덕 택시도 많이 생겨 주의해야 한다.

노선버스

호찌민 주요 거리를 연결하는 노선버스가 있지만 여행자들이 이용하기에
는 다소 어려움이 있다. 기점이 되는 곳은 벤타인 시장 남쪽에 있는 벤타인
버스 터미널이다. 버스 요금은 5,000동부터인데 장거리를 갈 경우 요금이
추가된다. 버스 앞문으로 탑승해 요금을 내면 버스 승무원이 승차권을 내어

준다. 저렴한 요금이 장점이지만 노선 번호나 목적지의 버스 정류장 위치를
정확히 알기 어렵고 언어도 통하지 않기 때문에 익숙해질 때까지는 시간이

필요하다.

오토바이 택시(쌔옴)
오토바이 뒷좌석에 손님을 태우고 이동하는 형태। 외국인이나 여행자보다는 현지인들이 주로 이용하는데 교통 체증에도 빠르게 이동할 수 있다는 장점이 있다. 최근에는 '그랩바이크(Grab Bike)'처럼 스마트폰 애플리케이션과 연계해 향상된 서비스를 제공하고 있다. 요금은 보통 1km당 1만~1만 5,000동 수준. 출발 전 흥정은 필수이며 오토바이 택시기사들은 대부분 베트남어만 구사한다.

시클로(씩로)
베트남 현지인들에게는 택시만큼이나 유용한 수단이지만 여행자들에게는 요금 문제 등 여러 피해 사례가 빈번히 일어나 추천하지 않는 교통수단이다. 그래도 시클로를 타 보고 싶다면 시내 관광 투어가 제격이다. 요금은 흥정제이며 시내 중심부를 이동하는 데 4만~5만 동 정도이다. 시클로는 낮에 이용하고 늦은 시간은 피하도록 하자.

오토바이
오토바이를 대여할 수 있다. 요금은 1일 US$5~10 정도로 오토바이 옵션에 따라 달라진다. 대여할 때 보증서로 여권을 요구하는 경우도 있다. 정비되지 않은 오토바이를 대여하거나 일방통행과 같은 도로 상황, 베트남만의 독특한 운전 방식으로 인해 사고가 잦은 편이다. 가급적 택시나 버스 등 대중교통을 이용할 것을 권한다.

렌터카
렌터카를 이용하고자 하는 경우 공항에서 렌터카 대여를 신청하는 것이 편리하다. 호텔이나 여행사에서 알선해 주기도 하지만 외국인이 직접 운전할 수 없고 현지 기사를 고용해야 하는 불편함이 있다. 요금은 차종에 따라 다른데 1일 US$50~100 정도. 요금에는 운전사의 일당과 연료비, 주차비 등이 포함된다.

그랩
최근 여행자들 사이에서 많이 이용되는 교통수단으로 스마트폰 애플리케이션을 통해 자신이 있는 곳까지 차량을 호출할 수 있다. 택시에 비해 요금이 저렴하지만 사전에 현지 전화번호로 애플리케이션을 활성화해야 한다. 요금은 신용카드나 현금으로 낼 수 있다. 탑승하기 전에 차량 번호와 기사의 얼굴을 꼭 확인하고 탑승하자.

여행사 오픈 투어 버스
여행자들에게 인기 있는 여행사는 신투어리스트와 프엉짱이 있다. 신투어리스트의 경우 영어가 가능하고 친절한 편이며 인터넷 예약도 가능하다. 프엉짱은 신투어리스트에 비해 당일 출발하는 편수가 다양해 현지인들이 많이 찾는다. 차량 상태는 목적지와 시간대에 따라 다르며 예약할 때 원하는 좌석을 선택할 수 있다.

●여행사 오픈 투어 버스 운행 정보(호찌민 출발)

목적지	무이내행	냐짱행	달랏행
신투어리스트	1일 2편(08:00, 21:00) 19만 9,000동	1일 2편(07:00, 21:00) 29만 9,000동	1일 1편(22:00) 29만 9,000동
프엉짱	1일 10편(08:30~01:30) 16만 동~	1일 5편(14:00~23:30) 27만 5,000동~	1일 48편 30만 동~

AREA 03 쩔런

중국계 이민자들이 터를 잡고 살아가는 차이나타운 거리로 시내에서 서쪽으로 6km 정도 떨어져 있다. 서민들의 활기가 느껴지는 빈떠이 시장을 중심으로 짜땀 성당, 사원 등이 있다. 개별적으로 여행하기보다는 호찌민 시내 투어를 통해 다녀오는 것이 편리하다.

CLOSE UP
HO CHI MINH

호찌민 한눈에 보기

호찌민의 행정구역은 1~12구의 도시 지역 지구과 9개의 농촌 지역 지구로 나뉜다. 그중 1·3·10구는 호찌민시의 중심 지역에 속한다. 호찌민 여행의 출발점은 동커이 거리를 중심으로 여행자 거리인 데탐까지 사방 2km 범위에 해당하는 지역이다. 이 지역 안에 호찌민을 대표하는 관광 명소와 호텔, 레스토랑, 여행사, 상점 등이 집중되어 있다. 쩔런 지역은 시내에서 차로 약 15분 거리에 있으며 개별적으로 가기보다는 시티 투어 등을 이용하는 편이 효과적이다.

AREA 03

I   J

티엔허우 사당●   ●응이아안 호이꽌 사당

●짜땀 성당

AREA 01 동커이 거리 주변

호찌민 여행의 중심이자 다양한 볼거리들이 밀집되어 있는 지역으로 호텔, 백화점, 레스토랑, 상점, 스파 등이 모여 있다. 동커이 거리에는 노트르담 대성당, 중앙 우체국이 있으며 레러이 거리에는 상점과 기념품 가게 등이 들어서 있다.

AREA 01

노트르담 대성당● ●사이공 중앙 우체국

동커이 거리

AREA 02

팜응울라오 거리

부이비엔 거리

데탐 거리

AREA 02 데탐 거리 주변

호찌민에서 가장 오래된 역사를 자랑하는 거리로 알뜰 여행자들을 대상으로 하는 중저가 숙소와 카페, 베트남 전역을 연결하는 여행사 등이 있다. 데탐 거리, 팜응울라오 거리, 부이비엔 거리에는 좁고 높은 형태의 미니 호텔들과 상점, 늦은 시간까지 술을 마실 수 있는 펍 등이 있어 밤에도 여행자들로 북적인다. 또 매일 아침 호찌민 근교나 외곽으로 운행하는 여행사 오픈 투어 버스 등이 출발한다.

호찌민 추천 코스

호찌민 여행은 관광 명소들이 모여 있는 1구를 중심으로 코스를 짜면 좋다. 첫날은 동커이 거리를 시작으로 주변 관광지들을 둘러보고 둘째 날은 여행자 거리로 불리는 데탐 거리 주변에서 시간을 보내자. 시간 여유가 있다면 메콩 델타, 무이네 등 호찌민 근교로 투어를 떠나 볼 것을 추천한다.

1DAY
1일 차

09:00
노트르담 대성당과
중앙 우체국 구경하기

도보 7분 →

10:00
인민위원회 청사
둘러보기

 도보 5분

14:30
동커이 거리
산책하기

도보 5분 ←

13:00
베트남 요리로
점심 식사하기
(퍼 24 파스퇴르점)

도보 3분 ←

11:00
호찌민의
명물 아파트 구경하기

도보 8분 ↓

17:00
사이공 스카이덱
전망대 관람하기

도보 15분 또는
택시 7분 →

19:00
현지식 바비큐로
저녁 식사하기
(5KU 스테이션)

도보 15분 또는
택시 10분 →

20:00
벤타인 시장 &
야시장 구경하기

2DAY
2일 차

08:30
남부식 쌀국수로
아침 식사하기
(퍼호아 파스퇴르)

도보 15분 또는
택시 5분
→

09:30
통일궁
관람하기

도보 7분 ↓

14:00
호찌민시 박물관
관람하기

택시 15분 ←

12:30
바인쌔오로
점심 식사하기
(바인쌔오 46A)

택시 10분 ←

10:30
전쟁 기념 박물관
둘러보기

도보 5분 ↓

15:00
진한 베트남 커피
한잔 마시며 쉬어 가기

도보 5분 →

16:00
쇼핑몰에서
쇼핑 즐기기

도보 15분 또는
택시 6분
→

20:00
데탐 거리에서
맥주 마시며 하루 마무리

비텍스코 파이낸셜 타워
Bitexco Financial Tower ★★★

호찌민시를 대표하는 아이콘

2010년 완공된 비텍스코 파이낸셜 타워는 빠르게 변화하는 베트남의 오늘을 보여 주는 호찌민 최고의 마천루로 262m의 높이를 자랑한다. 건물은 68층 규모로 대부분은 비즈니스 사무실(7~48층)로 사용되며 실제로 방문할 수 있는 공간은 사이공 스카이덱과 아이콘 68(Icon 68) 쇼핑몰(1~6층), 호텔, 레스토랑, 상점 정도다. 특히 49층에 자리한 사이공 스카이덱은 전망대로 호찌민 시내를 한눈에 감상할 수 있다. 50~52층에는 간단한 식사나 차, 술을 마실 수 있는 레스토랑, 카페, 바가 마련되어 있다. 건설 당시 우리나라의 현대건설이 맡아 화제가 된 바 있으며 호찌민 여행 중 꼭 방문해야 하는 관광 명소로 자리 잡았다.

⭐ **지도** p.73-K **구글 맵** 10.771893, 106.70415 **주소** 2 Hải Triều, Bến Nghé, Quận 1 **전화** 028-3915-6868
개방 09:30~21:30(마지막 입장은 마감 45분 전) **홈페이지** www.bitexcofinancialtower.com
교통 인민위원회 청사에서 도보 9분

49층

사이공 스카이덱 Saigon Skydeck

1층 입구에서 전용 승강기를 타면 49층에 자리하고 있는 전망대로 곧바로 이동한다. 전망대는 원형으로 설계되어 있으며 대형 통유리를 통해 호찌민 시가지를 한눈에 조망할 수 있다. 인민위원회 청사와 벤타인 시장, 신시가지의 모습도 바라보인다. 중앙에는 아오자이 박물관(Bảo Tàng Áo Dài Mini)과 기념품 숍이 있다. 지상에서 전망대까지의 높이는 178m이다.

⭐ **운영** 12:00~20:00, 토·일요일 10:00~20:00 **요금** 성인 20만 동, 어린이 13만동(4세 이하 무료) **홈페이지** www.saigondeck.com

기념품 숍 Souvenirs Shop

사이공 스카이덱 안에 마련된 기념품 숍에는 비텍스코 파이낸셜 타워와 베트남의 대표 아이콘들을 모티브로 제작된 다양한 기념품을 판다. 귀여운 곰돌이 인형, 비텍스코 파이낸셜 타워가 그려진 티셔츠와 문구류, 조각상 등이 인기다. 소장용으로도 좋고 선물용으로도 제격이다.

아오자이 박물관 Ao Dai Museum

아오자이 박물관은 규모는 크지 않지만 편하게 둘러보기 좋은 곳이다. 베트남 전통 의상인 아오자이의 역사와 디자인 변천사 등을 이해하기 쉽게 구성하여 전시하고 있다. 참고로 '아오'는 '옷'을, '자이'는 '긴'이라는 의미를 담고 있다. 아오자이에 대한 궁금증은 물론 전통과 다채로운 아오자이를 구경할 수 있다. 스카이덱 입장권 소지자는 무료로 관람할 수 있다.

MORE INFO | 한국의 기술력이 바꾼 베트남의 스카이라인

베트남에는 우리나라 건설사가 참여해 지은 건물이 꽤 많다. 호찌민시의 랜드마크인 비텍스코 파이낸셜 타워(262m)는 현대건설에서 맡았다. 우리나라의 현대적인 건축 기법으로 설계되었고, 외부 마감재로는 스테인리스강과 유리 패널이 사용되었다. 또한 AON 하노이 랜드마크 타워(AON Hanoi Landmark Tower, 336m)는 2011년 경남기업에서 완공했으며, 현재 베트남에서 가장 높은 건물이다. 이 밖에도 2014년 완공된 롯데 센터 하노이(Lotte Center Hanoi, 267m), 구 금호아시아나 빌딩인 M 플라자 사이공(M Plaza Saigon) 등 국내 건설사의 활약이 베트남 전역에 이어지고 있다.

통일궁
Đinh Thống Nhất
Independence Palace
★★★

⭐ **지도** p.72-E
구글 맵 10.777650, 106.695964
주소 135 Nam Kỳ Khởi Nghĩa, Bến Thành, Quận 1
전화 028-3822-3652
개방 08:00~11:00, 13:00~15:30(특별 행사가 있는 경우 입장 불가)
요금 성인 6만 5,000동, 어린이 1만 5,000동, 오디오 서비스 9만 동
홈페이지 www.dinhdoclap.gov.vn
교통 인민위원회 청사에서 도보 5분

호찌민을 대표하는 박물관

1868년 프랑스 식민지 시대에 지어져 총독부 관저로 사용되다가 1966년 남베트남 대통령 관저로 사용하기 위해 견고한 구조로 요새화하여 다시 지은 것이다. 3층 건물로 100개 이상의 방을 갖추고 있으며 현재는 박물관으로 일반인에게 개방하고 있다. 건물 내 자리한 각각의 공간들은 그 용도와 목적에 따라 전혀 다른 분위기를 연출한다. 옥상에는 헬리콥터가 전시되어 있고 지하에는 지하 통제실, 작전 사령실, 통신실, 암호 해독실 등 전쟁 당시 사용되었던 벙커 시설들이 예전 모습 그대로 남아 있다. 입장 시간이 정해져 있으니 시간에 맞춰 가도록 하자. 한국어 오디오 가이드도 제공하고 있다.

노트르담 대성당
Nhà Thờ Đức Bà
Notre Dame Cathedral
★★

⭐ **지도** p.72-B
구글 맵 10.779918, 106.699022
주소 1 Công Xã Paris, Bến Nghé, Quận 1
전화 028-3822-0477
개방 08:00~11:00, 15:00~16:00 (토 · 일요일, 국경일은 일반 공개 불가, 미사 시간에는 관광객 입장 불가)
교통 인민위원회 청사에서 도보 4분

유럽 양식의 성당

19세기 말에 지어진 가톨릭 성당으로 로마네스크 양식과 고딕 양식이 더해졌다. 건축에 사용된 벽돌은 프랑스 마르세유에서 공수해 온 것으로 알려져 있다. 고전적인 두 개의 첨탑(58m)이 하늘을 향해 솟아 있고 정면에는 성모상이 세워져 있다. 매주 일요일에 미사가 열리며 방문 시에는 신자들에게 폐가 되지 않도록 조심해서 둘러보아야 한다. 현재 보수 공사가 진행 중이다.

사이공 중앙 우체국

Bưu Điện Trung Tâm
Sài Gòn
Saigon Post Office
★★★

베트남의 명작 건축물

에펠탑을 설계한 유명 건축가 구스타프 에펠이 프랑스 식민지 시대(1891년)에 지은 건축물. 파스텔 톤의 노란색과 초록색이 어우러진 외관이 무척 고풍스럽다. 마주하고 있는 노트르담 대성당과 더불어 베트남의 과거를 기념하는 건축물로 평가받고 있다. 동커이 거리 북쪽 끝에 위치한 건물 안으로 들어가면 아치형의 높은 천장과 벽에 걸린 호찌민 초상화가 먼저 눈에 들어오고, 국내외 우편물 접수 및 국제 택배 창구가 보인다. 공연 티켓 판매소와 기념품 가게도 있으며 과거 전화 부스는 ATM 기계로 사용되고 있다. 베트남을 기념할 수 있는 독특한 우표 세트(20만 동, 10장)는 여행자들의 인기 아이템. 인근 책 골목에서 엽서를 구입해 보내 보자.

⭐ **지도** p.72-B
구글 맵 10.779927, 106.699932
주소 125 Hai Bà Trưng, Quận 1
전화 028-3822-1677
개방 월~토요일 07:30~17:00
휴무 일요일
홈페이지 www.hcmpost.vn
교통 인민위원회 청사에서 도보 5분

MORE INFO | 도심 속 책 골목 산책하기

사이공 중앙 우체국 근처에 동아, 퍼스트 뉴스, 프엉남 등 크고 작은 규모의 책방들이 모여 있다. 다양한 서적을 비롯해 기념품, 엽서, 캐릭터 상품, 에코 백 등도 판매한다. 프엉남 북카페 등 서점과 카페를 겸한 곳들이 있어 커피를 마시며 잠시 쉬어 가기 좋다.

⭐ **지도** p.72-B **구글 맵** 10.780299, 106.699456 **교통** 사이공 중앙 우체국에서 도보 1분

호찌민시 박물관
Bảo Tàng Thành Phố Hồ Chí Minh
Ho Chi Minh City Museum
★★

호찌민시의 역사를 한눈에
호찌민시의 역사와 문화 및 베트남 혁명 투쟁 등을 소개한다. 1층은 베트남의 자연·문화·생활양식, 2층은 베트남 혁명 투쟁과 독립에 관한 다양한 자료들을 일목요연하게 전시하고 있다. 과거에서 현재까지 베트남에서 사용해 온 화폐들을 보관하고 있는 화폐관도 있다. 박물관 건물은 1885년 프랑스 건축가에 의해 지어졌으며 과거 관료의 저택과 정부 사무실로 사용된 바 있다. 오리엔탈 양식의 외관이 상당히 고풍스럽다.

🌀 **지도** p.72-F
구글 맵 10.775967, 106.699668
주소 65 Lý Tự Trọng, Bến Nghé, Quận 1 **전화** 028-3829-9741
개방 07:30~17:00 **요금** 3만 동 (카메라, 비디오 소지 시 4만 동)
홈페이지
www.hcmc-museum.edu.vn
교통 인민위원회 청사에서 도보 5분

전쟁 기념 박물관
Bảo Tàng Chứng Tích Chiến Tranh
War Remnants Museum
★★

참혹했던 전쟁의 상흔
베트남 전쟁과 관련된 방대한 자료들을 전시하고 있는 박물관으로 1975년 9월 개관했다. 전투기, 탱크, 미사일, 배, 폭탄 등 전쟁에서 사용되었던 무기들도 야외 전시실에서 볼 수 있다. 3층 사진실에서는 전쟁의 무고한 희생자들이 거리에 널린 사진, 전쟁을 선동하는 포스터와 신문 등이 참혹했던 당시의 모습을 생생히 전달한다.

🌀 **지도** p.70-F
구글 맵 10.779394, 106.692126
주소 28 Võ Văn Tần, Phường 6, Quận 3 **전화** 028-3930-5587
개방 07:30~17:00
요금 4만 동
홈페이지
baotangchungtichchientranh.vn
교통 인민위원회 청사에서 도보 7분

사이공 동·식물원
Thảo Cầm Viên Sài Gòn
Saigon Zoo And Botanical Garden
★★

도심 속 힐링 공간
1864년 프랑스 식물학자가 세운 곳으로 오랜 역사를 자랑한다. 높다란 나무가 가득하고 녹음이 무성하다. 동·식물원 안에는 유원지와 열대 식물 온실, 코끼리·기린·가젤·코뿔소·원숭이 등이 사는 동물원이 있다. 진귀한 동물은 적지만 시내에서 멀지 않고 가격도 저렴한 편이라 아이들과 함께하는 여행자라면 방문해 볼 만하다.

🌀 **지도** p.71-D
구글 맵 10.787297, 106.705039
주소 2 Nguyễn Bỉnh Khiêm, Bến Nghé, Quận 1
전화 028-3829-1425
개방 07:00~18:00(마지막 입장은 마감 1시간 전) **요금** 성인 6만 동, 어린이(100cm 이하) 무료
교통 인민위원회 청사에서 차로 5분

인민위원회 청사(시청)

Ủy Ban Nhân Dân Thành Phố Hồ Chí Minh
HCM City People's Committee ★★

🌀 **지도** p.72-F
구글 맵 10.776533, 106.701023
주소 86 Lê Thánh Tôn, Bến Nghé,
Quận 1 **전화** 028-3829-6052
홈페이지 vpub.hochiminhcity.gov.vn
교통 사이공 중앙 우체국에서 도보
4분

호찌민시의 랜드마크

1898년 프랑스인을 위한 공공시설 목적으로 지어졌다. 호찌민시의 랜드마크로, 중후하고 화려한 건물은 사이공 시절 '동양의 파리'로 불릴 만큼 아름다웠다. 레몬색 벽면, 섬세하게 새겨진 조각상과 기둥, 좌우 대칭으로 만들어진 회랑 등은 청사 건물의 백미로 꼽힌다. 원칙적으로 사진 촬영은 금지되어 있지만 조금 멀리서 찍으면 문제없다. 길게 이어진 광장은 시민들의 휴식처로 사랑받고 있다.

사이공 시민 극장
(사이공 오페라 하우스)

Nhà Hát Thành Phố
Saigon Opera House ★★

🌀 **지도** p.73-G
구글 맵 10.776544, 106.703047
주소 7 Công Trường Lam Sơn, Bến
Nghé, Quận 1
전화 028-6270-4450
개방 매표소 08:00~16:00(티켓 매진
시까지) **홈페이지** www.hbso.org.vn
교통 인민위원회 청사에서 도보 7분

시민들을 위한 문화 공간

19세기 말 파리의 '프티 팔레'를 모델로 지어진 건물이다. 대칭을 이루고 있는 건물의 가장 위쪽에는 천사상이 있고, 아래쪽 기둥에는 비너스 여신상이 건물을 지탱하는 듯한 모습으로 서 있다. 프랑스 식민지 시대에는 오페라 하우스, 베트남 전쟁 때는 국회의사당으로 쓰였고 현재는 베트남 시민들을 위한 문화 공간으로 이용되고 있다. 콘서트, 뮤지컬, 패션쇼, 발레 공연 등 연중 다채로운 프로그램이 진행된다. 티켓은 입구 왼쪽 매표소에서 구입할 수 있다.

역사박물관

Bảo Tàng Lịch Sử
Museum of History ★★

🌏 **지도** p.71-D
구글 맵 10.787958, 106.704827
주소 2 Nguyễn Bình Khiêm, Bến
Nghé, Quận 1
전화 028-3829-8146
개방 화~금요일 08:00~11:30,
토~일요일 08:00~11:30, 13:30~17:00
휴무 월요일
요금 성인 3만 동, 6세 이하 무료
(카메라 소지 시 3만 동, 비디오 소지
시 4만 동 추가)
홈페이지 www.baotanglichsuvn.com
교통 인민위원회 청사에서 차로 5분

국보급 작품을 전시

1979년 8월 23일 개관한 박물관으로 초기에는 베트남 국립 박물관으로
이용되었다. 주요 전시품은 아시아 주요 국가의 고대 미술품과 베트남
고대에서 근대까지의 국보급 작품들이다. 내부는 크게 두 구역으로 나
뉘어 1구역은 원시 시대부터 1930년대까지의 베트남 역사를, 2구역은 베
트남 남부 지역의 소수 민족과 라오스, 인도네시아, 중국 등 주변국의 문
화를 소개하고 있다.

호찌민 시립 미술관

**Bảo Tàng Mỹ Thuật
Thành Phố Hồ Chí Minh**
Fine Arts Museum of
Ho Chi Minh ★

🌏 **지도** p.71-K
구글 맵 10.769665, 106.699455
주소 97A Phó Đức Chính, Nguyễn
Thái Bình, Quận 1
전화 028-3829-4441
개방 08:00~17:00
요금 3만 동, 10세 이하 무료
교통 인민위원회 청사에서 도보 15분

베트남의 현대 미술을 한자리에

호찌민시에서 규모가 큰 미술관으로 1987년에 문을 열었다. 현대 미술
을 대표하는 유명 예술가들의 작품을 소장하고 있다. 건물 2~3층에는
고대 미술품과 역사적 색채가 강한 작품이 있고, 짬파 유적지에서 출토
된 유물들과 중국 도자기 등을 전시하고 있다. 일부 전시실은 보수 공사
가 진행 중이다. 실내가 더운 편이라 오전 중에 방문하는 게 좋다. 입구
에는 오래된 엘리베이터가 운행되고 있다.

짜땀 성당

**Giáo Xứ Thánh Phanxicô
Xaviê(Nhà Thờ Cha Tam)**
St. Francis Xavier Parish
★

🌏 **지도** p.68-H
구글 맵 10.752002, 106.653840
주소 25 Học Lạc, Phường 14, Quận 5
전화 028-3856-0274
개방 07:00~12:00, 14:00~18:00,
19:00~21:00(일요일은 견학 불가,
미사 시간 이외에 방문 가능)
교통 인민위원회 청사에서 차로 15분

차이나타운 내 가톨릭 성당

번화가인 쩐흥다오 거리 서쪽에 위치
한 가톨릭 성당. 중앙에는 '천수궁'이
라고 쓰인 중국풍의 붉은 현판이 있
으며 정문을 통해 들어가면 정면에 성
모상이 나온다. 내부에는 그리스도상
과 스테인드글라스, 그리고 신도들이
앉을 수 있는 자리가 마련되어 있다.
성당 부지 안에는 유치원과 진료소가
옛 모습 그대로 남아 있다. 미사는 평
일 오전(05:30)과 오후(17:30) 2회, 주
말에는 2~5회가량 열린다.

티엔허우 사당
Chùa Bà Thiên Hậu
Thien Hau Pagoda ★

오랜 역사가 남아 있는 사당
중국식 사당으로 18세기에 세워졌다. 사당을 꾸며 주는 장식이 매우 화려하고 아름다우며 장엄한 분위기가 느껴진다. '티엔허우'는 바다의 여신을 의미하는데 어업이나 항해를 할 때 안전하게 지켜 준다고 한다. 가족의 건강이나 사업 성공 등을 기원하기 위해 찾는 현지인이 대부분이다. 일부러 찾아가서 구경을 할 정도의 볼거리는 없다. 보통 시티 투어 시 방문하곤 한다.

지도 p.68-ㅣ
구글 맵 10.753129, 106.661129
주소 714/3 Nguyễn Trãi, Phường 11, Quận 5
전화 028-3855-5322
개방 06:30~11:30, 13:00~16:30
교통 인민위원회 청사에서 차로 15분

응이아안 호이꽌 사당
Hội Quán Nghĩa An ★

화려한 장식이 일품인 사당
관우를 모시고 있는 관제묘. 관우는 '장사의 신'으로 추앙되어 인근 지역에서 장사를 하는 현지인들이 주로 찾는다. 중후한 분위기의 티엔허우 사당에 비해 화려하고 활기가 넘친다. 사당 앞 광장은 마을 주민들의 쉼터로도 이용된다. 티엔허우 사당에서 100m 정도 떨어져 있으므로 함께 둘러보면 된다.

지도 p.68-ㅣ
구글 맵 10.753218, 106.662010
주소 676 Nguyễn Trãi, Phường 11, Quận 5
개방 07:00~18:00
교통 인민위원회 청사에서 차로 15분

빈떠이 시장
Chợ Bình Tây
Binh Tay Market ★

현지인들이 이용하는 대형 시장
1구에 위치한 벤타인 시장과 더불어 호찌민을 대표하는 시장이다. 1930년대 중국 출신 부호 꽉담이 투자해 세웠다고 하며 주 고객은 지방에서 장사를 하는 소매상인들이다. 시장 건물은 중국 전통 가옥 건축 양식인 쓰허위안 양식으로 지어졌으며 현재는 대규모 레노베이션이 진행 중이다. 일부 매장은 시장 주변과 길 건너 골목에서 영업을 하고 있다.

지도 p.68-ㅣ
구글 맵 10.749397, 106.651173
주소 22 Đường Trần Bình, Phường 2, Quận 6
영업 05:00~19:00
교통 인민위원회 청사에서 차로 17분

베트남의 젖줄
메콩 델타 Mekong Delta

메콩 델타는 베트남 남서부에 위치한 메콩강 하류의 삼각주를 가리킨다. 메콩강은 중국에서 시작해 미얀마, 라오스, 태국, 캄보디아를 거쳐 베트남에서 남중국해로 흘러가는 총길이 4,020km의 거대한 강이다. 메콩이란 '9마리의 용'이란 뜻. 메콩 델타 지역에는 껀터(Cần Thơ)시를 포함해 12곳의 성이 속해 있다. 이곳은 한때 크메르 왕국의 땅이었으나 18세기 후반에 베트남 사람들이 이주하기 시작했다. 베트남 최대의 곡물 수확량을 자랑하는 곡창 지대이기도 한 메콩 델타는 베트남에서 쌀 생산량의 60% 이상을 책임지고 있다.

메콩 델타를 생생하게 체험하는 방법

1일 투어에서 3박 이상 체류하는 투어까지 다양한 메콩 델타 투어가 있다. 당일로 다녀오기 좋은 미토(Mỹ Tho) 투어는 호찌민에서 출발해 메콩 델타에서 가장 유명한 도시인 미토를 둘러보는 것으로 여행자들에게 가장 인기가 높다. 이 밖에도 메콩 델타의 아침 시장이 열리는 껀터로 가는 1박 2일 투어, 메콩강과 인근 지역(빈롱, 벤째, 껀터 등)을 둘러보고 캄보디아로 아웃하는 투어도 있다. 최근에는 메콩 델타와 꾸찌 터널을 당일에 둘러보는 1일 투어도 여행자들 사이에서 인기가 높아지고 있다.

당일로 즐기는 정글 크루즈

1일 투어 형태로 진행되는 미토 투어는 호찌민 현지 여행사라면 어디에서든 쉽게 예약할 수 있다. 투어 요금은 프로그램 내용에 따라 US$10〜60으로 다양하다. 투어 출발 시간은 오전 8시이며 투어를 마치고 호찌민에 도착하면 오후 5〜6시경이다. 여행사 투어 프로그램에 따라 조금씩 다르지만 보통 엘리펀트 피시가 포함된 점심 식사와 나룻배 승선, 마차 체험, 코코넛 캔디 공장 방문 등이 포함된 일정이다. 투어가 시작되는 출발지, 경유지, 도착지에는 많은 여행사가 모이므로 이용하는 여행사 상호와 차량 번호 등을 확인하도록 하자.

정글 크루즈 코스

① 미토 도착

② 메콩 델타의 명물 '엘리펀트 피시'로 점심 식사

③ 나룻배를 타고 수로 탐방하기

④ 마차를 타고 마을 둘러보기

⑤ 코코넛 캔디를 만드는 농가 방문하기

베트콩들이 이용했던 비밀 통로
꾸찌 터널 Địa Đạo Củ Chi

꾸찌 터널은 베트남 전쟁 당시 베트콩들이 파 놓은 땅굴과 각종 부비 트랩 및 전쟁의 흔적을 경험할 수 있는 곳으로 호찌민 관광 투어 중 메콩 델타 다음으로 인기가 많다. 자연 지형을 활용해 건설된 터널은 원래 길이가 무려 250km에 달했지만 현재는 160km 정도가 남아 있는 상황이다. 땅굴의 깊이는 지하 2~8m이며 내부는 여러 층으로 구성되어 있다. 베트남 전쟁 당시 게릴라군이 이곳에서 지내며 야간에 터널에서 나와 미군과 전투를 벌였다고 알려져 있다.

가는 방법
63번 시내버스가 있지만 이용하는 여행자가 적고 이동 시간이 길어, 투어에 참가하는 것이 여러모로 편리하다. 인기 관광지인 만큼 여행사마다 다양한 투어 상품이 준비되어 있다. 오전과 오후 출발하는 반일 투어가 대부분이며 관광 소요 시간은 5시간 정도. 투어 요금은 30만~35만 동이며 꾸찌 터널 입장료 11만 동은 별도이다.

꾸찌 터널에서 즐길 수 있는 색다른 체험거리

꾸찌 터널 관람은 정해진 동선에 따라 천천히 이동하면서 진행되는데 몸을 숨길 수 있는 작은 벙커를 비롯해 베트콩들이 이용했던 비밀 입구, 무기 제작소, 부비 트랩, 미군 탱크 등을 차례로 둘러본다. 마지막에는 좁은 터널을 직접 통과해 보는 체험도 할 수 있다.

부비 트랩
터널 주변에는 전쟁 당시 죽창과 창살, 함정 등을 이용해 설치한 각종 부비 트랩(지뢰)들이 산재해 있다. 당시 베트콩들은 이러한 지뢰들을 풀과 흙을 덮어 위장하기도 했다. 부비 트랩들은 적군에게 치명적인 부상을 입힐 뿐만 아니라 사망에 이르게까지 했다.

벙커 체험하기
성인이 간신히 들어갈 만한 작은 비밀 벙커는 베트남 전쟁 때 베트콩들이 몸을 숨기기 위해 만들어 놓은 것이다. 현지 직원이 시범을 보인 후 여행자들도 체험할 수 있다.

▲ 풀로 위장된 부비 트랩의 일종으로 이곳을 지나가는 순간 덮개가 회전한다.

▲ 내부에는 날카로운 창살이 설치되어 있어 적군에게 부상을 입힌다.

좁은 터널을 통과
터널은 성인의 경우 허리를 숙여야만 겨우 통과할 수 있을 만큼 좁다. 관광 체험을 위해 원래의 터널보다 조금 넓게 개조되었지만 그래도 좁고 습하다. 가급적 편한 복장으로 투어에 참가하도록 하자. 터널 안은 온도가 높고 습하므로 땀을 흠뻑 흘리기 싫다면 참여하지 않아도 된다.

전쟁 당시 군인들의 모습을 재현

무기를 제작하는 모습

다양한 부비 트랩을 전시

붉은 사막과 푸른 바다가 어우러진 휴양지, 무이내

무이내(Mũi Né)는 베트남 남동부의 작은 바닷가 마을로 호찌민에서 약 260km 떨어져 있다. 조용했던 해안 마을이 유명 휴양지로 변모한 것은 사막 같은 해안 사구와 강한 바람이 불어오는 지형적인 영향 때문이다. 1995년 처음 서양 여행자들이 찾기 시작했고 카이트 서핑의 메카로 알려지며 인기가 더해졌다. 10~15km에 달하는 해변을 따라 크고 작은 리조트와 빌라, 식당, 바, 여행사가 이어진다. 해안가에 자리한 숙소에서 온전한 휴양을 즐기거나 신나는 해양 액티비티를 만끽하며 시간을 보내자. 무이내 숙소는 시설과 위치에 따라 US$10 정도의 저렴한 방갈로부터 US$200이 넘는 고급 리조트까지 다양하다.

열차

무이내가 아닌 인근 빈투언역과 판티엣역까지 열차가 운행한다. 역에서 무이내 중심 거리와 주요 리조트까지는 택시를 이용해야 한다. 사이공역에서 빈투언역(현 Ga Bình Thuận /구 Ga Mương Mán)까지는 1일 4회 열차가 운행하며 4시간 20분 정도 소요된다. 빈투언역에서 무이내까지는 택시로 45분 정도 소요된다. 판티엣역(Ga Phan Thiết)까지는 1일 1회 열차가 운행하며 무이내 시내까지는 택시로 25분 정도 소요된다(요금 20만~25만동). 열차는 버스보다 빠르지만 역에서 무이내 중심부까지 택시나 버스를 타야 하는 번거로움이 있기 때문에 여행자들은 주로 오픈 투어 버스를 이용한다.

오픈 투어 버스

호찌민, 냐짱, 달랏 시내에 위치한 현지 여행사에서 운영하는 오픈 투어 버스가 무이내까지 운행한다. 호찌민 데탐 거리 인근에서 출발하며 5시간 정도 소요된다. 티켓을 예약할 때 직원이 무이내에서 묵을 호텔 이름을 물어본다. 호텔 인근 또는 앞에 내려 주기 때문이다. 에어비앤비처럼 개인이 운영하는 집의 경우에는 가까운 호텔명을 알려 주면 편리하다. 이왕이면 리조트와 함께 사구를 방문하는 1박 2일 이상의 일정으로 무이내 여행 계획을 짜 보자. 관광지와 숙소를 묶어서 판매하는 투어 상품이 다양하다.

무이내는 자전거나 오토바이를 빌려서 둘러보기 편하다. 대여 요금은 자전거 8만~10만 동, 오토바이 20~25만 동 수준이다. 거리에는 마일린 택시를 비롯해 현지 지역 택시가 수시로 오가므로 어렵지 않게 잡을 수 있다. 기본요금은 6,000~1만 2,000동부터이며 먼 거리는 흥정을 해야 한다. 인근 관광지까지는 거리가 꽤 먼 편이므로 투어를 이용하는 것이 편리하다. 시외버스는 거리에 따라 요금(6,000동~)이 달라지며 여행자보다는 현지인들이 이용한다.

여행사 투어 상품 이용

신투어리스트에서 운영하는 무이내 1박 2일 프로그램(호찌민 출발)이 가성비가 좋고 알찬 편이다. 숙소만 선택해서 프로그램에 참여할 수도 있다. 별도의 숙소를 잡지 못했다면 여행사에서 운영하는 숙소도 만족도가 높은 편이니 고려해 봐도 좋다. 숙소가 사무실 바로 옆에 있어서 버스에서 내린 후나 투어를 하기 위해 이동해야 하는 수고를 덜 수 있다. 여행 상품 예약 시 숙소까지 포함된 요금으로 예약하면 된다. 리

조트에서 머물 경우 조식을 제외한 나머지 식사는 과감하게 생략하자. 인근 레스토랑에서 사 먹으면 투어 요금이 낮아진다.

MORE INFO | **신투어리스트의 투어 미리보기**

신투어리스트에서 운영하는 당일 또는 1박 2일 투어 코스는 일반적으로 다음과 같다. 호찌민에서 오전에 슬리핑 버스를 타고 점심 무렵 무이내에 도착, 점심 식사를 마치고 무이내 사구와 어촌 마을 등을 둘러본다. 이후 호찌민으로 돌아오거나 정해진 리조트에서 숙박을 하고 다음 날 해변에서 자유 시간을 보낸 후 점심을 먹고 무이내를 출발해 저녁 무렵 호찌민에 되돌아오는 일정이다.

무이내 비치 Mũi Né Beach ★★★

프라이빗한 분위기가 일품

해변이 약 10km 이어지며 해변 앞에 자리한 리조트마다 전용 해변을 운영하고 있다. 바다는 거칠고 바람이 많이 불며 백사장의 폭이 좁은 편이다. 외부에서는 바다가 보이지 않는 것도 무이내의 특징이다. 열대 야자나무 숲 사이로 크고 작은 숙소들이 자리한다. 수심이 깊고 바람이 강해 카이트 서핑이나 윈드서핑을 즐기려고 찾는 마니아들이 많다. 서핑에 도전해 보는 것도 좋고 비치 바나 숙소에서 느긋하게 휴양을 즐기기에도 그만이다.

구글 맵 10.948313, 108.206426

어촌 마을 Fishing Village ★

어부들의 소박한 삶을 만나다

무이내는 느억맘의 산지로 유명한 항구 도시 판티엣과 멀지 않다. 바다 곳곳에서 무이내의 명물인 대바구니 배 '까이뭄'을 볼 수 있다. 어촌 마을 방문은 투어 상품에 포함되어 있지만 감흥은 떨어지는 편이다. 생선 악취가 진동하고 바다도 더러워 방문객이 점차 줄어들고 있는 실정이라 일부러 찾아갈 필요는 없다. 이른 아침에는 대바구니 배를 타고 고기잡이에 나서는 현지인들을 볼 수 있다.

구글 맵 10.937754, 108.298244

샌드 둔 Sand Dunes ★★★

자연이 만들어 낸 해안 사구

바닷바람에 날려 온 모래가 쌓인 해안 사구. 무이내에는 모래 색깔에 따라 이름이 붙여진 두 곳의 사구 레드 샌드 둔과 화이트 샌드 둔이 있다. 각각의 사구마다 분위기가 조금 다른데 레드 샌드 둔은 무이내 중심가에서 12km 정도 떨어져 있고, 화이트 샌드 둔은 중심가에서 35km 정도 떨어져 있다. 여행자들에게 인기가 있는 곳은 곱고 하얀 모래로 뒤덮인 화이트 샌드 둔으로 규모가 커 사륜구동 오토바이(쿼드바이크 40만~60만 동)나 지프(60만~80만 동)를 타고 둘러볼 수 있다. 그에 비해 붉은 빛을 띠는 모래로 덮인 레드 샌드 둔은 규모는 작지만 해 질 무렵 무이내 바다의 멋진 석양을 조망할 수 있어 인기가 있다. 무이내 시내에서 오토바이나 버스를 이용해 개별적으로 다녀올 수 있고 신투어리스트에서 운영하는 반나절 사구 투어(무이내 출발, 요금 13만 9,000동~)를 통해 두 곳 모두 둘러볼 수 있다. 이 밖에도 새벽(04:30)에 출발해 일출을 보는 선라이즈 투어와 오후(13:30)에 출발해 일몰을 보는 선셋 투어도 있다.

구글 맵 레드 샌드 둔 10.949444, 108.296410 / 화이트 샌드 둔 11.075884, 108.428445

> **TIP**
>
> **1일 투어를 이용하자**
>
> 화이트 샌드 둔을 포함해 무이내 주요 명소(요정의 샘, 어촌 마을)들을 둘러보는 무이내 반나절 투어(4시간)를 이용하면 편리하다. 요금은 US $20~50으로 차량의 크기와 탑승 인원에 따라 달라진다. 출발하는 시간에 따라 일출(04:30), 일몰 투어(14:00)를 선택할 수 있다.

MORE INFO | **무이내에서 짜릿한 신종 스포츠 즐겨 보기**

무이내는 바람이 좋아 바람을 이용한 해양 레포츠인 윈드서핑이나 카이트 서핑을 즐기기 좋다. 카이트 서핑이란 '카이트'라 불리는 대형 연을 공중에 띄운 채 바람의 힘과 파도의 방향을 이용해 서핑 보드를 타는 것으로 물 위를 내달리거나 공중에서 서커스에 가까운 묘기를 부리기도 한다. 무이내에는 카이트 서핑을 체계적이고 전문적으로 배울 수 있는 클럽 및 스쿨이 여러 곳 있다. 초보자를 위한 강습은 물론 숙련자를 위한 장비 대여도 해준다. 강한 바람이 불어야 즐길 수 있는 레포츠인 만큼 바람이 부는 시기에 방문하는 것이 중요하다. 예약 시에는 상해 보험 유무를 확인하자. 직접 체험하지 않더라도 해변에서 시원한 맥주나 칵테일을 마시며 카이트 서퍼들의 멋진 기술을 구경하는 재미도 놓치지 말자.

추천 업소
자이브 비치 클럽 www.jibesbeachclub.com
베트남 카이트보딩 스쿨 www.vietnamkiteboardingschool.com
플라이보드 무이내 www.flyboardmuine.vn

댄롱 레스토랑
Đèn Lồng Restaurant

직원들의 친절함이 돋보이며 영어 응대도 가능한 레스토랑. 베트남 전통 요리를 맛볼 수 있는데 주로 중부 지방 요리가 많다. 베트남 전통 문양이 들어간 예쁜 그릇에 담아 내 요리만큼이나 플레이팅도 인상적이다. 인기 메뉴인 고이브어이똠팃(Gỏi Bưởi Tôm Thịt)은 새우와 돼지고기, 땅콩, 튀긴 마늘, 당근 등에 톡톡 씹히는 자몽 과육을 넣은 샐러드로 상큼한 맛이 입맛을 돋운다. 이 밖에도 짜조, 고이꾸온 등 다양한 요리를 선보인다.

🗺 **지도** p.74-A
구글 맵 10.769754, 106.690754
주소 130 Nguyễn Trãi, Bến Thành, Quận 1
전화 090-994-9183
영업 1:00~14:30, 17:00~22:00
요금 단품 메뉴 8만~12만 5,000동 (VAT 10% 별도)
홈페이지 www.denlongrestaurant.com
교통 벤타인 시장에서 도보 12분

퍼 24(158D 파스퇴르점)
Phở 24(158D PASTEUR)

쌀국수를 전문으로 하는 인기 퍼 체인점으로 가격이 합리적이며 위생 상태도 좋은 편이다. 오픈형 주방을 갖추고 있으며 주문 즉시 조리한다. 소고기 쌀국수 퍼 보(Phở Bò Tái) 외에 닭고기 쌀국수와 사이드 메뉴가 있으며 쌀국수는 한국인 여행자에게 익숙한 남부식이다. 3가지 콤보 메뉴 중에서 음료가 포함된 콤보 메뉴를 추천하며 스페셜 퍼 콤보에는 3종류의 고기가 들어간다. 시내 곳곳에 30여 개의 체인점을 운영하고 있다. 매장 대부분 냉방 시설을 갖추고 있어 쾌적하게 식사를 할 수 있다. 인스턴트 쌀국수도 별도로 판매한다.

🗺 **지도** p.73-G
구글 맵 10.777172, 106.699649
주소 158D Pasteur, Bến Nghé, Quận 1
전화 028-3521-8518
영업 06:00~21:00
요금 쌀국수 4만 5,000동, 콤보 6만 5,000동~
교통 인민위원회 청사에서 도보 5분

바인쎄오 46A
Bánh Xèo 46A

다른 가게보다 바인쎄오 가격이 조금 비싸지만 양도 많고 그만큼 맛도 있다. 돼지고기, 새우, 숙주, 양파 등이 들어간 형태이며 오픈형 주방에서 만들어 낸다. 이곳은 라이스페이퍼가 없는 것이 특징인데 함께 제공되는 채소에 싸 먹으면 된다. 매콤한 맛을 원하면 고추를 넣어 먹어 보자.

⭐ **지도** p.70-B **구글 맵** 10,789572, 106,691387
주소 46A Đinh Công Tráng, Tân Định, Quận 1 **전화** 028-3824-1110
영업 10:00~14:00, 16:00~21:00
요금 바인쎄오 레귤러 사이즈 11만 동, 엑스트라 18만 동
교통 인민위원회 청사에서 차로 12분

퍼호아 파스퇴르
Phở Hòa Pasteur

호찌민에서 소고기 쌀국수를 처음으로 선보인 원조 맛집으로 현지인들은 물론 한국인 여행자도 좋아하는 국숫집이다. 테이블에는 바인꾸어이(5,000동)와 채소, 라임, 소스 등이 차려져 있다. 진하고 깔끔한 국물 맛은 한국인 입맛에도 잘 맞는 편. 쌀국수는 들어가는 재료에 따라 소고기 쌀국수(Phở Bò), 닭고기 쌀국수(Phở Gà)가 있다.

⭐ **지도** p.70-B **구글 맵** 10,786575, 106,689237
주소 260C Pasteur, Phường 8, Quận 3 **전화** 028-3829-7943
영업 06:00~10:30 **요금** 쌀국수 8만 5,000동~, 베트남 아이스티(짜다) 3,000동
홈페이지 phohoapasteur.restaurantsnapshot.com
교통 인민위원회 청사에서 차로 10분

바인미 후인호아
Bánh Mì Huỳnh Hoa

데탐 거리 인근에 있는 바인미 가게로 현지인과 여행자들 모두에게 사랑을 받고 있는 맛집이다. 바인미는 채소와 햄, 소시지, 소스가 들어간다. 많은 여행자가 찾는 곳인 만큼 주문 방법도 간단해 칠리소스 유무 정도만 알려 주면 된다. 칠리소스가 들어간 바인미는 매콤한 맛이 난다. 오후부터 영업을 시작하니 방문 전 영업시간을 한 번 더 확인하자.

⭐ **지도** p.74-A **구글 맵** 10.771456, 106.692498
주소 26 Lê Thị Riêng, Bến Thành, Quận 1 **전화** 028-3925-0885
영업 11:00~21:00 **요금** 바인미 5만 9,000동~
교통 벤타인 시장에서 도보 9분

벱매인
Bếp Mẹ Ìn

벤타인 시장 근처에 있는 식당. 규모는 아담하지만 멋진 벽화와 시그너처 플레이팅으로 인기를 얻고 있다. 요리는 모두 맛있는데 그중에서도 북부식 분짜와 바인쌔오, 코코넛 밥, 쌀국수 등이 평이 좋다. 이외에도 전채 요리에서 디저트까지 다양한 메뉴가 있다. 종업원은 영어가 가능하며 사진 메뉴도 있어 주문이 편리하다. 식당은 작은 골목 안쪽에 위치하고 있다.

⭐ **지도** p.72-J **구글 맵** 10.773710, 106.698151
주소 136/9 Lê Thánh Tôn, Bến Thành, Quận 1 **전화** 028-3824-4666
영업 10:30~22:30 **요금** 바인쌔오 11만 9,000동
교통 벤타인 시장에서 도보 3분

5KU 스테이션
5KU Station

현지식 화로구이로 유명한 고깃집이다. 짭짤하게 간을 한 소고기와 오크라(Okra)라는 채소를 불에 구워 소스에 찍어 먹는데 베트남 맥주를 곁들여도 좋다. 종업원들도 친절하고 영어 메뉴가 있어서 편리하다. 소고기 외에도 돼지고기, 닭고기, 해산물 등이 있으며 저녁 시간에는 줄을 서야 할 정도로 손님들이 많다.

⭐ **지도** p.73-C **구글 맵** 10.779349, 106.704199
주소 17 Thái Văn Lung, Bến Nghé, Quận 1 **전화** 090-777-5487
영업 17:00~03:30 **요금** 구이류 18만 9,000동~, 핫포트 20만 9,000동~
교통 인민위원회 청사에서 도보 7분

퍼 2000
Phở 2000

빌 클린턴 전 대통령이 방문하면서 더욱 유명해진 쌀국숫집. 벤타인 시장 근처 카페 2층에 위치하고 있다. 깔끔하면서도 짭조름한 국물 맛이 특징이며 다른 쌀국숫집에 비해 담백한 편이다. 구운 소고기와 얇은 면을 비벼 먹는 분팃보싸오(Bún Thịt Bò Xào)도 인기. 인근에 깔끔한 인테리어와 쾌적한 분위기의 2호점을 새로 열었다.

⭐ **지도** p.72-J **구글 맵** 10.771678, 106.697829
주소 210 Lê Thánh Tôn, Street, Quận 1 **전화** 028-3822-2788
영업 07:00~21:00 **요금** 쌀국수 8만 동~, 신또 4만 5,000동
홈페이지 www.pho2000.com.vn **교통** 벤타인 시장에서 도보 1분

퍼꾸인
Phở Quỳnh

간판의 글씨로 인해 유쾌한 오해가 생기는 곳이다. 오랫동안 호찌민 인기 쌀국숫집으로 통해 왔으며 24시간 영업한다. 쌀국수의 맛, 가격, 서비스, 위생 면에서 만족도가 높으며 삶은 숙주를 채소와 함께 제공해 주는 것이 특징이다. 맛은 현지인들이 인정할 만큼 좋다.

⭐ **지도** p.70-J
구글 맵 10.767528, 106.690580
주소 323 Phạm Ngũ Lão, Quan 1
전화 028-3836-8515
영업 08:00~15:00
요금 쌀국수 7만 9,000동~
교통 벤타인 시장에서 도보 14분

분보가인
Bún Bò Gánh

후에 지방의 국수인 분보후에를 비롯해 쌀국수와 스프링 롤, 음료, 달콤한 디저트 등을 맛볼 수 있는 식당이다. 국물 맛이 담백한 분보후에와 게살을 넣어 바삭하게 튀긴 스프링 롤(Chả Giò Cua Biển)이 특히 인기다. 후추를 넣어 매콤한 맛을 내는 것도 이곳만의 인기 비결이다. 흑미에 연유를 넣은 디저트(Nếp Than)도 후식으로 그만이다.

⭐ **지도** p.70-F
구글 맵 10.779504, 106.692931
주소 2A Lê Quý Đôn, Quận 3
전화 028-6684-4446
영업 07:00~21:00
요금 분보후에 4만 5,000동,
스프링 롤 4만 2,000동~
교통 통일궁에서 도보 5분

MORE INFO | 강바람을 만끽하며 즐기는 선상 크루즈

선상 크루즈를 타고 사이공강을 유람하면서 저녁 식사를 즐겨 보자. 보통 2시간 정도 크루징을 하게 되며 나롱(Nhà Rồng) 선착장을 이용한다. 국내 또는 현지 여행사를 통해 사전 예약을 하는 것이 편리하다. 작은 무대에서 열리는 공연과 야경을 감상하고 시원한 강바람을 맞으며 새우찜이나 전골 등으로 저녁 식사를 한다. 현재 3곳의 크루즈가 운영 중이며 요금과 내용은 조금씩 다르니 홈페이지를 통해 비교하자.

● **크루즈 정보**

레스토랑	본사이 Bonsai	엘리사 Elisa	따우벤응애 Tàu Bến Nghé
내용	2시간가량 진행되는 디너 크루즈로 배를 타고 호찌민의 야경을 감상하며 식사를 할 수 있다. 크루즈 요금에는 아시안 퓨전 뷔페와 칵테일 1잔, 공연이 포함되어 있다.	유럽의 범선을 본떠 만든 선박에서 단품 또는 코스 요리를 먹으면서 라이브 공연을 감상할 수 있다. 선상 레스토랑으로 크루즈는 하지 않는다.	2층으로 된 물고기 모양의 선박으로 크루즈를 즐기면서 라이브 공연을 감상할 수 있다. 인터내셔널 뷔페 스타일의 음식이 제공된다.
홈페이지	www.bonsaicruise.com.vn	www.elisa.vn	www.taubennghe.vn

CAFE 호찌민 추천 카페

뤼진 동커이
L'Usine Đồng Khởi

🟢 지도 p.73-G
구글 맵 10.775655, 106.703163
주소 151/5 Đồng Khởi, Bến Nghé,
Quận 1 전화 028-6674-9565
영업 07:30~22:30
요금 파스타 18만 5,000동~, 베트남
밀크커피 5만 5,000동(VAT 10% 별도)
홈페이지 www.lusinespace.com
교통 인민위원회 청사에서 도보 4분

비스트로와 카페테리아로 구분된다. 카페테리아는 커피를 비롯해 과일 주스, 스무디, 차 등의 음료와 파스타, 라사냐, 샐러드 등 가벼운 식사 메뉴를 선보인다. 쾌적하며 직원들의 응대 수준도 높은 편. 카페테리아 바로 옆 비스트로에서는 파인 다이닝을 즐길 수 있다. 아파트 건물 2층에 자리하고 있으며 카페 안쪽에 자체적으로 제작한 상품과 수입 브랜드 의류 및 라이프스타일 제품들을 판매하는 편집 숍도 있다. 오후 5~7시는 해피아워로 와인, 맥주, 칵테일 등을 50% 할인된 가격에 제공한다.

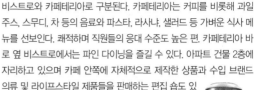

푹롱 커피 & 티
Phúc Long Coffee & Tea

🟢 지도 p.73-K
구글 맵 10.768013, 106.695314
주소 157-159 Nguyễn Thái Học, Phạm
Ngũ Lão, Quận 1 전화 028-3620-3333
영업 07:00~22:30
요금 커피 4만 동~, 티 3만 동~
홈페이지 www.phuclong.com.vn
교통 벤타인 시장에서 도보 8분

호찌민의 인기 커피 프랜차이즈로 다양한 차와 커피, 디저트 등을 선보인다. 유명 프랜차이즈 카페인 스타벅스와 비슷한 느낌이라 '호찌민의 스타벅스'라 불리기도 한다. 커피는 달랏 등지에서 공수하는데 블랙 티와 모카커피의 품질이 좋으며 밀크티가 맛있기로 유명하다. 차와 관련된 제품이나 MD 상품도 구매할 수 있고 무선 인터넷도 가능하다. 시내 곳곳에 여러 매장이 있으니 가까운 곳을 이용하면 된다.

쯩응우옌 레전드
Trung Nguyên Legend

베트남을 대표하는 현지 커피 전문점으로 베트남 전역에 체인이 있다. 가격이 비싼 편이지만 그만큼 질 좋은 커피를 선보인다. 메뉴에 따라 직접 로스팅하기도 하며 가게의 상징인 검정색 커피 잔과 까페핀 세트를 사용하는 것도 특징이다. 다양한 디저트도 갖추고 있으며 인스턴트커피와 커피 관련 상품도 판매한다. 무선 인터넷도 제공한다.

⭐ **지도** p.72-J **구글 맵** 10.773701, 106.700151
주소 7 Nguyễn Văn Chiêm, Bến Nghé, Quận 1 **전화** 028-3521-0194
영업 06:30~22:30 **요금** 커피 6만 5,000동~
홈페이지 www.cafelegend.vn
교통 인민위원회 청사에서 도보 6분

꽁 카페
Cộng Cà Phê

밀리터리풍 데커레이션과 베트남 스타일의 빈티지한 인테리어가 인상적인 카페. 다양한 커피 베리에이션 음료를 제공하며 코코넛 밀크가 들어간 커피가 이 집의 시그너처이다. 하노이에서 시작된 꽁 카페 열풍이 호찌민까지 전해져 데탐 외에 동커이 인근에도 매장이 있다. 무선 인터넷을 제공하며 원두도 판매한다.

⭐ **지도** p.74-A **구글 맵** 10.766517, 106.692176
주소 129, 127 Bùi Viện, Phạm Ngũ Lão, Quận 1 **전화** 091-181-1145
영업 07:00~02:00 **요금** 코코넛 스무디 커피(Cốt Dừa Cà Phê) 6만 5,000동
홈페이지 www.congcaphe.com **교통** 벤타인 시장에서 도보 12분

카페 코 바(동커이 점)
Cafe Cô Ba(Đồng Khởi)

은은한 조명과 레트로 소품을 이용해 멋스럽게 꾸민 동커이의 인기 카페로 사진을 찍기 위해 일부러 찾는 손님들이 있을 정도다. 호찌민 대표 번화가인 동커이 거리에 위치하고 있어 찾아가기도 쉽다. 요기를 할 수 있는 음식 메뉴도 갖추고 있어 식사도 가능하다. 조용하게 차나 커피를 마시며 여유를 즐기기 좋은 현지 카페로, 진하고 달콤한 베트남 커피가 인기다.

⭐ **지도** p.73–L **구글 맵** 10.773324, 106.706199
주소 4-6 Đồng Khởi, Bến Nghé, Quận 1 **전화** 028-3823-3196
영업 07:00~22:00 **요금** 베트남 커피 5만 동~, 식사 8만 9,000동~
교통 비텍스코 파이낸셜 타워에서 도보 4분

파시오
Passio

현지인들이 좋아하는 카페테리아로 호찌민 시내 곳곳에 매장이 있다. 이탈리아식 커피와 과일을 이용한 음료를 맛볼 수 있는데 테이크아웃도 가능하다. 더운 날씨에 마시기 좋은 칠러(Chiller)는 스무디처럼 과일과 얼음을 갈아서 만든 것인데 맛이 좋아 찾는 이가 많다. 가격이 저렴하다는 것도 인기 비결.

⭐ **지도** p.71–C **구글 맵** 10.785658, 106.700847
주소 15F Nguyễn Thị Minh Khai, Bến Nghé, Quận 1 **전화** 028-6299-1453
영업 06:00~22:00 **요금** 과일 티 4만 2,000동, 커피 2만 9,000동~
홈페이지 passiocoffee.com **교통** 사이공 중앙 우체국에서 도보 12분

모킹버드 카페
MockingBird Cafe

똔텃담(Tôn Thất Đạm) 아파트 4층에 위치해 조용하게 커피를 마실 수 있는 곳이다. 조각 케이크와 같은 디저트 메뉴와 커피를 주로 판매하며 저녁 시간에는 칵테일과 모히토를 마시기 위해 찾는 이들이 많다. 빈티지한 분위기로 꾸며졌으며 현지 젊은이들에게 인기 있는 카페다. 낮 시간보다는 은은한 조명으로 꾸며지는 저녁에 손님이 더 많이 찾아온다. 커피나 음료의 맛보다는 레트로한 분위기가 인기 요소.

✪ **지도** p.71-L **구글 맵** 10.769596, 106.704171
주소 14 Đường Tôn Thất Đạm, Quận 1 **전화** 093-810-1997
영업 08:30~23:00 **요금** 커피 4만 동~, 기타 음료 4만 동~
홈페이지 www.ghiencaphe.com **교통** 비텍스코 파이낸셜 타워에서 도보 4분

싱스 카페
Things Cafe

모킹버드 카페와 더불어 똔텃담(Tôn Thất Đạm) 아파트 1층에 자리한 인기 카페. 베트남의 옛 분위기가 물씬 풍기는 복고풍 스타일로 꾸며 놓았다. 저녁 시간에는 사람이 많아 기다리기 일쑤이지만 이른 시간에 찾아가면 한가하게 커피를 마실 수 있다. 창밖으로 비텍스코 파이낸셜 타워를 바라볼 수 있는 것도 이곳의 매력이다.

✪ **지도** p.71-L **구글 맵** 10.769509, 106.704292
주소 14 Đường Tôn Thất Đạm, Quận 1 **전화** 0128-657-5464
영업 09:00~22:00 **요금** 음료 4만 동, 티 3만 5,000동
교통 비텍스코 파이낸셜 타워에서 도보 4분

아일라 스파 Ayla Spa

라 벨라(La vela Hotel) 호텔 4층에 위치한 스파로 아로마 오일, 핫스톤, 발 마사지와 페이셜, 스크럽, 바디 영양랩이 결합된 다양한 패키지 스파 메뉴를 갖추고 있다. 고급스러운 인테리어와 개별 룸에서 마사지를 받을 수 있으며 한국어로 소통이 가능해 초보 여행자들에게도 제격이다.

🌸 **지도** p.70-B **구글 맵** 10,789358, 106,685723
주소 280 Nam Kỳ Khởi Nghĩa, Phường」, Quận녑
전화 088-854-5767 **영업** 10:00∼22:00
요금 보디 마사지(60분) 80만 동, 발 마사지(60분) 80만 동
홈페이지 www.aylaspa.com
교통 인민위원회 청사에서 차로 15분

샌 스파 Sen Spa

동커이 거리 중심에 있어 접근성이 좋은 스파. 전문 스파 숍답게 스파 전용 화장품인 크리니크 제품을 사용한다. 남녀 모두 즐길 수 있는 패키지 코스와 단품 메뉴가 있으며 전신, 발 마사지를 비롯해 네일 케어, 왁싱, 헤어트리트먼트도 가능하다. 시설도 고급스러운 편이고 세러피스트들의 실력이 좋기로 유명하다.

🌸 **지도** p.73-D **구글 맵** 10,7820431, 106,701388
주소 10B1 Lê Thánh Tôn, Bến Nghé, Quận 1
전화 028-3910-2174 **영업** 09:00∼22:00(마지막 입장은 문 닫기 1시간 전) **요금** 타이 전통 마사지(60분) 66만 동, 트래블러 코스(120분) 132만 동
홈페이지 www.senspa.com.vn
교통 인민위원회 청사에서 도보 8분

사이공 헤리티지 Saigon Heritage

합리적인 가격대에 스파와 마사지 서비스를 제공한다. 마사지사의 실력이 대체로 좋은 편이라 안심하고 서비스를 받을 수 있다. 헤어 스파와 네일 케어 등은 여성들에게 평이 좋고 100분 동안 진행되는 다이아몬드 스페셜 코스(72만 동)는 귀국 전 코스로 여행자들 사이에서 인기 있다.

🌸 **지도** p.73-G **구글 맵** 10,776974, 106,704514
주소 69 Hai Bà Trưng, Bến Nghé, Quận 1
전화 028-6684-6546 **영업** 09:00∼23:30
요금 보디마사지(60분) 34만 동, 패키지(마사지+스크럽+샤워) 63만 동∼ **홈페이지** www.saigonheritage.com
교통 인민위원회 청사에서 도보 7분

유주 스파 YUJU Spa

한국인이 운영하는 스파로 다양한 마사지가 특징. 어린 이를 위한 키즈 마사지도 있다. 벤타인 시장 인근에 매장이 위치하고 있어 쇼핑 전후 이용하기 좋다. 예약은 카카오톡으로 가능하다.

🌸 **지도** p.72-I **구글 맵** 10,771414, 106,697034
주소 38 Đ. Lê Lai, Phường Bến Thành, Quận 1
전화 038-381-1251, 카카오톡 ID(yujuspa)
영업 10:00∼22:00 **요금** VIP 릴렉스 마사지(90분) 60만 동
홈페이지 http://pf.kakao.com/_DBRjxb
교통 벤타인 시장에서 도보 2분

키토 숍
Kito Shop

20년 이상 한자리를 지키며 운영해 온 곳. 주요 고객은 일본인인데 최근에는 한국인 여행자들 사이에서도 유명해지고 있다. 라탄 가방은 물론 자유로운 발상이 돋보이는 독창적인 제품들을 다수 보유하고 있다. 베트남 북부 밧짱에서 공수한 도자기와 앤티크 소품도 인기다. 찻잔은 13만 6,000동, 테이블 매트는 21만 동 수준이다.

⭐ 지도 p.73-G
구글 맵 10.775046, 106.704262
주소 78A Đồng Khởi, Bến Nghé, Quận 1
전화 090-262-7136
영업 09:00~22:00
교통 인민위원회 청사에서 도보 7분

사이공 키치
Saigon Kitsch

재미나고 독특한 상품을 만날 수 있는 곳으로 베트남을 상징하는 국기나 랜드마크, 호찌민의 기념품들을 주로 판매한다. 밧짱 도자기 잔과 원색의 아트 소품들이 인기 있다. 벤타인 시장의 모형을 넣은 스노 볼(15만 동), 유리 상자(15만 동), 커피 잔(18만 동) 등 다양한 아이템들을 보유하고 있다.

⭐ 지도 p.73-K
구글 맵 10.773220, 106.701967
주소 43 Tôn Thất Thiệp, Bến Nghé, Quận 1 **전화** 028-3821-8019
영업 08:00~21:00
교통 인민위원회 청사에서 도보 6분

안남 고메 마켓
Annam Gourmet Market

다카시마야 백화점 안에 위치한 델리 숍으로 베트남 현지 상품 외에 다양한 수입 식재료를 취급한다. 견과류, 커피, 차, 잼, 소스 등은 현지인들은 물론 여행자들에게도 인기 있는 아이템들로 가격도 합리적이다. 샌드위치, 스시 등 식사 메뉴도 포장 판매한다.

⭐ 지도 p.72-J
구글 맵 10.773783, 106.700975
주소 65 Lê Lợi, Bến Nghé, Quận 1
전화 028-3914-0515
영업 09:30~21:30
홈페이지 www.annam-gourmet.com
교통 벤타인 시장에서 도보 2분

빈콤 센터 동커이
Vincom Center Đồng Khởi

동커이 거리에 있는 복합 쇼핑몰. 고급 브랜드 매장이 입점해 있는 명품관과 일반 쇼핑관으로 구성되어 있다. 베트남 인기 프랜차이즈 레스토랑과 영화관, 30여 개의 브랜드 매장, 서점, 푸드 코트, 슈퍼마켓 등이 있어 쾌적하게 쇼핑과 식사를 즐길 수 있다.

⭐ **지도** p.73-C **구글 맵** 10.778020, 106.701730
주소 72 Lê Thánh Tôn, Bến Nghé, Quận 1
전화 097-503-3288 **영업** 09:30~22:00
홈페이지 vincom.com.vn
교통 인민위원회 청사에서 도보 3분

사이공 센터
Saigon Centre

센터 내에는 일본계 백화점인 다카시마야가 자리하고 있으며 그 외 수입 브랜드 매장과 명품 주얼리 숍 등이 있다. 지하에는 안남 고메 마켓이 있는데 가격대는 비싼 편이지만 그만큼 품질 좋은 제품들이 많다. 최신 인기 브랜드 매장들이 가장 빨리 입점하는 곳이기도 하다.

⭐ **지도** p.72-J **구글 맵** 10.773747, 106.700909
주소 65 Lê Lợi, Bến Nghé, Quận 1
전화 028-3829-4888 **영업** 09:30~21:30
홈페이지 shopping.saigoncentre.com.vn
교통 인민위원회 청사에서 도보 6분

사이공 스퀘어
Saigon Square

일명 '짝퉁 시장'으로 불린다. 스포츠 & 아웃도어 브랜드 의류, 신발, 가방 등을 주로 판매하며 각종 액세서리, 기념품도 취급한다. 구매 시에는 반드시 흥정을 해야 하며 여행자들에게는 터무니없는 가격을 요구하기도 하니 주의하자.

⭐ **지도** p.72-J **구글 맵** 10.772564, 106.700273
주소 81 Nam Kỳ Khởi Nghĩa, Bến Thành, Quận 1
전화 093-778-5579 **영업** 09:00~20:30
교통 인민위원회 청사에서 도보 7분

다이아몬드 플라자
Diamond Plaza

백화점과 아파트, 사무실로 이루어진 13층 복합 상가로 1층부터 4층까지가 백화점이다. 롯데시네마 영화관을 비롯해 한국계 상점, 예가 한식당이 있고 백화점 푸드 코트도 인기 있다. 호찌민을 찾는 여행자들보다는 현지에 거주하는 한인들이 즐겨 찾는 곳이다.

⭐ **지도** p.72-B **구글 맵** 10.780708, 106.698380
주소 34 Lê Duẩn, Bến Nghé, Quận 1
전화 028-3822-5500 **영업** 09:30~22:00
홈페이지 www.diamondplaza.com.vn
교통 사이공 중앙 우체국에서 도보 3분

100년 된 아파트가 호찌민 핫 플레이스로 변신

베트남의 젊은 층 사이에서 핫 플레이스로 떠오르고 있는 오래된 아파트. 낡고 보잘것없는 아파트를 꾸며 새로운 공간으로 탄생시켰다. 감각적인 상점과 카페, 레스토랑, 펍 등이 들어서 있어 쇼핑과 식사를 즐길 수 있을 뿐만 아니라 특색 있는 장소로 주목받고 있다. 그중에서도 동커이 거리와 가까운 '42 응우옌후에(Nguyễn Huệ) 아파트'와 '26 리뜨쫑(Lý Tự Trọng) 아파트'는 힙한 스타일의 상점과 분위기 좋은 스폿들이 많아 특히 인기가 높다.

26 리뜨쫑 아파트
★ 지도 p.72-B
구글 맵 10.778189, 106.701009

더 플레이 그라운드 The New Playground
현지 유행하는 브랜드 의류와 각종 소품을 쇼핑할 수 있는 공간으로 젊은 층에게 특히나 인기가 높다.
★ **위치** 지하 **전화** 088-8058-358 **영업** 10:00~21:30
홈페이지 www.vi-vn.facebook.com

콩 카페 Cộng Cà Phê
베트남 인기 프랜차이즈 커피점으로 특색 있는 인테리어와 코코넛 스무디 커피가 인기. 발코니 좌석이 인기다.
★ **위치** 2층 **전화** 091-1811-165 **영업** 07:00~21:00
홈페이지 www.congcaphe.com

> **42**
> **응우옌후에**
> **아파트**

⭐ **지도** p.73-K
구글 맵 10.782345, 106.703372

포케 사이공 Poke Saigon
연어와 신선한 샐러드, 각종 토핑을 올려 먹는 하와이안 스타일 샐러드 볼을 맛볼 수 있는 식당으로 맛과 건강을 모두 갖추었다.

⭐ **위치** 2층 **전화** 090-247-4388 **영업** 10:00~21:00 **휴무** 목, 금요일 **홈페이지** www.facebook.com/pokesaigon

나우나우 NauNau
천연 화장품 공방으로 베트남 천연 재료를 이용해 립밤, 아로마 오일 등을 직접 만들어 볼 수 있는 프로그램을 운영한다.

⭐ **위치** 5층 **전화** 093-894-6681 **영업** 09:00~21:00 **홈페이지** www.naunau.vn

카페 사이공 어이 Cà phê v Sài Gòn Ơi
사랑스런 분위기로 아기자기하게 꾸며진 카페. 커플들의 데이트 장소로 인기 있으며 테라스 좌석도 마련되어 있다.

⭐ **위치** 5층 **전화** 093-853-1517 **영업** 10:00~21:00 **홈페이지** www.facebook.com/pg/saigonoicafe

도쉬 도넛츠 Dosh Doughnuts
도넛을 비롯한 각종 디저트와 음료를 판매하는 인기 도넛 카페로 쾌적한 환경에서 달콤한 도넛과 커피를 즐길 수 있다.

⭐ **위치** 3층 **전화** 090-131-2205 **영업** 09:00~22:00(월~수요일 15:00부터) **홈페이지** www.doshdoughnuts.com

---

TIP **찾기 어려운 입구**

아파트 내 각 상점으로 들어가는 별도의 입구는 없다. 상점과 연결되는 입구도 좁은 데다 그 앞에 오토바이를 주차해 놓거나 노점에서 장사하는 상인들도 있어 그냥 지나치기 쉬우니 잘 살피자. 각 층 입구마다 그 층에 자리한 상점의 작은 간판과 메뉴가 안내되어 있다. 아파트 입장료 3,000동(별도)

호찌민 쇼핑의 필수 코스, 벤타인 시장

현지 재래 시장과 관광 시장으로서 두 가지 역할을 톡톡히 하고 있는 벤타인 시장(Chợ Bến Thành). 볼거리가 다양하며 특히 관광객들이 좋아할 만한 수공예품과 생활용품을 다양하게 판매한다. 세련된 비즈 백, 운동화, 샌들, 도자기, 커피 등 웬만한 물건은 모두 구입 가능하다고 보면 된다. 가격은 정해져 있지만 흥정은 필수이며, 흥정을 어떻게 하느냐에 따라 시내에서 구입하는 것보다 훨씬 싸고 좋은 물건을 손에 넣을 수 있다.

⭐ **지도** p.72-J
구글 맵 10.772057, 106.698326
주소 Đường Lê Lợi, Bến Thành, Quận 1
전화 028-3829-9274
영업 06:00~19:00(가게마다 다름)
홈페이지
www.chobenthanh.org.vn
교통 인민위원회 청사에서 도보 10분

벤타인 시장 안내도

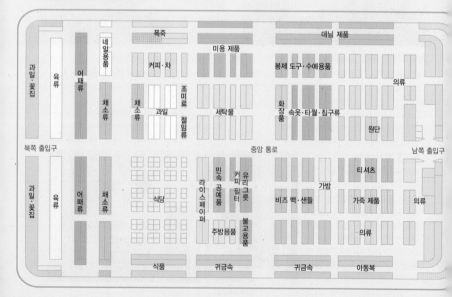

미로처럼 연결된 시장

넓은 중앙 입구를 통해 시장 안으로 들어가면 좁은 통로들이 이어진다. 여기저기서 호객 행위를 하는 소리가 들리고 가게마다 물건이 산더미처럼 쌓여 있다. 시장 안은 생각보다 넓고 미로처럼 복잡하다. 매장 분위기에 휩쓸리지 말고 천천히 쇼핑을 즐겨 보자. 단, 소매치기에 주의할 것.

다양한 먹을거리

시장 안에는 다양한 요리들을 만들어 파는 노점들이 있다. 위생 상태는 만족스럽지 않지만 저렴한 가격에 맛있는 요리를 맛볼 수 있는 것이 장점이다. 베트남 요리 외에도 동남아시아 요리를 취급하는 곳이 많은 것도 특징이다.

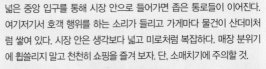

TIP 벤타인 시장 주변 야시장

시장 동쪽과 서쪽에 야시장이 들어선다. 음식점이 주를 이루며 기념품과 의류도 판매한다. 음식점에서는 해산물에서 육류까지 다양한 재료를 이용해 만든 베트남 전통 요리를 선보인다. 위생 상태도 깔끔한 편이며 대부분의 상인들이 간단한 영어를 구사한다. 영업시간은 상점마다 다르지만 대개 오후 7시부터 11시까지 문을 연다. 시장 주변으로 늦은 시간까지 식사와 술을 마실 수 있는 야시장이 운영되기도 한다.

이스트 웨스트 East West

수제 맥주를 전문으로 하는 브루어리 겸 레스토랑으로 다채로운 수제
맥주와 식사를 함께 즐길 수 있는 곳이다. 호찌민에서 가장 힙한 분위기
로 인기를 끌고 있다. 펍이라기보다는 거대한 맥주 공장에 찾아온 것 같
은 기분이 드는 곳으로 세련되게 꾸며진 실내도 인상적이다. 오너인 숀
토멘(Sean Thommen)은 미국 포틀랜드 출신으로 시카고와 독일에서
맥주를 공부한 전문가다. 장미 향, 커피 향이 가미된 맥주 등 일반 맥주
와는 다른 독특한 풍미를 즐길 수 있다. 인기 메뉴로는 4가지 수제 맥주
를 골라서 마실 수 있는 테스팅 플라이트(Testing Flight)와 10가지 수제
맥주를 선택할 수 있는 킹스 플라이트(King's Flight)가 있다. 매일매일
진행되는 프로모션을 이용하면 보다 저렴한 가격에 식사와 맥주를 즐길
수 있다. 평일에는 런치 스페셜(11:00~14:00), 해피아워(15:00~18:00)가
있으며 일요일에는 선데이 브런치를 제공한다.

⭐ **지도** p.72-I **구글 맵** 10.773125, 106.696054
주소 181-185 Lý Tự Trọng, Bến Thành, Quận 1
전화 091-306-0728 **영업** 일~수요일 11:00~24:00, 목~토요일 11:00~01:00
요금 안주류 10만 5,000동~, 수제 맥주(330ml) 9만 5,000동~(VAT+SC 5% 별도)
홈페이지 www.eastwestbrewing.vn **교통** 벤타인 시장에서 도보 7분

TIP **수제 맥주 알고 마시자**

수제 맥주들은 수치에 따라
그 맛을 예상할 수 있다. 수
제 맥주를 마시기 전 각각의
특징을 파악한다면 전문가
가 아니더라도 쉽게 수제 맥
주를 즐길 수 있다.
IBU : 맥주의 쓴맛을 나타내
는 것으로 일반적으로 IBU
수치가 높을수록 쓴맛이 강하다. 수치가 낮은 것부터 마시는 게 좋다.
ABV : 알코올 함량 수치로 수치가 높을수록 독해진다.
Color : 맥주의 색으로 수제 맥주의 특징을 알 수 있다. 색상이 진해질수록 알코올 도수도 높고 맛도 강해진다.

고 2 바
Go 2 Bar

24시간 영업하는 레스토랑 겸 바. 식사보다는 늦은 저녁 시간에 맥주나 칵테일, 시샤를 즐기는 여행자들이 많다. 파스텔 톤의 의자에 앉아 맥주를 마시며 흥겨운 분위기를 느껴 보자. 새벽에는 세금이 20%까지 추가되니 주의할 것. 맞은편에 있는 크레이지 버펄로(Crazy Buffalo)도 가격, 분위기가 비슷하다.

⭐ **지도** p.74-B **구글 맵** 10,767279, 106,693946
주소 187 Đường Đế Thám, Phạm Ngũ Lão, Quận 1 **전화** 028-3836-9575
영업 24시간 **요금** 맥주 5만 동~, 칵테일 9만 동(SC 5% 별도)
교통 벤타인 시장에서 도보 10분 **교통** 인민위원회 청사에서 도보 9분

파스퇴르 스트리트 브루잉 컴퍼니
Pasteur Street Brewing Company

크래프트 비어 하나만으로 승부하는 곳으로 맥주를 좋아하는 마니아라면 강력 추천한다. 현지인은 물론 현지에 거주하는 외국인들도 즐겨 찾는다. 대로변 주차장 안으로 들어간 곳에 있으며 2층은 탭 룸, 3층은 루프톱 바로 이용된다. 14가지 맥주 중 원하는 6가지를 골라서 마실 수 있는 샘플러가 있다. 상큼한 맛이 나는 패션 프루트 맥주는 남녀 모두에게 인기. 오쿠라튀김이나 치킨윙, 샌드위치 등 맥주와 함께 곁들이기 좋은 가벼운 메뉴도 맛이 좋다.

⭐ **지도** p.72-F **구글 맵** 10,775044, 106,700850
주소 144/3 Pasteur, Bến Nghé, Quận 1
전화 023-7300-7375 **영업** 11:00~23:00
요금 샘플러(6잔) 28만 5,000동, 병맥주 5만 동(VAT+SC 5% 별도)
홈페이지 www.pasteurstreet.com **교통** 인민위원회 청사에서 도보 2분

더 레버리 사이공
The Reverie Saigon

베트남 최초의 6성급 호텔로 격조 높은 서비스를 제공하고 있다. 2015년 9월에 문을 열었으며 호텔의 인테리어는 이탈리아의 유명 디자이너 4명이 직접 참여해 이슈가 되었다. 호텔의 객실은 총 12가지 타입으로 구성되어 있으며 지상 27층에서부터 39층 사이에 위치하고 있는 독특한 구조. 객실에서 사용하는 어메니티 역시 이탈리아에서 공수한 제품들. 이탈리아 레스토랑을 비롯해 광둥요리 전문점 등 5가지 테마 레스토랑을 운영하고 있어 유러피언 여행자들이 선호하는 호텔이다.

⭐ **지도** p.73-L **구글 맵** 10.773689, 106.704614
주소 22-36 Nguyễn Huệ, Bến Nghé, Quận 1 **전화** 028-3823-6688
요금 디럭스 US$350~ **홈페이지** www.thereveriesaigon.com
교통 인민위원회 청사에서 도보 6분

르 메르디앙 사이공
Le Méridien Saigon

사이공 강가에 위치한 모던한 호텔로 2015년에 문을 열었다. 글로벌 호텔 체인인 르 메르디앙 그룹에서 운영하는 고급 호텔이다. 객실은 강을 조망할 수 있는 리버뷰와 시티뷰로 나뉘는데 가격이 조금 높더라도 리버뷰를 추천한다. 클럽 라운지를 비롯해 레스토랑, 수영장, 피트니스 클럽, 스파 등 수준 높은 서비스와 다채로운 부대시설을 갖추고 있다. 가짓수는 적지만 수준 높은 조식당은 여행자들에게 특히나 평이 좋아 이용자들이 많다. 시내 중심가에 자리하고 있어 이동도 편리하다.

⭐ **지도** p.73-G **구글 맵** 10.777623, 106.703374
주소 2 Công Trường Lam Sơn, Quận 1 **전화** 028-3824-1234
요금 가든 뷰 US$370~ **홈페이지** www.marriott.com
교통 인민위원회 청사에서 도보 3분

파크 하얏트 사이공
Park Hyatt Saigon

호찌민을 대표하는 고급 호텔로 동남아시아 리조트 분위기가 물씬 풍기는 야자수 정원이 아름다운 곳이다. 총 244개의 객실은 콜로니얼 스타일로 클래식하면서도 모던하게 꾸며져 있다. 비즈니스 센터, 피트니스클럽, 스파, 야외 수영장 등의 부대시설을 비롯해 호텔 내 이탈리안, 프렌치 레스토랑들은 맛있기로 유명하고 로비에 자리한 카페는 현지인은 물론 여행자들에게 애프터눈 티를 마시는 곳으로 인기가 있다. 2015년 한차례 리노베이션을 진행해 아쉬웠던 부분을 새롭게 단장했다.

⭐ **지도** p.73-G **구글 맵** 10,777623, 106,703374
주소 2 Công Trường Lam Sơn, Quận 1 **전화** 028-3824-1234
요금 가든 뷰 US$370~ **홈페이지** www.hyatt.com
교통 인민위원회 청사에서 도보 3분

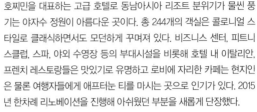

쉐라톤 사이공 호텔 & 타워스
Sheraton Saigon Hotel & Towers

초고층 타워로 이루어진 호텔로 호찌민의 중심가인 동커이 거리에 위치하고 있어 접근성이 뛰어나다. 주요 관광 명소까지 도보로 이동이 가능하다. 총 485개의 객실을 보유하고 있는 5성급 호텔이다. 객실은 그리 크지 않지만 스탠더드 기준을 잘 맞추고 있어 불편함은 없다. 인터내셔널 레스토랑과 중식 레스토랑, 라운지, 바, 피트니스 센터, 수영장 등의 부대시설이 있어 만족도가 높은 고급 호텔로 평가된다. 여행자들에게 인기가 있는 객실은 비텍스코 타워가 보이는 타입이다.

⭐ **지도** p.73-G **구글 맵** 10,775455, 106,703892
주소 88 Đồng Khởi, Bến Nghé, Quận 1 **전화** 028-3827-2828
요금 수페리어 스튜디오 킹룸 US$300~ **홈페이지** www.marriott.com
교통 인민위원회 청사에서 도보 5분

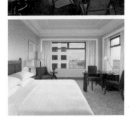
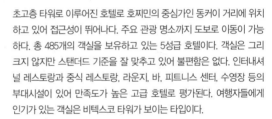

호텔 데자르 사이공
M갤러리 컬렉션
Hotel des Arts Saigon
MGallery Collection

글로벌 호텔 체인인 앙코르 그룹 계열의 세련된 5성급 부티크 호텔이다. 인도차이나 장식으로 꾸며진 데코와 천연 목재 바닥 마감은 고풍스러우면서도 럭셔리한 분위기를 풍긴다. 대형 창으로 이루어진 객실은 개방적이면서도 여유롭다. 무엇보다 욕조가 딸린 객실이 인기가 높은 편인데 일반 객실보다 조금 더 프라이빗한 시간을 보낼 수 있다. 스파를 비롯해 레스토랑, 피트니스 센터, 루프톱 수영장 등 부대시설을 충실히 갖췄다. 커플이나 연인들이 선호하는 호텔 중 한 곳이다.

⭐ **지도** p.71–G **구글 맵** 10.782463, 106.697231
주소 76-78 Nguyễn Thị Minh Khai, Bến Nghé, Quận 3 **전화** 028-3989-8888
요금 디럭스 US$210~ **홈페이지** www.accorhotels.com
교통 인민위원회 청사에서 차로 5분

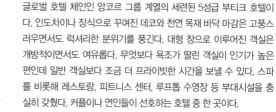

카라벨 사이공
Caravelle Saigon

호찌민 관광 명소들이 모여 있는 동커이 거리 중심에 자리하고 있는 곳으로, 1959년부터 운영되어 온 유서 깊은 고급 호텔이다. 화이트와 골드 톤이 조화된 고급 가구와 관엽 식물들이 밝고 따뜻한 분위기를 연출한다. 오랜 역사만큼 세심하고 만족스러운 서비스를 경험할 수 있다. 객실은 오페라 하우스를 바라볼 수 있는 뷰타입이 인기이며 시그니처 룸도 운영 중이다. 해당 객실 투숙객은 시그니처 라운지 이용이 가능하다. 프라이빗한 시간을 보내려는 여행자에게 안성맞춤이다.

⭐ **지도** p.73–G **구글 맵** 10.776440, 106.703606
주소 19 Công Trường Lam Sơn, Bến Nghé, Quận 1 **전화** 028-3823-4999
요금 디럭스 US$210~ **홈페이지** www.caravellehotel.com
교통 인민위원회 청사에서 도보 5분

호텔 머제스틱
Hotel Majestic

1925년 사이공 시절에 문을 연 격조 높고 역사가 깊은 호텔이다. 고전적인 분위기와 고급스러움을 동시에 느낄 수 있는 매력이 있다. 아르데코 양식으로 꾸며진 객실은 콜로니얼 시대의 아름다움을 담고 있으며 사이공강을 조망할 수 있는 테라스가 딸려 있다. 호텔은 구관과 신관으로 이루어져 있고 아담한 야외 수영장과 루프톱 바, 베트남 정통 요리를 선보이는 시클로 카페, 레스토랑, 스파 등의 부대시설도 충실히 갖춰져 있다. 클래식한 분위기를 느끼고 싶은 여행자에게 추천한다.

⭐ **지도** p.73-L **구글 맵** 10.772714, 106.706137
주소 1 Đồng Khởi, Bến Nghé, Quận 1 **전화** 028-3829-5517
요금 슈피리어 US$350~ **홈페이지** www.majesticsaigon.com
교통 인민위원회 청사에서 도보 11분

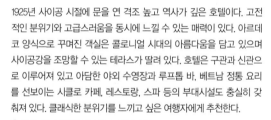

그랜드 호텔 사이공
Grand Hotel Saigon

우아하고 아름다운 콜로니얼 양식의 옛 건물을 그대로 사용하기 때문에 구관은 오랜 시간의 흔적들이 남아 있다. 그럼에도 유지, 보수를 잘 하고 있어 여전히 이곳을 찾는 여행자가 많다. 2012년 새롭게 문을 연 신관은 226개의 객실과 레스토랑, 스파 등이 자리하고 있다. 객실은 천연 목재와 고전적인 디자인의 가구를 사용해 꾸며졌으며 규모가 작은 수영장이 다소 아쉬운 점이다. 호텔 옥상에 마련된 루프톱 카페에서는 아름다운 호찌민의 야경과 사이공강의 풍경을 감상할 수 있다.

⭐ **지도** p.73-H **구글 맵** 10.774199, 106.705601
주소 8 Đồng Khởi, Bến Nghé, Quận 1 **전화** 028-3915-5555
요금 디럭스 US$130~ **홈페이지** www.hotelgrandsaigon.com
교통 인민위원회 청사에서 도보 10분

렉스 호텔
Rex Hotel

왕관 마크가 상징인 호텔로 인민위원회 청사 바로 앞에 자리하고 있다. 호텔 앞 광장은 여행자는 물론 현지인들의 쉼터로 이용되며 각종 행사가 개최되기도 한다. 화려한 외관도 인상적이지만 개성 넘치는 내부 분위기도 인상적이다. 286개의 객실을 보유하고 있으며 객실은 고전적인 분위기로 꾸며져 있다. 두 개의 레스토랑, 루프톱 수영장, 피트니스 센터, 시가 클럽, 상점 등 부대시설을 운영 중이다. 무엇보다 루프톱에 자리한 바와 야외 풀이 여행자들에게 인기 있다.

⭐ **지도** p.73-G **구글 맵** 10.775786, 106.701332
주소 141 Nguyễn Huệ, Bến Nghé, Quận 1 **전화** 028-3829-2185
요금 이그제큐티브 프리미어 US$220~ **홈페이지** www.rexhotelvietnam.com
교통 인민위원회 청사에서 도보 1분

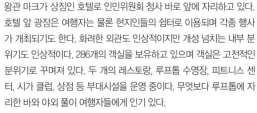

인터컨티넨탈 레지던스 사이공
InterContinental Residences Saigon

글로벌 호텔 체인인 인터컨티넨탈에서 운영하는 레지던스 타입의 아파트먼트다. 단기 여행자는 물론 장기 여행자, 비즈니스 여행자에게 필요한 세탁기, 냉장고, 주방 시설 등이 완비되어 있다. 일반적인 객실에 비해 공간이 여유 있고 전용 피트니스 센터와 수영장 이용이 가능하다. 시내 중심에 위치하고 있을 뿐만 아니라 1층에는 쇼핑몰이 있어 필요한 식품이나 생활 용품 구입에 용이하다. 내 집 같은 편안함을 무기로 만족도 높은 호텔 서비스를 제공하고 있다.

⭐ **지도** p.72-B **구글 맵** 10.781331, 106.701192
주소 39 Lê Duẩn, Bến Nghé, Quận 1 **전화** 028-3520-8888
요금 1 베드룸 스위트 US$260~ **홈페이지** www.ihg.com
교통 인민위원회 청사에서 도보 9분

소피텔 사이공 플라자
Sofitel Saigon Plaza

호찌민 시내 중심가에서 한 블록 정도 떨어진 지역에 위치하고 있지만 그만큼 조용하고 프라이빗하게 지낼 수 있다는 장점이 있다. 높은 천장과 화려한 로비가 인상적인 5성급 고급 호텔로 282개의 객실을 보유하고 있다. 객실은 모던하면서도 깔끔한 편이며 수준 높은 요리를 선보이는 레스토랑도 호텔의 자랑거리다. 뿐만 아니라 사이공강과 시내 전경을 바라볼 수 있도록 만들어진 수영장이 특색 있다. 커플과 비즈니스 여행자들의 객실 점유율이 높은 것도 특이점이다.

⭐ **지도** p.71-D **구글 맵** 10.784249, 106.702684
주소 17 Lê Duẩn, Bến Nghé, Quận 1 **전화** 028-3824-1555
요금 슈피리어 US$190~ **홈페이지** www.accorhotels.com
교통 사이공 중앙 우체국에서 도보 11분

롯데 레전드 호텔 사이공
Lotte Legend Hotel Saigon

롯데 그룹에서 운영하는 호텔로 사이공강을 가장 가까이 마주하고 있는 호텔 중 하나다. 리버뷰와 시티뷰로 나뉘는 총 283개의 객실을 운영 중이다. 고급스러운 대리석을 사용하였으며 업무용 공간과 휴식 공간으로 분리되어 효율적이다. 한국인들을 위한 세심한 서비스가 강점이며 호텔 내 레스토랑의 인기도 높다. 원형으로 디자인된 수영장도 눈길을 끈다. 이 외에도 피트니스 센터, 웨딩, 스파 등의 부대시설을 갖추고 있다. 한국인 여행자들과 비즈니스 여행자들에게 평이 좋은 편이다.

⭐ **지도** p.73-D **구글 맵** 10.778649, 106.706786
주소 2A-4A Đường Tôn Đức Thắng, Bến Nghé, Quận 1 **전화** 028-3520-8888
요금 디럭스 US$170~ **홈페이지** www.ihg.com
교통 인민위원회 청사에서 차로 8분

달랏

Da Lat

해발 1,500m에 위치한 달랏은 19세기 말 프랑스인이 개발한 휴양지로
당시에 지어진 빌라와 정원들이 지금도 다수 남아 있다.
오래전부터 베트남 현지인들의 신혼 여행지로 인기가 있었으며 외국인 여행자도
많이 찾는 도시이다. 최근에는 호찌민에서 달랏까지 고속도로가 뚫려
더욱 빠르게 접근할 수 있게 되었다. 조용하고 차분한 분위기 속에서
색다른 풍경을 만끽할 수 있는 달랏으로 발길을 돌려 보자.

⊘ CHECK

여행 포인트 | 관광 ★★★ 산책 ★★★★ 쇼핑 ★★★★ 음식 ★★

교통 포인트 | 도보 ★★ 택시 ★★★ 투어 버스 ★★★★

⊘ MUST DO

1 쑤언흐엉호 산책하기
2 로빈 힐 케이블카 타고 달랏 풍경 감상하기
3 달랏 관광 열차 타 보기
4 달랏 특산품 쇼핑하기

달랏 ————★

달랏 들어가기

달랏 리엔크엉 국제공항은 달랏 시내에서 약 30km 떨어져 있다. 호찌민에서 달랏까지는 보통 육로를 이용한다. 호찌민에서 출발해 무이내를 구경하고 달랏으로 향하거나 나짱을 구경하고 달랏을 거쳐 호찌민으로 내려오기도 한다. 여행자를 위한 오픈 투어 버스가 잘되어 있어 방문하는 여행자가 많다.

비행기
인천 국제공항에서 달랏 리엔크엉 국제공항(Sân Bay Quốc Tế Liên Khương)까지의 직항편은 비정기적이며, 직항편 운항이 없을 경우에는 호찌민이나 하노이를 경유해야 한다. 호찌민에서는 1일 1~3편이 운항, 약 50분이 소요되며 요금은 100만 동 이상이다. 하노이에서는 1일 3편이 운항하며 약 2시간 소요, 요금은 200만 동 이상이다. 달랏 국제공항은 규모는 작지만 깔끔한 시설을 갖추고 있으며 국내선과 일부 국제선이 발착한다.
공항 코드 DLI **구글 맵** 11.749141, 108.368400 **전화** 0263-3843-373 **홈페이지** vietnamairport.vn/lienkhuongairport

버스
장거리 버스를 이용할 경우 버스 터미널이 달랏 시내에서 멀리 떨어져 있어 시내로 가려면 다시 택시나 버스로 이동해야 하는 불편함이 있다. 오픈 투어 버스는 달랏 중심가로 바로 갈 수 있어 편리하다. 호찌민에서 달랏으로 가는 경우 데탐 거리에서 버스를 타면 된다(1일 12편 운항). 하노이에서도 출발하는 버스가 있지만 1일 1편 운항하며 하루 이상 걸리므로 항공편을 이용하는 것이 효과적이다.

● **오픈 투어 버스 주요 구간 소요 시간**

출발지	도착지	소요 시간
호찌민	달랏	7시간
무이내	달랏	4시간
나짱	달랏	4시간
하노이	달랏	36시간 이상

공항에서 시내로 가기
택시
달랏 공항에서 시내까지 택시를 이용할 경우 차량 탑승 인원과 거리에 따라 차이가 있는데 요금은 대략 15만~26만 동 내외로 정해져 있다. 공항 내 택시 업체에서 택시를 예약하거나 이용할 수 있다. 바가지요금 걱정은 없다.

공항 셔틀버스
달랏 공항과 시내를 연결하는 공항 셔틀버스가 있다. 요금은 5만 동이며 40분 정도 소요된다. 출발 시간은 정해져 있지 않으며 탑승 인원이 차면 운행한다.

시내에서 공항으로 가기
택시
시내에서 공항까지 택시를 이용할 경우 흥정을 해야 한다. 요금은 25만 동부터이며 출발 전 미리 요금을 확인하도록 하자. 일부 택시들은 터무니없이 비싼 요금을 요구하기도 하므로 호텔 직원에게 택시를 불러 달라고 하거나 흥정을 대신해 달라고 하는 것도 방법이다.

공항 셔틀버스
달랏 시내와 공항을 연결하는 공항 셔틀버스는 저렴하지만 출발 시간이 정해져 있지 않아 다소 불편하다. 요금은 5만 동으로 공항에서 시내로 올 때와 동일하다. 호텔 직원에게 셔틀버스를 탈 수 있는 위치를 확인하자. 일부 호텔의 경우 셔틀버스가 정차하기도 한다. 최소 1시간 30분 전에는 공항에 도착할 수 있도록 한다.

달랏 시내 교통

달랏 시내에는 노선버스와 택시, 오토바이, 마차 등의 교통수단이 있다. 여행자의 경우 투어 버스나
택시, 오토바이를 이용하게 된다. 주요 관광 명소는 시내에서 멀지 않아 택시로 충분히 다녀올 수 있다.
쑤언흐엉호 주변을 둘러볼 수 있는 마차도 달랏의 명물 교통수단이다.

택시

언덕과 오르막이 많은 달랏에서 택시는 가장 보편적으로 이용하는 교통수
단이다. 주요 관광 명소가 시내에서 멀지 않기 때문에 이용자가 많다. 달랏
에는 시내를 주행하는 영업용 택시가 많고 우리나라와 마찬가지로 손을 들
어 택시를 잡거나 전화로 부를 수 있다. 기본요금은 회사마다 다르며 보통
9,000동~1만 2000동 내외. 휘발유 가격에 따라 기본요금이 자주 바뀐다.
안심하고 탈 수 있는 택시 회사로는 마일린 택시가 있고 그 외에 달랏 택시, 꾸옥떼 택시 등도 있다.

●택시 요금

주요 동선	달랏 시장 → 달랏역	달랏역 → 플라워 가든	쭉럼 선원 → 다딴라 폭포	달랏역 → 달랏 공항
요금	5~6만 동	6~7만 동	3만 6,000동~	25~30만 동

노선버스

달랏의 경우 버스 상태가 좋지 않고 관광지를 둘러볼 때 택시를 타는 경우가
많아 여행자들이 버스를 이용할 일은 많지 않다. 1번 버스는 다딴라 폭포, 빅
C 마켓, 크레이지 하우스 등을 경유하며, 5번 버스는 랑비앙산(Lang Biang,
Lạc Dương)까지 간다. 요금은 1만 2,000동부터이며 랑비앙산까지는 35분
정도 소요된다. 랑비앙산에서 시내로 돌아오는 버스는 1일 5편(11:50, 13:30,
14:50, 16:00, 17:15) 운행한다.

오토바이 · 자전거

언덕이 많고 도로 사정이 좋지 않아 자전거보다는 오토바이가 효율적이다.
대여 요금은 오토바이 옵션(오토매틱, 매뉴얼)에 따라 달라지며 가장 저렴한
수동 오토바이는 8만 동부터다.

여행사 오픈 투어 버스

여행자들에게 인기 있는 신투어리스트 외에 프엉짱(Phương Trang), 떰하인 트래블(Tâm Hạnh Travel) 등이
있다. 신투어리스트의 경우 직원들이 영어가 가능하고 친절한 편이며 노선이 다양하다. 프엉짱은 신투어리스
트에 비해 당일 출발하는 편수가 다양해 현지인들이 많이 이용한다.

●여행사 오픈 투어 버스 운행 정보(달랏 출발)

목적지	나짱행	호찌민행	무이내행
신투어리스트	1일 2편 34만 9,000동	1일 2편(07:00, 21:00) 39만 9,000동	1일 2편(07:30, 13:00) 34만 9,000동
프엉짱	1일 8편 16만 5,000동~	1일 40편 이상 30만 동~	X

효율적인 달랏 여행을 위한 인기 투어

달랏 시티 투어 Da Lat City Tour

달랏의 주요 관광 명소들을 구경하려면 개별적으로 이동하는 것보다는 현지 여행사에서 운영하는 1일 투어에 참여하는 것이 효과적이다. 여행사마다 코스는 조금씩 다르지만 방문하는 명소들은 비슷하다. 보통 오전(08:00)에 출발해 오후(16:00)에 돌아오는 일정이며 요금에 왕복 교통편과 점심 식사, 가이드 등이 포함된다.

추천 여행사
신투어리스트 시티 투어 반나절 1인 16만 동~(08:15~11:30)

캐니어닝 투어 Canyoning Tour

다딴라 폭포 내에서 진행되는 달랏의 인기 투어. 암벽 타기와 다이빙, 트레킹이 포함된 액티비티를 진행하는데 상당한 체력이 요구된다. 코스에 따라 투어 요금이 달라지며 사전에 교육을 받아야 한다. 투어는 안전 요원이 함께하며 사진 촬영도 해준다. 안전상의 이유로 50세 이상은 참여할 수 없다. 달랏 시내 숙소에서 머무는 경우 무료 픽업을 해주지만 외곽 지역은 추가 요금을 내거나 택시를 이용해 정해진 출발 장소로 이동해야 한다.

추천 여행사 **하일랜드 홀리데이 투어(Highland Holiday Tours)** 캐니어닝 투어 1인 US$72~(08:30~15:30)

달랏역
Ga Đà Lạt
The Old Railway Station
★★★

베트남에서 가장 아름다운 역

달랏역은 하이퐁역과 함께 베트남에서 가장 오래된 역으로 프랑스 건축가에 의해 지어졌다. 과거에는 달랏과 판랑을 잇는 100km에 달하는 철로가 있었으나 폭탄으로 선로가 유실되어 현재는 달랏역에서 짜이맛(Trại Mát)역까지 약 7km 구간을 운행하는 관광 열차만 유일하게 오가고 있다. 오래된 역사만큼이나 역 내부는 고전미가 물씬 풍기며 열차가 운행하지 않는 시간에는 관광객을 위해 개방한다. 철길은 관광객들의 포토 존으로 인기가 많다.

✪ **지도** p.126−F
구글 맵 11.941608, 108.454457
주소 1 Quang Trung, Phường 10
전화 0263−3834−409
개방 07:45~18:00 **요금** 역 관람 5,000동. 관광 열차(기본석) 10만 6,000동~
교통 달랏 시장에서 차로 5분

달랏 대성당
Nhà Thờ Lớn(Nhà Thờ Con Gà)
Da Lat Cathedral ★

1942년 완성된 아름다운 성당

성당 첨탑에 수탉이 있어 '수탉(Rooster) 성당'이라고도 불린다. 성당 내부의 화려하고 섬세한 스테인드글라스가 인상적이다. 미사 시간에는 입장할 수 없으며 외부에서 사진을 찍는 정도로 만족해야 한다.

✪ **지도** p.126−D
구글 맵 11.936236, 108.437723
주소 15 Trần Phú, Phường 3
개방 월~금요일 05:15~17:15, 토 · 일요일 05:15~18:00
교통 달랏 시장에서 차로 5분

MORE INFO | **달랏의 그림 같은 경치를 감상하는 방법**

1930년대 기차의 옛 모습을 그대로 재현한 관광 열차를 타 보는 일은 달랏 여행의 하이라이트이다. 달랏역을 출발해 짜이맛역에 내려 타일 조각 모자이크로 장식한 린프억 사원을 구경하고 돌아오게 된다. 열차는 1일 5~6회 달랏역을 출발하는데 탑승 정원이 최소 35명이어야 운행한다. 정해진 인원이 모이지 않으면 취소된다. 평일보다는 주말에 운행할 확률이 높다. 탑승을 원하면 달랏역에 직접 방문해 운행 여부를 확인하고 예약하거나 당일 티켓을 구입해야 한다. 요금은 좌석에 따라 4종류로 나뉜다.

쑤언흐엉호
Hồ Xuân Hương
Xuan Huong Lake ★★★

유럽을 연상시키는 아름다운 호수

달랏 시내 한복판에 위치한 인공 호수로 둘레는 6km에 달한다. 호수를 중심으로 잔디밭과 소나무가 우거져 있고 산책로가 잘 조성되어 있어 조깅이나 산책을 즐기기 좋다. 워낙 크고 넓은 호수라 걸어서 둘러보는 데는 한계가 있으니 오리 보트를 타고 달랏의 풍경을 만끽해 보는 것을 추천한다. 해가 뜨고 지는 시간이면 로맨틱한 모습을 연출한다.

⊙ 지도 p.126-E
구글 맵 11.940717, 108.440242
주소 Phường 2
교통 달랏 시장에서 차로 4분

빅C 달랏 광장
BigC Đà Lạt ★★

시민들을 위한 작은 쉼터

연인들에게는 데이트 장소, 친구나 가족들에게는 나들이 장소로 사랑받는 곳. 주전부리 음식을 파는 작은 이동식 노점들이 군데군데 있으며 삼삼오오 모여 앉아 야식을 먹거나 사진을 찍고 휴식을 즐긴다. 저녁에는 멋진 일몰을 감상할 수 있는 곳이어서 현지인들이 많이 찾아온다. 또 빅C 마켓과도 연결되어 주말이나 저녁에는 쇼핑을 즐기려는 사람들로 넘쳐 난다.

⊙ 지도 p.126-E
구글 맵 11.938452, 108.445427
주소 Trần Quốc Toản, Hồ Tùng Mậu,
Phường 10
교통 달랏 시장에서 차로 4분

플라워 가든
Vườn Hoa Thành Phố
Flower Garden ★★★

아름다운 꽃들이 만발한 정원

쑤언흐엉호 북서쪽에 자리한 인공 정원으로, 꽃의 도시로 유명한 달랏의 아름다운 꽃들을 마음껏 감상할 수 있다. 인공 연못도 있어 가족 나들이나 데이트 코스로 현지인들에게 인기가 많다. 여행자들의 경우 개별적으로 이동하거나 시티 투어로 방문한다.

⊙ 지도 p.126-C
구글 맵 11.950329, 108.449739
주소 Trần Quốc Toản, Phường 8
전화 0263-3553-090
개방 07:30~18:00
요금 성인 4만 동, 어린이 2만 동
교통 달랏 시장에서 차로 7분

크레이지 하우스
Crazy House ★★

세계에서 가장 창의적인 건물 중 한 곳으로 꼽힌 명소

달랏 시내에서 남쪽으로 약 1.5km 떨어진 곳에 있는 갤러리 겸 숙소로 가우디를 표방한 베트남 건축가 당비엣응아(Đặng Việt Nga)가 지은 곳이다. 나무를 형상화한 건축물은 대부분 콘크리트를 이용했으며 숙소로 이용되는 방은 각기 다른 테마로 꾸며져 있다. 현재 공사가 진행 중인 곳이 많아 실제로 투숙하는 여행자는 적은 편이다.

⭐ **지도** p.126-D
구글 맵 11.934807, 108.430661
주소 3 Huỳnh Thúc Kháng, Phường 4
전화 0263-3822-070
개방 08:30~18:00
요금 성인 6만 동, 어린이 2만 동(유아 무료)
홈페이지 www.crazyhouse.vn
교통 달랏 시장에서 차로 10분

팰리스 3
Dinh III(Dinh Bảo Đại)
Bao Dai Summer
Palace ★★

마지막 황제 바오다이의 여름 별장

응우옌 왕조의 마지막 황제였던 바오다이와 그 가족들이 여름 별장으로 사용하던 빌라다. 당시 모습을 고스란히 간직하고 있으며 왕이 실제로 착용했던 의복을 입고 사진도 찍을 수 있다. 실내에 들어갈 때는 무료로 제공하는 일회용 덧신을 신어야 한다. 궁전 앞 정원에는 사진 촬영(유료)을 위한 클래식 자동차와 마차, 말 등이 있다.

⭐ **지도** p.126-D
구글 맵 11.930137, 108.429607
주소 1 Triệu Việt Vương, Phường 4
전화 0263-3826-858
개방 07:00~17:00
요금 입장료 4만 동, 오토바이 주차료 3,000동
교통 달랏 시장에서 차로 10분

로빈 힐
Đồi Robin
Robin Hill ★★★

케이블카 창을 통해 달랏을 한눈에

고원 지대에 조성된 로빈 힐 케이블카 탑승장에서 케이블카를 타고 달랏의 풍경을 감상해 보자. 탑승장에는 뷔페 레스토랑과 카페테리아가 있고 작은 정원도 마련되어 있다. 로빈 힐 케이블카는 2003년 운행을 시작했으며 총길이는 4km 정도. 편도 또는 왕복으로 이용이 가능하다.

⭐ **지도** p.126-E
구글 맵 11.923385, 108.443644
주소 8 Đống Đa, Phường 3
개방 07:30~11:30, 13:00~17:00
(마지막 입장은 마감 30분 전)
요금 케이블카 성인 편도 8만 동, 왕복 10만 동, 어린이(120cm 미만) 편도 6만 동, 왕복 7만 동
교통 달랏 시장에서 차로 11분

쭉럼 선원
Thiền Viện Trúc Lâm
★★

베트남을 대표하는 불교 수도원

베트남 3대 불교 수도원 중 하나. 크게 4구역으로 나뉘며 2m 높이의 불상이 있는 대웅전까지는 140개의 돌계단을 올라가야 한다. 대웅전 옆에는 거대한 종과 정원이 있다. 선원 입구 근처에 케이블카 탑승장이 있으며 보통은 로빈 힐에서 케이블카를 타고 내려온다. 민소매 상의와 반바지, 짧은 치마 등의 복장은 피해야 한다.

⭐ **지도** p.126-E
구글 맵 11.903623, 108.435701
주소 1 Nguyễn Đình Chiểu, Phường 3
전화 0263-3827-565
개방 05:00~21:00
교통 달랏 시장에서 차로 16분

다딴라 폭포
Thác Đatanla
★★★

장중한 폭포 소리가 매력

투어를 통해 방문하거나 개별적으로 다녀와도 좋다. 폭포까지는 알파인 코스터를 타고 이동하거나 걸어서 갈 수 있다. 걸어서 내려갈 경우 10분 정도 소요된다. 폭포의 규모는 작지만 계단식으로 이루어진 형태가 아름답고 수량이 많은 편이다. 폭포를 따라 즐기는 캐니어닝 투어도 여행자들 사이에서 인기다.

⭐ **지도** p.126-E
구글 맵 11.900936, 108.448755
주소 Đèo Prenn, Phường 3
전화 0263-3533-899
개방 07:30~17:00
요금 입장료 3만 동 / 알파인 코스터(3루지) 왕복 성인 17만~19만 동, 어린이 10만~12만 동
교통 달랏 시장에서 차로 15분(1번 버스 2만 동, 택시 8만~10만 동)

랑비앙산
Lang Biang Peak
★★

달랏 시내가 내려다보이는 전망 좋은 산

달랏 북서쪽에 있는 2,167m 높이의 산. 1,950m 지점은 과거 군용 레이더 시설이 있던 곳으로 현재는 전망대로 쓰이며 조랑말 체험, 상점, 식당 등의 편의 시설이 있다. 정상까지는 입구에서 지프차(정원 6명)를 이용하거나 1시간 정도 걸어서 올라간다.

⭐ **지도** p.126-D
구글 맵 12.020222, 108.424280
주소 Thị trấn Lạc Dương
전화 0263-382-2070
개방 07:00~17:00
요금 입장료 성인 5만 동, 어린이(120cm 이하) 2만 5,000동 / 지프차 왕복 10만 동
교통 달랏 시내에서 버스 또는 택시로 50분

띠엠껌미엔떠이 3
Tiệm Cơm Miền Tây 3

대로변에 위치한 현지 식당. 현지인들이 주로 찾는 식당으로 밥값도 저렴하고 맛도 좋아 일부러 와서 포장해 가는 손님들이 있을 정도다. 껌스언은 주문 즉시 조리해 나오는데 우리의 양념돼지갈비와 맛이 비슷해 한국인 여행자의 입맛에도 잘 맞는다.

⭐ **지도** p.126-B
구글 맵 11.943687, 108.438794
주소 29B Phan Bội Châu
전화 0263-3835-773
영업 07:30~22:00
요금 식사류 4만 5,000동~, 껌스언 5만 동~
교통 신투어리스트 사무소에서 도보 4분

정원
Jeong Won

달랏에서 인기 있는 한식당으로 양념 갈비를 비롯해 냉면, 갈비탕, 삼계탕, 분식 등 다채로운 식사 메뉴를 판다. 시내에서는 조금 떨어져 있지만 정갈한 반찬을 곁들여 편안하게 식사할 수 있는 것이 장점이다. 택시를 이용할 경우 가게 이름이나 주소를 보여 주면 된다.

⭐ **지도** p.126-B
구글 맵 11.926536, 108.445904
주소 02 Đống Đa, Phường 3, Thành phố
전화 038-437-0370
영업 10:00~22:00
요금 식사류 10만 동~, 돼지갈비 16만 동~
교통 신투어리스트 사무소에서 택시로 10분

리엔 호아 베이커리
Liên Hoa Bakery

달랏의 유명 베이커리 겸 레스토랑. 빵 종류가 다양하고 가격도 무척 저렴하다. 10여 가지의 갓 구운 빵과 바인미를 판매하며 2층에는 식사를 할 수 있는 공간이 마련되어 있다. 특히 이곳의 바인미는 달랏에서도 손꼽히는 맛으로 현지인은 물론 여행자들 사이에서도 유명하다.

⭐ **지도** p.126-D
구글 맵 11.942806, 108.435106
주소 15-17 Ba Tháng Hai, Phường 1
전화 0263-3837-303
영업 05:00~21:00
요금 빵 5,000동~, 바인미 1만 5,000동~
교통 달랏 시장에서 도보 4분

라 비엣 커피
La Viet Coffee

중심가에서 조금 멀리 떨어져 있지만 그만큼 조용하게 커피를 제대로 만끽할 수 있는 커피 전문점. 콜드브루나 따뜻한 티 종류가 인기 있으며 달랏 커피와 차, 초콜릿 등의 상품은 구입도 가능하다. 원두는 베트남 로부스타종과 아라비카종을 취급한다.

🌀 **지도** p.126-A
구글 맵 11.956828, 108.435272
주소 200 Nguyễn Công Trứ, Phường 8
전화 0263-3981-189
영업 07:30~22:00
요금 커피 4만 5,000동~, 티 4만 동~
교통 신투어리스트 사무소에서 차로 8분

안 카페
An Café

테라스가 있는 카페로 현지인들의 절대적인 사랑을 받고 있는 곳이다. 시그너처 커피를 비롯해 음료와 디저트 메뉴를 갖추고 있다. 실내는 원목과 분재들로 꾸며 편안한 느낌이다. 좌석에 따라 분위기가 다르니 마음에 드는 자리를 골라 앉자.

🌀 **지도** p.000-A
구글 맵 11.941804, 108.433900
주소 63 Bis Đ. 3/2, Phường 1
전화 097-573-5521
영업 07:00~22:00
요금 커피 3만 5,000동~, 티 4만 9,000동~
홈페이지 www.ancafe.vn
교통 달랏 시장에서 도보 5분

컴 보 나리
Kem Bơ Na Ri

아이스크림과 다채로운 과일을 재료로 한 디저트와 음료 메뉴가 주를 이룬다. 가장 인기 있는 메뉴는 깸버(Kem Bơ)라 불리는 아보카도 아이스크림으로 곱게 간 아보카도 위에 코코넛 아이스크림을 얹어 준다. 바로 옆의 타인타오(Thanh Thảo)도 현지인들에게 사랑받는 곳이다.

🌀 **지도** p.126-A
구글 맵 11.947375, 108.437043
주소 74C Nguyễn Văn Trỗi, Phường 2
전화 0263-3830-054
영업 08:00~21:00
요금 아이스크림 3만 동~
교통 달랏 시장에서 도보 8분

달랏 야시장
Chợ Đà Lạt

달랏 시장은 이른 새벽부터 시작되며 밤이 되면 호아빈 광장 부근에서 야시장으로 변신한다. 현지인들이 좋아하는 과일과 채소, 식자재 등을 판매하며 저녁 무렵에는 각종 먹을거리를 파는 노점들이 불을 밝힌다. 주말 저녁(19:00~22:00)에는 차량 진입이 금지되어 걸어다니면서 구경하기 좋다.

⭐ **지도** p.126-D
구글 맵 11.942613, 108.436949
주소 Nguyễn Thị Minh Khai, Phường 1
영업 05:00~22:00
교통 달랏 공항에서 차로 35분

고! 달랏
Go! ĐàLạt

현대적인 모습의 대형 슈퍼마켓으로 두리안 모습을 한 독특한 건물 안에 자리하고 있다. 실내에는 영화관, 패스트푸드점, 푸드 코트, 슈퍼마켓 등이 있어 현지인들이 많이 찾는다. 생필품은 물론 달랏 특산품을 구입하기 좋다. 실외 광장은 현지인들의 쉼터 역할을 하는 곳으로 주말에는 각종 행사가 열리기도 한다.

⭐ **지도** p.126-E
구글 맵 11.938461, 108.445445
주소 Trần Quốc Toản, Hồ Tùng Mậu, Phường 10
전화 0263-3545-088
영업 07:30~22:00
홈페이지 www.go-vietnam.vn
교통 달랏 시장에서 차로 4분

랑팜
L'angfarm

아티초크, 커피, 와인, 잼, 차 등 달랏 특산품을 판매하는 곳. 시내 곳곳에 같은 이름을 가진 매장이 있는데 상품 가격은 모두 동일하니 가까운 곳을 이용하면 된다. 달랏 시장 계단에 있는 매장은 직원들이 설명을 잘해 주어 편리하다. 인근에 디저트 뷔페인 랑팜 뷔페(1인 7만 9,000동)도 함께 운영한다.

⭐ **지도** p.126-D
구글 맵 11.942563, 108.436626
주소 Nguyễn Thị Minh Khai, Phường 1
전화 0263-3912-501
영업 07:30~22:30
홈페이지 www.langfarm.com
교통 달랏 시장에서 도보 1분

달랏의 인기 특산품

달랏 지역의 특산품은 베트남 내에서도 인기가 좋다. 해발 1,500m 지점에 위치해 선선한 날씨가 지속되고 토질이 좋아 고랭지 채소, 화훼, 딸기, 아티초크 등의 작물 재배가 용이하다. 그 밖에 커피와 우유, 와인 등도 유명하다.

달랏 커피

달랏 지역에서 재배되는 대부분의 커피는 로부스타종이며 원두의 질과 상태가 좋아 해외 수출도 하고 있다. 최근에는 아라비카종과 혼합된 블렌딩 원두도 취급한다. 7만 동부터.

딸기 잼

달랏 딸기는 베트남에서도 알아주는 특산물이다. 딸기 잼 외에 설탕을 뿌려서 만든 건딸기도 있다. 플라스틱 용기나 유리병에 담겨 포장되어 있으며 선물용으로 좋다. 2만 8,000동.

아티초크차

정장 작용의 효능이 있다. 부드러운 율무차 맛이 나며 설탕이나 라임을 섞어 마시기도 한다. 건조시킨 것과 생으로 가공해 진액을 추출한 것이 있다. 4만 4,000동부터.

달랏 우유

달랏은 우유와 요거트도 유명하다. 부드러우면서도 달콤한 맛이 특징인데 베트남 전역에서 달랏 밀크 상품을 판다. 카페에서는 우유 자체를 판매하기도 한다. 6,000동부터.

달랏 와인

프랑스 식민지의 영향으로 와인도 수준 높다. 포도와 라즈베리로 담근 화이트 와인, 레드 와인이 있다. 특히 레드 와인은 상큼하면서도 달콤한 맛이 일품이다. 7만 6,000동부터.

냐짱(나트랑)
Nha Trang

냐짱은 베트남 남부 해안 도시로 호찌민에서 약 400km 떨어져 있다.
프랑스 식민지 시대 때부터 피서지로 주목받았고 현재는 베트남 남부를 대표하는
휴양지로 사랑받고 있다. 근해에는 크고 작은 19개의 섬들이 자리하고 있으며
해안을 따라 이어지는 고급 리조트, 새하얀 모래사장을 뒤덮은 비치파라솔들은
남국의 분위기가 물씬 풍긴다. 고대 쨈파 왕국의 유적지를 방문하거나 해변에서
망중한을 즐기거나 외딴 섬으로 아일랜드 호핑을 떠날 수도 있다.
일 년 내내 온화한 기후와 아름다운 바다를 품고 있는 냐짱의 매력에 빠져 보자.

⊘ CHECK

여행 포인트	관광 ★★★★ 쇼핑 ★★★ 음식 ★★★ 나이트라이프 ★★★
교통 포인트	도보 ★★★★★ 택시 ★★★★ 버스 ★★★ 투어 버스 ★

⊘ MUST DO

1 냐짱 해변 즐기기
2 아일랜드 호핑 투어 다녀오기
3 플로팅 바에서 무제한 칵테일 마시기
4 리조트에서 휴양 즐기기

냐짱(나트랑)

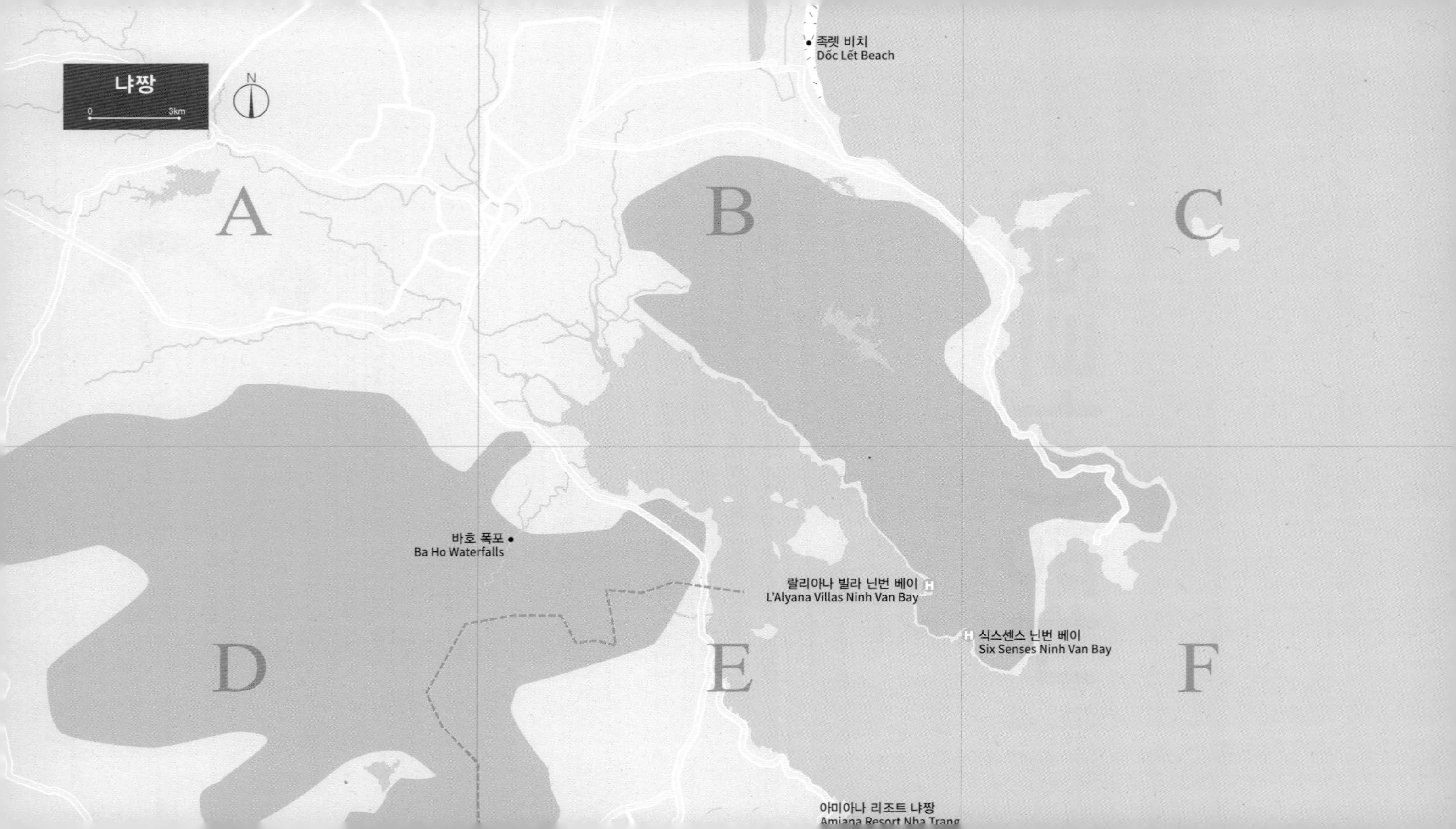

냐짱

N

0 ———— 3km

A

B

C

D

E

F

쪽렛 비치
Dốc Lết Beach

식스센스 닌번 베이
Six Senses Ninh Van Bay

랄리아나 빌라 닌번 베이
L'Alyana Villas Ninh Van Bay

아미아나 리조트 나짱
Amiana Resort Nha Trang

바호 폭포
Ba Ho Waterfalls

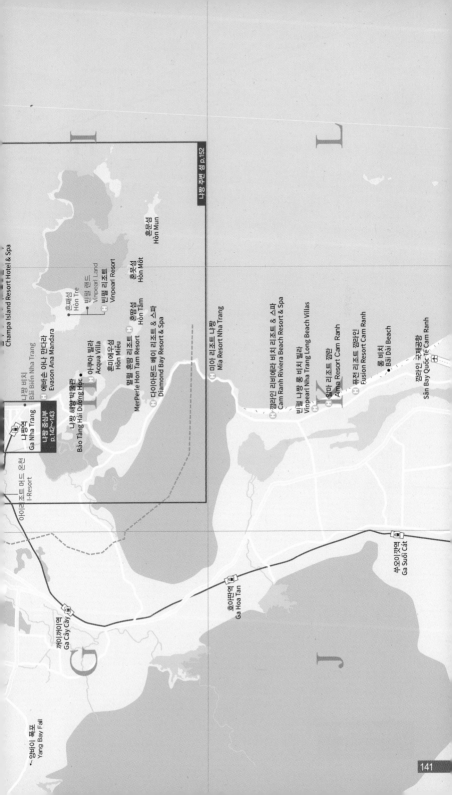

Champa Island Resort Hotel & Spa

나짱 비치
Bãi Biển Nha Trang

에바손 아나 만다라
Evason Ana Mandara

나짱역
Ga Nha Trang

나짱 해양 박물관
Bảo Tàng Hải Dương Học

나짱 중심부
p.142~143

아이 리조트 매드 온천
I-Resort

아쿠아 빌라
Acqua Villa

혼미에우섬
Hòn Miễu

멤펄 혼땀 리조트
MerPerle Hon Tam Resort

혼땀섬
Hòn Tằm

다이아몬드 베이 리조트 & 스파
Diamond Bay Resort & Spa

혼째섬
Hòn Tre

빈펄 랜드
Vinpearl Land

빈펄 리조트
Vinpearl Resort

혼못섬
Hòn Mốt

혼문섬
Hòn Mun

미아 리조트 나짱
Mia Resort Nha Trang

깜라인 리비에라 비치 리조트 & 스파
Cam Ranh Riviera Beach Resort & Spa

빈펄 나짱 롱 비치 빌라
Vinpearl Nha Trang Long Beach Villas

알마 리조트 깜란
Alma Resort Cam Ranh

퓨전 리조트 깜라인
Fusion Resort Cam Ranh

롱 비치
Bãi Dài Beach

깜라인 국제공항
Sân Bay Quốc Tế Cam Ranh

나짱 주변·섬 p.152

응바이 폭포
Yang Bay Fall

까이까이역
Ga Cây Cầy

호아떤역
Ga Hoa Tan

쑤오이깟역
Ga Suối Cát

G

J

K

H

L

빅C 냐짱 방향
Bic C Nha Trang

롯데마트
Lotte Mart

롱선사
Chùa Long Sơn

23 Tháng 10

버스 정류장(1, 2, 6, 7)

Thống Nhất

Yersin

Thái Nguyên

A

B

냐짱역
Ga Nha Trang

약국

Lạc Long Quân

Đồng Nai

Lê Hồng Phong

Lạc Lo

꼽마트
Co.opmart

졸리비
Jollibee

Cầu Lùng - Cao Bá Quát

E

F

Cao Bá Quát

경기장

중학교

Đồng Nai

Cửu Long

Phong Châu

Vân Đồn

I

Lê Hồng Phong

J

냐짱 중심부

0   150m

N

냐짱 들어가기

깜라인 국제공항은 냐짱 시내에서 남쪽으로 약 35km 떨어져 있다.
냐짱 시내까지는 택시나 공항 셔틀버스를 이용하며 40~50분 정도 걸린다.

비행기
인천 국제공항에서 깜라인 국제공항(Sân Bay Quốc Tế Cam Ranh)까지 베트남항공, 비엣젯항공, 대한항공, 제주항공, 에어서울, 진에어가 주 1~3회 직항 편을 운항한다. 소요 시간은 5시간 25분 정도. 국내선은 호찌민에서 베트남항공, 비엣젯항공 등이 1일 12편 정도 운항하며 55분 소요, 하노이에서는 1일 8편 정도 운항하며 1시간 45분 소요된다.
공항 코드 CXR **구글 맵** 12,008009, 109,217175 **전화** 0258-3989-918 **홈페이지** vietnamairport.vn/camranhairport

열차
호찌민에서 냐짱까지 열차가 1일 5편 운행한다. 최소 7시간 정도 소요되며 요금은 28만~55만 동이다. 하노이에서 냐짱까지도 1일 5편 운행하며 최소 24시간이 걸린다.

버스
호찌민, 무이내, 달랏 등에서 매일 버스가 운행한다. 신투어리스트 오픈 투어를 이용할 경우 호찌민 출발 시 요금은 49만 9,000동부터다.

●**오픈 투어 버스 주요 구간 소요 시간**

출발지	도착지	소요 시간
호찌민	냐짱	11시간 30분
무이내	냐짱	5시간
달랏	냐짱	4시간
호이안	냐짱	11시간
하노이	냐짱	28시간 이상

공항에서 시내로 가기
픽업 서비스
호텔이나 여행사에서 제공하는 서비스로 요금은 픽업 시간과 호텔에 따라 달라지는데 냐짱 중심가에 위치한 중급 호텔의 경우 대략 45만~50만 동 내외다.

택시(그랩)
현지인들은 공항에서 시내까지 정해진 요금에 이용할 수 있지만 여행자들은 택시 기사와 별도의 흥정을 해야 한다. 요금은 35만~40만 동 정도가 적당하다. 미터 요금으로 갈 경우는 60만 동 이상 예상해야 한다. 시내까지는 45분 정도 소요된다. 최근에는 택시보다 저렴한 그랩 이용자가 늘고 있다. 별도의 애플리케이션을 설치하여 호출한다.

공항 셔틀버스
2개의 버스 회사에서 운행하며 요금은 1인 6만 5,000동이다. 새벽 도착 시간에도 서비스를 운영한다. 요금은 1인 10만 동. 출발 전 직원에게 호텔명을 알려주면 가까운 지역이나 호텔 앞에 내려 준다. 셔틀버스의 출발 시간은 정해져 있지 않고 승차 인원이 어느 정도 차야만 출발한다. 시내에서 공항으로 올 때도 요금이 동일하다.

시내에서 공항으로 가기
택시(그랩)
시내에서 공항까지의 요금은 보통 30만~35만 동으로 정해져 있다. 마일린 택시나 비나선 택시를 이용하길 권한다. 마일린 택시는 에비스 호텔 앞에 직원이 상주하고 있어 편리하게 이용할 수 있다.

냐짱 시내 교통

냐짱 비치를 중심으로 깨끗하고 넓은 해안 도로가 잘 조성되어 있고 노선버스도 운행한다.
여행자들은 그랩, 택시, 오토바이, 자전거, 시클로 등 다양한 교통수단을 이용할 수 있다.

택시

베트남의 인기 관광지인 냐짱은 시내를 주행하는 택시가 많으며 우리나라와 마찬가지로 손을 들어 택시를 잡는다. 기본요금은 회사마다 다르지만 보통 7,000~1만 동 내외. 여행자들이 안심하고 탈 수 있는 택시 회사는 마일린 택시와 비나선 택시가 있고 현지인들은 냐짱 택시, 아시아 택시, 꾸옥떼 택시도 애용한다.

노선버스

냐짱 시내에는 총 6개의 노선버스가 운행한다. 일부 버스는 낡았지만 에어컨이 나오는 버스도 있다. 앞문으로 탑승한 뒤 목적지를 말하면 승무원이 가까운 정류장을 알려 준다. 뽀나가 탑, 롱선사, 냐짱역으로 갈 때 이용하면 편리하다. 버스는 05:35~19:00 사이에 운행하며 요금은 7,000동부터이다.

● 시내버스 주요 노선 정보

버스 번호	특징
2번	시내를 도는 노선으로 시내를 둘러볼 때 이용 가능
4번	뽀나가 탑, 여행자 거리, 해변, 빈펄 랜드 선착장 정차
6번	뽀나가 탑과 롱선사로 갈 때 편리

시클로(씨로)

시클로는 타기 전에 기사와 흥정을 해야 하는데 금액과 이용 시간, 루트 등을 정확히 소통하고 영어가 통하지 않는 기사는 피해야 한다. 특히 저녁 시간에는 안전상 이용을 삼가는 편이 좋다. 여성 여행자들을 외진 장소로 데려가거나 터무니없는 요금을 요구하는 등의 사건이 자주 발생하니 주의하자.

오토바이 · 자전거

오토바이 대여 요금은 1일 10만~20만 동 수준이다. 냐짱의 복잡한 교통 상황과 베트남만의 독특한 운전 방식으로 사고가 잦아 추천하지 않는다. 가급적 대중교통을 이용하자.

그랩

냐짱 지역은 그랩 이용이 가능하다. 단, 사전에 현지 전화번호로 애플리케이션을 활성화해야 한다. 시외 관광지를 제외한 대부분의 명소들은 3~8만 동 정도면 충분히 다닐 수 있다.

여행사 오픈 투어 버스

여행자들에게 인기 있는 여행사는 신투어리스트와 프엉짱, 떰하인 트래블이다. 냐짱에서 많이 이용하는 구간은 무이내, 달랏 정도이며 호찌민이나 하노이 등은 이동 시간이 길다. 신투어리스트는 시내 중심가에 있다.

● 신투어리스트 오픈 버스 운행 정보(냐짱 출발)

목적지	달랏행	무이내행	호이안행
운행 시간	1일 2편(07:30, 13:00)	1일 2편(07:15, 20:00)	1일 1편(19:00)
요금	11만 9,000동~	11만 9,000동~	22만 9,000동~

냐짱 추천 코스

냐짱은 베트남 최고의 휴양지 중 한 곳으로 아름다운 해변과 인근 섬들이 자리해 있다.
첫날은 냐짱 시내를 중심으로 주변 관광지를 둘러보고 둘째 날은 아침 일찍 냐짱 여행의 하이라이트인
아일랜드 호핑 투어를 떠나 보자. 시간적인 여유가 있다면 빈펄 랜드나 스노클링, 다이빙 체험도 추천한다.

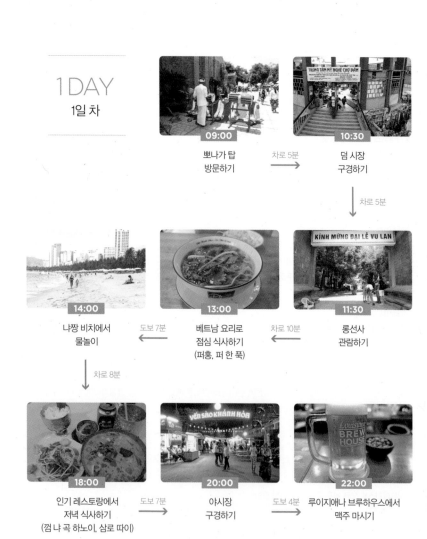

1DAY
1일 차

09:00
뽀나가 탑
방문하기

차로 5분 →

10:30
덤 시장
구경하기

↓ 차로 5분

14:00
냐짱 비치에서
물놀이

← 도보 7분

13:00
베트남 요리로
점심 식사하기
(퍼홍, 퍼 한 쑥)

← 차로 10분

11:30
롱선사
관람하기

↓ 차로 8분

18:00
인기 레스토랑에서
저녁 식사하기
(껌 냐 곡 하노이, 삼로 따이)

도보 7분 →

20:00
야시장
구경하기

도보 4분 →

22:00
루이지애나 브루하우스에서
맥주 마시기

TIP 신뢰할 수 있는 현지 여행사를 선택하자

나짱 시내에는 크고 작은 여행사들이 많이 있다. 작은 업체일수록 가격은 저렴하지만 연계된 선박이나 식사 등이 부실할 수 있다. 투어 요금보다는 믿을 수 있는 업체를 고르도록 하자. 보트 투어의 경우 펑키 멍키, 신투어리스트, 레인보 다이버스가 평이 좋다.

2DAY
2일 차

08:00

나짱 보트 투어
참여하기

보트 60분 →

10:00

바다에서
물놀이 즐기기

↓ 도보 5분

17:00

투어 후 숙소에서
휴식 즐기기

← 보트 60분

14:00

스노클링,
다이빙 체험하기

← 보트 30분

12:30

현지식으로
점심 식사하기

↓ 도보 5분

18:00

쇼핑몰
구경하기

도보 5분 →

19:00

현지식 숯불구이로
저녁 식사하기(락까인)

차로 10분 →

20:00

나짱 거리
산책하기

냐짱 비치
Bãi Biển Nha Trang
Nha Trang Beach ★★★

푸른 바다와 고운 모래

휴양지 분위기가 물씬 풍기는 해변으로 냐짱 주민들의 놀이터이자 여행자들에게는 물놀이를 즐길 수 있는 공간이다. 백사장의 길이는 약 6km이며 모래가 곱고 파도도 높지 않아 남녀노소 모두에게 인기가 많다. 야자수가 늘어선 해변 산책로를 따라 산책하거나 해양 스포츠, 물놀이를 즐기기에도 그만이다. 고급 호텔은 전용 파라솔과 선베드를 무료로 제공하며 호텔 투숙객이 아닌 경우 해변 인근의 지정된 대여소에서 선베드와 파라솔을 대여해야 한다. 해변 중간쯤에는 전승 기념탑이 있는데 꼭 대기로 올라가면 냐짱 비치를 한눈에 조망할 수 있다.

⭐ **지도** p.143-H **구글 맵** 12.236234, 109.198039
주소 72 Trần Phú, Lộc Thọ, Nha Trang
요금 무료, 선베드와 파라솔 대여 시 1일 5만 동 내외
교통 냐짱역에서 차로 5분

뽀나가 탑
Tháp Bà Ponagar
Ponagar Tower ★★★

가장 오래된 짬파 왕국의 유적지

9세기 짬파 왕국의 유적으로, 현존하는 짬파 유적 중 가장 오래된 것으로 알려져 있다. 사원의 탑은 2001년에 복원한 것이다. '뽀나가'란 10개의 팔을 가진 여신을 가리키며 사원 내에 안치되어 있다. 4개의 거대한 탑과 뽀나가 여신을 보기 위해 많은 힌두교도들이 방문한다. 냐짱의 대표 관광 명소이며 규모가 크지 않아 금방 둘러볼 수 있다. 찾아가는 방법은 냐짱 시내버스를 타거나 택시를 이용한다.

⭐ **지도** p.141-H **구글 맵** 12.265391, 109.195373
주소 2 Tháng 4, Vĩnh Phước, Nha Trang
개방 06:00~18:00 **요금** 3만 동
교통 전승 기념탑에서 차로 13분

냐짱 대성당
Nhà Thờ Chánh Tòa Kitô Vua
Nha Trang Cathedral ★

작은 언덕 위에 위치한 성당

1933년에 완성된 아름다운 고딕 양식의 성당으로 작은 언덕 위에 자리하고 있다. 성당 내부 중앙에는 아름다운 스테인드글라스가 있다. 입장 가능 시간에 한하여 내부를 둘러볼 수 있지만 최근에는 입장을 위해 모금을 강요하는 경우가 있다. 미사가 열리는 시간에는 입장이 불가하다.

⭐ **지도** p.143-C **구글 맵** 12.246814, 109.188091
주소 31 Thái Nguyên, Phước Tân, Nha Trang **전화** 0258-3823-335
개방 08:00~11:00, 14:00~16:00(성당 내부는 입장 불가) / 미사 시간 평일 04:45, 17:00, 일요일 05:00, 09:30, 16:30, 18:30 **교통** 냐짱역에서 도보 9분

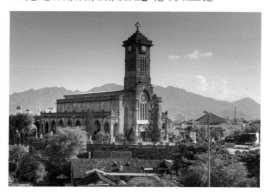

롱선사

Chùa Long Sơn
Long Son Pagoda ★

고즈넉한 불교 사원

1940년에 복원된 불교 사원으로 원래 건물은 1900년 태풍으로 파괴되었다. 사원 뒤쪽에 있는 152개의 계단을 따라 언덕을 올라가면 흰색의 거대한 불상(높이 24m)을 볼 수 있다. 냐짱 시내가 내려다보이는 정상에는 납골당이 있다. 냐짱역에서 멀지 않아 함께 둘러보면 좋다.

⭐ **지도** p.142-B **구글 맵** 12.250274, 109.180119
주소 Phật Học, Phương Sơn, Nha Trang
전화 0258-3827-239 **개방** 08:00~17:00 **요금** 무료
교통 냐짱역에서 도보 7분

빈펄 랜드

Vinpearl Land ★★

혼째섬에 자리한 거대한 테마파크

냐짱에서 배로 10분 정도 떨어진 혼째(Hòn Tre)섬에 위치하고 있다. 빈펄 랜드 내에는 해변과 유원지, 리조트, 골프장 등 다채로운 부대시설이 마련되어 있어 아이를 동반한 가족 여행자들이 휴가를 즐기기에 그만이다. 워터파크, 돌고래를 볼 수 있는 해양 수족관, 어드벤처 놀이 기구들도 있다.

⭐ **지도** p.141-H **구글 맵** 12.219489, 109.241422
주소 Đảo Hòn Tre, Vinh Nguyên, Nha Trang **전화** 1900-6677
개방 08:30~21:00 **요금** 통합 입장권(왕복 로프웨이 또는 페리, 빈펄 랜드, 워터파크, 수족관, 오락 시설 이용료 모두 포함) 성인 88만 동, 어린이 70만 동(100cm 이하 무료) **홈페이지** nhatrang.vinpearlland.com
교통 찐푸 거리 선착장에서 전용 배로 7분 또는 케이블카(로프웨이)로 12분

야시장
Chợ Đêm
Night Market ★★

산책 삼아 구경하기 좋은 야시장

관광객을 대상으로 영업하는 야시장으로 냐짱 비치 인근에서 열린다. 베트남 수공예품과 모자, 수영복, 슬리퍼, 샌들, 물놀이 장비 등 현지에서 바로 사용하기 좋은 아이템이 많다. 시장 주변에는 식사를 하거나 술을 마실 수 있는 식당이 있어 사람들로 분주하다. 규모가 작아 둘러보는 데 오래 걸리지 않는다.

⭐ **지도** p.143-H
구글 맵 12,239659, 109,195895
주소 78 Tuệ Tĩnh, Lộc Thọ, Nha Trang
영업 09:00~24:00
교통 전승 기념탑에서 도보 2분

덤 시장
Chợ Đầm
Dam Market ★★

원형 모양으로 지어진 현지 시장

냐짱에서 가장 큰 시장으로 원 모양의 독특한 외관이 인상적이다. 주로 취급하는 품목은 가전제품과 의류, 완구, 식료품 등이며 2층으로 올라가면 기념품이나 민속 공예품을 판매하는 가게들도 있다. 시장 주변에는 먹을거리를 판매하는 포장마차와 각종 생활용품, 건어물 등을 판매하는 상가도 자리하고 있다.

⭐ **지도** p.143-C
구글 맵 12,254618, 109,192070
주소 Vạn Thạnh, Nha Trang
영업 06:00~18:00(가게마다 다름)
교통 냐짱역에서 도보 15분

아이리조트 머드 온천
Suối Khoáng Nóng
I-Resort ★

여행의 피로를 풀 수 있는 온천

가장 최근에 문을 연 스파 시설답게 전반적으로 쾌적하고 깔끔한 편이다. 여행 중 피로를 풀기 좋고 시내에서 멀지 않아 반나절가량 다녀오기도 좋다. 미네랄 머드탕, 워터파크, 일반 온천 등의 시설을 갖추고 있으며 따뜻한 온천 시설은 비가 내리거나 기온이 떨어진 우기에 이용하면 더욱 좋다.

⭐ **지도** p.141-H
구글 맵 12,270560, 109,177311
주소 19 Vĩnh Ngọc, Nha Trang
전화 0258-3838-838
개방 07:00~17:30(마지막 입장 16:30)
요금 온천 성인 17만 동, 어린이 8만 동, 머드 스파 성인 35만 동, 어린이 12만 동
홈페이지 www.i-resort.vn
교통 냐짱 시내에서 차로 25분

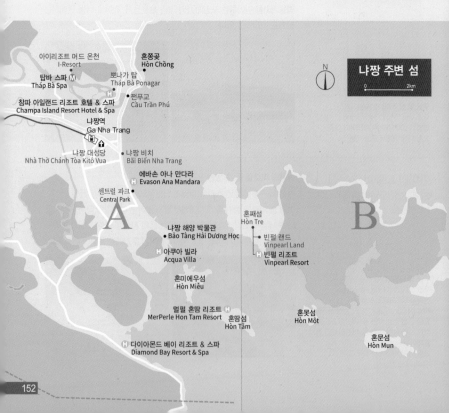

냐짱 여행의 하이라이트는 보트 투어

베트남 여행을 통틀어 가장 즐거운 액티비티를 꼽으라고 한다면 단연 냐짱 보트 투어라고 말할 것이다. 냐짱 인근에는 총 19개의 섬들이 산재해 있는데 스노클링과 해수욕을 즐기기 좋은 몇몇 섬으로 보트를 타고 가서 시간을 보내는 투어가 여행자들에게 인기다. 대표적인 섬으로는 혼문(Hòn Mun)섬, 혼미에우(Hòn Miễu)섬, 혼째(Hòn Tre)섬, 혼못(Hòn Một)섬 등이 있다. 여행사마다 방문하는 섬이 조금씩 다르며 선택 옵션에 따라 패러세일링, 스노클링, 다이빙 체험도 가능하다. 동남아시아 어느 여행지와 비교해도 저렴하고 알찬 프로그램을 이용할 수 있다. 냐짱 여행에서 보트 투어는 선택이 아니라 필수이니 놓치지 말고 꼭 한번 경험해 보자.

냐짱 주변 섬

N

0   2km

아이리조트 머드 온천
I-Resort

혼쫑곶
Hòn Chồng

탑바 스파 Ⓜ
Tháp Bà Spa

뽀나가 탑
Tháp Bà Ponagar

참파 아일랜드 리조트 호텔 & 스파
Champa Island Resort Hotel & Spa

쩐푸교
Cầu Trần Phú

냐짱역
Ga Nha Trang

나짱 대성당
Nhà Thờ Chánh Tòa Kitô Vua

냐짱 비치
Bãi Biển Nha Trang

에바손 아나 만다라
Evason Ana Mandara

센트럴 파크
Central Park

A

혼째섬
Hòn Tre

B

냐짱 해양 박물관
Bảo Tàng Hải Dương Học

빈펄 랜드
Vinpearl Land

아쿠아 빌라
Acqua Villa

빈펄 리조트
Vinpearl Resort

혼미에우섬
Hòn Miễu

멀펄 혼땀 리조트 Ⓗ
MerPerle Hon Tam Resort

혼땀섬
Hòn Tầm

혼못섬
Hòn Một

다이아몬드 베이 리조트 & 스파
Diamond Bay Resort & Spa

혼문섬
Hòn Mun

바다 위에서 즐기는 파티 타임

보트 투어의 핵심이라고 할 수 있는 플로팅 바 (Floating Bar). 업체마다 정해진 섬 인근에 배를 정박한 후 신나는 라이브 음악과 춤을 즐기면서 본격적인 파티 타임을 갖는다. 투어를 진행하는 가이드가 바다로 뛰어들어 즉석에서 수상 칵테일 바를 만들면 투어 참가자들은 누가 먼저랄 것도 없이 바다로 뛰어들어 칵테일을 마시며 즐거운 한때를 보낸다.

프로그램의 포함, 불포함 사항을 체크

업체마다 날씨와 시즌에 따라 방문하는 섬과 일정뿐 아니라 투어 요금에 포함된 내용도 조금씩 달라지니 미리 확인하도록 한다. 보통 왕복 교통편과 보트 이용, 현지식으로 제공되는 점심 식사가 포함되어 있다. 각 섬의 입장료, 해양 스포츠 체험, 다이빙이나 스노클링 장비 대여는 별도의 요금을 지불해야 한다. 업체를 고를 때는 무조건 저렴한 곳보다는 믿을 수 있는 업체를 고르는 것이 현명한 선택이다.

투어 참가 시 챙기면 좋은 것들

냐짱 인근 바다는 파도가 상당히 거칠다. 뱃멀미가 날 수 있으니 멀미약을 준비해 갈 것을 추천한다. 또한 스노클링을 체험할 때 개인 장비를 챙겨 가면 추가 비용을 내지 않아도 된다. 무엇보다 업체에서 제공하는 장비는 사이즈가 안 맞을 수 있고, 청결 상태도 썩 좋지 않은 편이다.

● 여행사별 인기 투어 정보

여행사	펑키 멍키 Funky Monkey	신투어리스트 The Shintourist	레인보 다이버스 Rainbow Divers
투어 종류와 요금	펑키 멍키 보트 투어 55만 동~(섬 입장료 별도)	아일랜드 투어 49만 9,000동~ (섬 입장료, 스노클링 장비 대여 별도)	스노클링 투어 US$30~
	스노클링 투어 75만 동~	체험 다이브 74만 9,000동(다이브 1회)	펀 다이브 US$50~125(다이브 1~2회)
홈페이지	www.funkymonkeytourvn.com	www.thesinhtourist.vn	www.divevietnam.com
특징	젊은 여행자들이 선호	가족 여행자나 싱글 여행자들이 선호	전문 다이버 또는 스노클러가 선호

락까인
Lạc Cảnh

나짱에서 가장 유명한 베트남식 숯불구이를 맛볼 수 있다. 소고기, 새우, 오징어 등의 바비큐가 인기인데 오징어와 새우는 숯불에 구운 것과 코코넛 주스에 삶은 것이 있다. 고기와 함께 밥이나 빵, 채소 등을 추가해 먹으면 된다. 달콤하면서 매콤한 특제 양념이 잘 밴 소고기가 인기. 함께 제공되는 라임과 소금을 적당히 찍어서 먹자.

⭐ **지도** p.143-D
구글 맵 12.256795, 109.194608
주소 44 Nguyễn Bỉnh Khiêm, Xương Huân, Nha Trang
전화 0258-3821-391
영업 09:30~21:30
요금 소고기 10만 동, 새우 12만 동, 오징어 9만 5,000동
교통 나짱 시내에서 차로 10분

스시 키와미
Sushi Kiwami2

일본 셰프의 진두지휘로 이루어지는 작지만 알찬 스시 전문점으로 수준급 식사를 선보인다. 점심시간에는 초밥과 마키, 미소 국물 등으로 구성된 런치 스페셜이 있으며 벤또, 단품 메뉴 등도 다양하게 갖추고 있다. 나짱이라는 점을 감안하면 평균 이상의 일식을 경험할 수 있다. 이웃한 본점은 이자카야를 겸하며 각종 꼬치와 다양한 주류로 인기가 높다.

⭐ **지도** p.143-G
구글 맵 12.239607, 109.190730
주소 105 A Hồng Bàng, Tân Lập, Nha Trang
전화 036-4910-436
영업 11:30~13:30, 17:00~22:00
휴무 월요일
요금 단품 6만 동~, 런치 메뉴 19만 동~ (+8%)
교통 전승 기념탑에서 도보 9분

퍼홍
Phở Hồng

현지인 단골손님들이 유독 많은 쌀국숫집으로 쌀국수 한 종류만을 판다. 잘 우러난 국물은 약간의 단맛이 느껴지는데 취향에 따라 라임이나 고추 등을 넣어 국물 맛을 조절하면 된다. 영어는 통하지 않지만 메뉴가 많지 않아 메뉴판에서 종류만 이야기하면 된다. Pho Tai, Pho Nam 등의 메뉴가 인기. 가격도 무척 저렴한 편이다.

⭐ **지도** p.143-G
구글 맵 12.243986, 109.192441
주소 40 Lê Thánh Tôn, Nha Trang
전화 0258-3512-724
영업 06:00~21:00
요금 쌀국수 5만 5,000~8만 동
교통 전승 기념탑에서 도보 9분

껌땀 쓰언 꾸에
Cơm Tấm Sườn Que

대로변에 위치하고 있는 껌땀 전문점으로 현지인들에게 인기가 있다. 달콤한 소스가 마치 한국식 양념 돼지갈비와 비슷해 거부감 없이 먹을 수 있다. 뼈가 있는 부위(Sườn Que)와 없는 고기 부위(Sườn), 그리고 원하는 토핑(계란, 김치, 돼지껍질) 등을 올려서 먹는다. 주문하는 토핑에 따라 가격이 달라진다. 포장도 가능하다.

⭐ **지도** p.143-G
구글 맵 12,244359, 109,190694
주소 19 Ngô Gia Tự, P. Nha Trang
전화 090-5360-236
영업 07:30~21:00
요금 껌땀 4만 동~
교통 전승 기념탑에서 도보 9분

퍼 한 푹
Phở Hạnh Phúc

깔끔하면서도 감칠맛이 강한 육수가 특징인 현지 쌀국숫집. 부담 없는 가격으로 쌀국수를 맛볼 수 있다. 오픈형 주방 형태로 쌀국수를 만드는 과정도 구경할 수 있다. 인기 메뉴인 뚝배기형 쌀국수는 샤브샤브처럼 먹는 재미가 있다. 더운 날씨에는 기본형으로 주문해 먹는 것을 추천. 실내와 실외 좌석이 있으며 에어컨 시설이 없어 다소 더운 편이다.

⭐ **지도** p.143-G
구글 맵 12,244031, 109,191083
주소 19 Ngô Gia Tự, P. Nha Trang
전화 097-8117-235
영업 06:00~21:00
요금 쌀국수 기본형 5만 5,000동~,
뚝배기형 7만 5,000동~
교통 전승 기념탑에서 도보 9분

삼로 타이 레스토랑
Sam Lor Thai Restaurant

여행자는 물론 현지인들에게도 인기를 끌고 있는 태국 레스토랑. 현지에 비해 음식은 대체적으로 담백한 편이다. 현지 물가치고는 조금 비싼 편이지만 에어컨 시설을 갖춘 쾌적한 환경에서 식사를 원하는 여행자라면 추천. 최근 태국식 감자탕이라는 이름으로 인기를 끌고 있는 랭쌈과 똠양꿍, 팟타이 등 한국인 여행자들에게도 익숙한 요리를 내놓는다.

⭐ **지도** p.143-G
구글 맵 12,239130, 109,192146
주소 76 Đồng Đa, Tân Lập, Nha Trang
전화 093-1887-289
영업 11:00~14:00, 17:00~21:00
요금 똠양꿍 12만 5,000동, 쏨땀 6만 동
교통 전승 기념탑에서 도보 10분

그릭 수블라키
Greek Souvlaki

그리스 대표 음식인 수블라키를 판매하는 식당으로 최고의 평점과 후기로 유명하다. 담백한 피타 안에 특제 소스와 치킨, 소시지 등을 담은 수블라키 피타가 대표 메뉴. 수블라키 박스는 4가지 고기에 샐러드, 감자 등이 함께 나온다. 포장해서 먹어도 좋은 구성. 시원한 맥주와 함께 먹으면 완벽하다. 이국적인 그리스 음식이 먹고 싶다면 도전해 보자.

⭐ **지도** p.143-H
구글 맵 12.239054, 109.193607
주소 69 Nguyễn Thiện Thuật, Lộc Thọ, Nha Trang
전화 090-5039-100
영업 10:00~21:00
휴무 수요일
요금 수블라키 5만 동~
교통 전승 기념탑에서 도보 10분

껌 냐 곡 하노이
Cơm nhà Góc Hà Nội

시내 중심에 위치한 식당으로 이름에서도 알 수 있듯이 북부 지역인 하노이 음식 전문점으로 한국인들도 좋아하는 분짜, 냄란을 비롯해 다양한 요리를 선보인다. 추천 메뉴로는 숯불에 구운 고기를 채소, 쌀국수와 함께 적셔 먹는 분짜, 돼지고기를 조린 틷 코토(Thịt kho tộ)에 해산물 볶음밥을 곁들인 베트남 북부 가정식. 가격이 저렴하고 맛도 좋다.

⭐ **지도** p.143-G
구글 맵 12.239932, 109.191949
주소 142 Bạch Đằng, Tân Lập, Nha Trang
전화 0258-3511-522
영업 10:00~21:00
요금 분짜 5만 동, 볶음밥 6만 동~
교통 전승 기념탑에서 도보 10분

차오 마오 냐짱
Chao mao Nha Trang

베트남 가정식 스타일의 요리를 맛볼 수 있는 곳으로 컬러풀한 색감과 이국적인 분위기가 예쁘고 음식도 맛있어 인기. 가볍게 먹기 좋은 메뉴는 바인쌔오. 모닝 글로리 볶음, 볶음밥, 짜조가 대표 메뉴이며 해산물 메뉴도 갖추고 있다. 특히 바삭하게 튀긴 바인쌔오를 채소와 라이스페이퍼와 함께 먹으면 별미다. 조리 시간이 긴 편이다.

⭐ **지도** p.143-G
구글 맵 12.237989, 109.189894
주소 166 Mê Linh, Tân Lập, Nha Trang
전화 0258-3510-959
영업 12:00~15:00, 17:30~21:30
휴무 월요일
요금 바인쌔오 9만 5,000동
교통 전승 기념탑에서 도보 12분

하이 카
Hai Cá

오징어, 생선 어묵 등의 고명을 넣어 먹는 국수가 인기 메뉴. 소고기 쌀국수와는 다르게 깔끔하고 순한 맛이 특징. 국물은 다소 싱거운 편이지만 수제 어묵은 바로바로 튀겨 내어 신선하고 맛이 좋다. 취향에 따라 매콤함을 더해 즐길 수 있다. 작은 국수 가게로 현지인들에게도 인기. 실내는 다소 비좁고 더운 편이니 아침, 저녁으로 즐기는 걸 추천한다.

⊕ **지도** p.143-K
구글 맵 12.237510, 109.189184
주소 156 Nguyễn Thị Minh Khai, Phước Hoà, Nha Trang
전화 097-6477-172
영업 06:00~22:00
요금 어묵 쌀국수 5만 동~
교통 전승 기념탑에서 도보 13분

바인미 판
Bánh mì Phan

늦게 가면 품절이 될 정도로 인기가 많은 반미 가게로 저렴한 가격에 속이 꽉 찬 바인미를 먹을 수 있어 인기가 뜨겁다. 구운 치킨, 소고기 치즈 토스트 바인미가 대표 메뉴이며 메뉴에 한국어 설명도 있어 주문이 쉽다. 따로 먹는 자리는 없어 포장만 가능하며 고수는 주문 시 넣거나 뺄 수 있다.

⊕ **지도** p.143-G
구글 맵 12.239932, 109.191949
주소 23 Nguyễn Trung Trực, Tân Lập, Nha Trang
전화 0437-2776-778
영업 06:00~20:30
요금 바인미 2만 2,000동~
교통 전승 기념탑에서 도보 10분

분 짜 포 코 하노이
Bún chả phố cổ Hà Nội

현지인들 사이에서도 인기가 많은 알짜배기 분짜 맛집. 메뉴는 분짜, 냄하이산으로 단출하지만 맛만큼은 뛰어난 편. 야채와 쌀국수가 듬뿍 나오며 고기가 있는 분짜 소스에 푹 담궈 먹으면 한국인 입맛에도 잘 맞는다. 해산물을 듬뿍 넣어 갓 튀긴 냄 하이산도 바삭함이 살아 있다. 분짜 닥 비엣(đặc biệt)은 스페셜 메뉴로 기본 분짜보다 고기 양이 더 많다.

⊕ **지도** p.143-G
구글 맵 12.241953, 109.192157
주소 14 Tô Hiến Thành, Tân Lập, Nha Trang
전화 038-4185-456
영업 07:00~21:30
요금 분짜 5만 동~
교통 전승 기념탑에서 도보 8분

안 카페
An Cafe

여유롭게 차나 커피를 마실 수 있는 카페로 나무를 이용한 따뜻한 분위기로 꾸며져 있다. 2층 규모인데 1층에는 에어컨이 나오는 냉방 룸이 있고 야외 테라스 좌석도 마련되어 있다. 시원한 아이스크림이나 요거트를 먹거나 바인미, 쌀국수, 볶음밥 등 간단한 식사를 하기에도 좋다.

⭐ **지도** p.143-G
구글 맵 12.242466, 109.192123
주소 24 Nguyễn Trung Trực, Nha Trang
전화 0258-3510-558
영업 06:30~22:00
요금 커피 3만 5,000동~, 음료 5만 5,000동~
교통 전승 기념탑에서 도보 12분

꽁 카페
Cộng Càphê

베트남 인기 커피 체인점으로 냐짱에서도 시그너처 음료인 코코넛 커피를 마실 수 있다. 냉방 시설을 갖추고 있어 실내가 쾌적해 잠시 쉬어 가기 좋다. 독특한 인테리어를 구경하는 것도 꽁 카페를 찾는 재미. 코코넛 커피 외에도 다양한 음료가 있다. 무선 인터넷을 제공한다.

⭐ **지도** p.143-H
구글 맵 12.238292, 109.193747
주소 27 Nguyễn Thiện Thuật, Nha Trang **전화** 091-181-1152
영업 08:00~23:30 **요금** 신또 5만 동~, 베트남 커피 3만 동~
홈페이지 www.congcaphe.com
교통 전승 기념탑에서 도보 6분

V프루트
VFruit

수박, 망고, 딸기, 아보카도 등 제철 과일을 비롯해 다양한 과일로 만든 주스, 스무디, 빙수, 아이스크림, 신또 등을 판다. 메뉴 외에 원하는 과일만을 넣어 주스나 스무디를 만들어 주기도 한다. 가격도 저렴해 현지 젊은이들이 즐겨 찾는다. 아보카도 아이스크림(Kem Bơ), 망고 주스, 과일 빙수(Trái Cây Xô)가 인기다.

⭐ **지도** p.143-G
구글 맵 12.239359, 109.192165
주소 24 Tô Hiến Thành, Nha Trang
전화 090-506-8910
영업 11:00~23:00
요금 아보카도 아이스크림 3만 5,000동~, 과일 빙수 3만 5,000동~
홈페이지 vfruit.vn
교통 전승 기념탑에서 도보 9분

CCCP 커피
CCCP Coffee

한국인 여행자들에게 인기가 높은 카페. 콩 카페랑 비슷한 메뉴를 판매하지만 양은 더 많고 가격은 더 저렴해서 가성비 카페로 통한다. 대표 메뉴는 로브스타 원두로 내린 베트남 커피와 코코넛, 연유를 넣고 갈아서 만드는 코코넛 스무디, 망고를 듬뿍 넣은 망고 스무디다. 간단한 식사 메뉴도 제공한다. 시원한 에어컨이 나오는 실내에서 쉬어가 보자.

⭐ **지도** p.143–G
구글 맵 12.240036, 109.192167
주소 22 Tô Hiến Thành, Tân Lập, Nha Trang
전화 090–3285–973
영업 06:00~23:00
요금 스무디 4만 8,000동~,
교통 전승 기념탑에서 도보 10분

푹롱 커피
Phúc Long Coffee & Tea

베트남 '스타벅스'라는 닉네임을 가진 푹롱 커피가 냐짱에도 문을 열었다. 냐짱 센터와 빈콤 플라자에 입점. 스타벅스와 함께 경쟁하고 있다. 베트남 커피와 현지에서 공수하는 각종 차, 디저트 등의 메뉴가 있으며, 특히 차 분야에서 다양하고 특색 있는 메뉴를 선보인다. 선물용으로 구매하기 좋은 패키지 상품도 다양해 인기다.

⭐ **지도** p.143–D
구글 맵 12.248031, 109.196150
주소 Nha Trang Center, Trần Phú, Lộc Thọ, Nha Trang
전화 0287–1001–968
영업 09:00~22:00
요금 커피 3만 5,000동~
홈페이지 www.phuclong.com.vn
교통 전승 기념탑에서 도보 10분

더 커피 하우스
The Coffee House

골드코스트 냐짱 건물 1층에 위치하고 있는 더 커피 하우스는 체인형 카페로 베트남 전역에 150개 이상의 매장을 운영 중이다. 베트남 전통 커피는 물론 한국인 여행자에게 익숙한 아메리카노와 라떼 등의 메뉴가 있으며 모던한 분위기로 현지인들도 즐겨 찾는 곳이다. 롯데마트 쇼핑 전, 후 가볍게 들르기 좋다.

⭐ **지도** p.143–D
구글 맵 12.247793, 109.194877
주소 1 Toà, Trần Hưng Đạo, Lộc Thọ, Nha Trang
영업 07:00~22:00 **요금** 커피 3만 9,000동~, 반미 2만 동~
홈페이지 www.thecoffeehouse.com
교통 전승 기념탑에서 도보 12분

골드코스트 냐짱
Gold Coast Nha Trang

40층으로 이루어진 복합 건물로 오피스와 아파트, 호텔, 쇼핑몰 등을 갖추고 있다. 쇼핑몰은 7층으로 이루어져 있으며 여행자들은 물론 현지인들에게도 인기가 있는 국내 브랜드인 롯데마트(3~4F)를 비롯해 식당가(두끼, 서울가, 고구려)와 각종 스포츠 & 캐주얼 브랜드(나이키, 아디다스, 크록스, MANGO, Keds), 카페(coffee house) 등이 입점해 있다. 규모는 작지만 깔끔한 시설과 서비스로 찾는 이가 점점 늘고 있다.

⭐ **지도** p.143-D **구글 맵** 12.247832, 109.194893
주소 01 Trần Hưng Đạo, Lộc Thọ, Nha Trang **전화** 091-1380-677
영업 09:00~22:00 **홈페이지** goldcoastmall.vn **교통** 전승 기념탑에서 도보 13분

3~4F

롯데마트 Lotte Mart

시내 중심가에 새롭게 문을 연 롯데마트로 기존에 먼 거리에 있던 롯데마트까지 가지 않아도 되어 시간을 절약해준다. 3층과 4층에 꽤 다양한 상품과 신선한 먹거리 등을 판매하고 있어 여행자들의 쇼핑 필수 코스로 통하고 있다.

⭐ **위치** 골드코스트 냐짱 3~4층 **전화** 090-1057-057
영업 08:00~22:00 **홈페이지** lottemart.com.vn
교통 전승 기념탑에서 도보 13분

3F 여행자들이 주로 구입하는 저렴한 베트남 과자, 라면, 말린 망고, 과일 칩, 견과류 등이 모여 있다. 신선한 열대 과일과 야채를 비롯해 김치, 김, 즉석밥 등 한국 식품도 다양한 편. 간단하게 요기를 할 수 있는 식당도 있다.

4F 주로 선물용으로 많이 구입하는 베트남 커피와 차 상품이 다양하고 그 외 생활용품, 샴푸, 치약, 잡화 등을 판매하고 있다. 상품의 퀄리티는 조금 떨어지지만 현지에서 바로 사용할 수 있는 수영복, 슬리퍼, 모자, 선글라스 등의 해변 아이템도 있다.

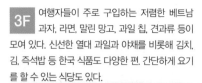

냐짱 센터
Nha Trang Center

냐짱 시내에서 가장 큰 규모를 자랑하는 쇼핑센터로 명품 숍과 중저가 브랜드 숍, 푸드 코트, 카페테리아, 영화관 등의 시설을 갖추고 있다. 쾌적한 환경에서 쇼핑과 식사를 동시에 즐길 수 있으며 냐짱 비치와 가까워 물놀이에 필요한 물품을 구입하기 좋다. 3층에는 여행자들에게 인기 있는 시티마트(Citimart)가 있다. 일본계 슈퍼마켓으로 다양한 일본 제품을 취급한다. 메콩 실크 매장에서는 아오자이를 판매하는데 관광객들도 기념 삼아 구입한다. 4층의 푸드 코트에는 베트남 음식점은 물론 한식, 일식, 중식 등 다국적 요리를 선보이는 코너와 패스트푸드점이 있다.

⭐ **지도** p.143-D **구글 맵** 12.248114, 109.195999
주소 20 Trần Phú, Nha Trang **전화** 0258-6259-222 **영업** 09:00~22:00
홈페이지 www.nhatrangcenter.com **교통** 전승 기념탑에서 도보 12분

빈콤 몰
Vincom Mall

규모는 크지 않지만 잠시 둘러보기 좋다. 각종 의류 브랜드와 화장품, 생활용품을 판매하는 매장들이 입점해 있는데 냐짱 센터에 비해 저렴한 편이다. 3층에는 수공예품을 취급하는 상점과 유아용품 매장이 있고 4층에는 푸드 코트와 오락실이 있다. 가장 위층에는 롯데 시네마가 있다. 1층에 입점한 윈마트(Winmart)는 다양한 베트남 상품을 판매하며 가격도 비싸지 않아 쇼핑하기 좋다. 길 건너편에는 일본계 제품을 파는 상점 미니소(Miniso)가 있다. 최근 해변 쪽에도 빈콤 몰이 문을 열었다.

⭐ **지도** p.143-C **구글 맵** 12.248293, 109.186697
주소 60 Thái Nguyên, Phương Sài, Nha Trang **전화** 090-515-9690
영업 08:00~22:00 **홈페이지** www.vincom.com.vn **교통** 냐짱역에서 도보 3분

> **TIP** **여심 저격 라탄 가게**
> 여성 여행자들에게 베트남 필수 쇼핑리스트로 통하는 라탄 아이템(가방, 모자) 및 액세서리를 판매하는 현지 가게 2곳이 박당(158~164 Bạch Đằng) 거리에 위치하고 있다. 접근성도 좋은 편이고 정찰제 가격이 상품마다 붙어 있어 흥정하는 수고 없이 쇼핑이 가능하다. 라탄 가방 150,000~280,000동 수준.

루이지애나 브루하우스
Louisiane Brewhouse

비치 프런트 레스토랑 겸 바로 수제 맥주를 맛볼 수 있는 곳이다. 레스토랑 중앙에는 풀장이 있는데 요리나 음료를 주문하면 오후 5시까지 이용 가능하다. 매일 저녁 8시 30분부터는 흥겨운 라이브 밴드의 공연이 펼쳐진다. 맥주와 어울리는 바비큐나 소시지 메뉴 외에 일식 메뉴도 있다. 수제 맥주(330ml)는 6만 동부터.

⭐ **지도** p.143-L
구글 맵 12.231270, 109.198715
주소 29 Trần Phú, Nha Trang
전화 0258-3521-948
영업 08:00~01:00
요금 수제 맥주(330ml) 6만 동~,
스테이크 52만 동~, 샘플러(200ml)
4가지 14만 동
홈페이지
www.louisianebrewhouse.com.vn
교통 전승 기념탑에서 도보 12분

블루씨 비치바
Bluesea Beach Bar

해변에 위치한 비치바치고는 무척 저렴한 가격에 병맥주를 판매한다. 해변에 깔린 빈백에 앉아 칵테일이나 맥주를 마시며 노을을 감상하거나 바다를 만끽하기 좋은 곳이다. 늦은 시간에는 현지인들이 안주를 만들어 호객행위를 한다. 여행자를 상대로 바가지 가능성이 높으니 주의하자. 비치바 외에도 패들보드, 카약 수상 레저 장비 등도 대여 가능.

⭐ **지도** p.143-L
구글 맵 12.234543, 109.198052
주소 70 Trần Phú, Lộc Thọ, Nha
Trang
전화 090-5068-856
영업 07:00~23:00
요금 병맥주 2만 5,000동~
교통 전승 기념탑에서 도보 7분

세일링 클럽
Sailing Club

이른 아침부터 늦은 새벽까지 운영되는 냐짱의 대표적인 비치 클럽이다. 해변 앞과 안쪽에 식사와 술을 마실 수 있는 자리가 마련되어 있고 다채로운 요리 메뉴로 올데이 다이닝이 가능하다. 저녁 시간에는 신나는 DJ 공연이 열리거나 각종 행사가 열리기도 한다. 가볍게 식사를 하거나 칵테일, 맥주 등을 마시면서 해변에서의 시간을 보내기 좋다.

⭐ **지도** p.143-L
구글 맵 12.234005, 109.198097
주소 74 Trần Phú, Lộc Thọ, Nha
Trang **전화** 0258-3524-628
영업 07:00~02:30
요금 칵테일 17만 동~, 식사 15만 동~
홈페이지
www.sailingclubnhatrang.com
교통 전승 기념탑에서 도보 7분

제니스 네일 룸
Jenny's Nails Room

휴양지 느낌을 내면서 네일과 패디를 저렴하게 할 수 있는 네일숍이다. 단골손님이 관광객보다 현지인이 많은 곳으로 가격이 저렴한 것이 최고의 강점. 한국의 반도 안 되는 가격에 네일, 페디를 변신할 수 있다. 가게는 작지만 실력도 괜찮은 편이고 간단한 발 마사지도 가능하다.

🌀 **지도** p.143-G
구글 맵 12.241242, 109.190732
주소 67 Bạch Đằng, Tân Lập, Nha Trang
전화 091-7466-969
영업 09:00~20:00
요금 젤 네일 20만 동~
교통 전승 기념탑에서 도보 12분

코코넛 풋 마사지
COCONUT FOOT MASSAGE

냐짱 센터(2F) 안 시티마트 옆에 위치한 발 마사지 전문점으로 대부분의 리조트 셔틀 버스 승하차로 이뤄지는 쇼핑몰 안에 있어 접근성이 좋다. 저렴한 가격에 시원한 마사지를 받을 수 있어 가성비 만족도가 높다. 짐 보관도 가능해서 체크아웃 후 마사지를 받은 후 공항으로 가기에도 좋다.

🌀 **지도** p.143-D
구글 맵 12.248014, 109.196182
주소 Nha Trang Center, 20 Trần Phú, Lộc Thọ, Nha Trang
전화 0258-6258-661
영업 09:30~22:00
요금 발 마사지(60분) 36만 동~
교통 전승 기념탑에서 도보 11분

카사 스파
CASA SPA

쾌적한 시설과 섬세한 마사지 실력, 적당한 가격대로 한국인 여행자들에게 인기가 높은 스파. 간단한 발 마사지부터 아로마테라피, 핫스톤 마사지 등 다양하고 페이셜, 네일, 페디 등의 메뉴로 갖추고 있어 한 번에 받기 좋다.

🌀 **지도** p.143-H
구글 맵 12.241164, 109.194843
주소 9 mới, Hùng Vương, Lộc Thọ, Nha Trang
전화 093-5897-186
영업 10:00~22:00
요금 발 마사지(60분) 29만 동~
교통 전승 기념탑에서 도보 4분

알마 리조트 깜란
Alma Resort Cam Ranh

조용한 깜란 해변에 위치한 고급 리조트로 개별 풀을 갖춘 빌라형과 일반 객실의 타워형으로 구성된다. 신생 리조트로 최신식 시설과 쾌적한 컨디션, 풍족한 부대시설, 친절한 서비스가 장점. 일반 객실은 거실과 테라스, 침실, 욕실로 구성. 보통의 객실보다 훨씬 넓고 전자레인지와 간단한 식기 등이 있어 아이를 동반한 가족 여행자에게도 제격. 수영장이 많아 비교적 프라이빗하게 휴양을 즐길 수 있으며 푸드 코트를 비롯해 해산물, 이탈리안 레스토랑, 펍, 마트, 스파, 피트니스클럽, 테니스 코트, 워터파크 등도 운영 중이다. 체크인 시 주는 손목 밴드형 키로 어디서나 편리하게 결제가 가능하다.

지도 p.141-K **구글 맵** 12.072762, 109.194856 **주소** Nguyễn Tất Thành, Cam Hải Đông, Cam Lâm **전화** 0258-3991-666 **요금** 1 베드룸 스위트 US$200~ **홈페이지** www.alma-resort.com **교통** 깜란 공항에서 차로 9분

이 호텔만의 특별한 매력

바다를 향한 12개의 계단식 풀

계단식으로 이어지는 12개의 풀은 사이즈는 크지 않지만 각각의 특색이 있어 취향에 따라 골라서 이용하는 재미가 있다. 바다 바로 앞 메인 수영장이 가장 크고 뷰가 좋아 인기가 높다.

누구나 즐기는 짜릿한 워터 슬라이드, 워터파크

규모는 작지만 아이들과 함께 신나는 물놀이를 즐길 수 있는 짜릿한 슬라이드, 파도 풀 등의 어트랙션을 갖추고 있다. 투숙객들은 무료로 아이는 물론 성인도 이용 가능하다.

포티크 호텔
Potique Hotel

냐짱 중심가에 자리한 신생 호텔로 고풍스러운 인도차이나 분위기가 특징이다. 가성비는 물론 직원들의 세심한 서비스를 강점으로 여행자들에게 인기가 높다. 호텔은 콜로니얼 분위기로 세련되게 디자인되었으며 루프탑 수영장, 카페, 스파, 키즈 클럽, 피트니스 센터 등의 부대시설을 갖추고 있다. 호텔 루프 탑으로 올라가면 냐짱 시내는 물론 아름다운 냐짱의 바다까지 조망할 수 있는 멋진 수영장과 아이들을 위한 작은 키즈 풀, 선 베드도 마련되어 있다. 규모는 크지 않지만 세련된 부티크 스타일의 호텔에서 세심한 서비스를 원하는 여행자들에게 추천한다.

✪ **지도** p.143-H **구글 맵** 12.241191, 109.194773 **주소** 22 Đường Hùng Vương, Lộc Thọ, Nha Trang **전화** 0258-3556-999
요금 클래식 룸 US$90~ **홈페이지** www.potiquehotel.com **교통** 전승 기념탑에서 도보 4분

이 호텔만의 특별한 매력

🍽 수준 높은 조식당

베트남을 대표하는 쌀국수와 반미 등은 물론 가짓수는 적지만 알차게 구성된 조식 메뉴가 여행자들에게 평이 좋다. 조식당은 부티크 호텔답게 고급스러우면서도 베트남 특유의 감성을 느낄 수 있다.

🍽 냐짱 해변의 프라이빗 비치

냐짱 해변에 투숙객을 위한 전용 선 베드와 파라솔이 마련된 프라이빗 전용 비치 공간이 있어 냐짱 해변에서 휴양을 즐기기에도 완벽하다. 투숙객에게는 별도의 이용료 없이 무료로 제공된다.

쉐라톤 냐짱 호텔 & 스파
Sheraton Nha Trang Hotel & Spa

냐짱의 바다를 조망할 수 있는 최고의 위치에 자리하고 있다. 글로벌 체인 호텔로 모든 객실은 바다를 조망할 수 있도록 설계되었고 일부는 맨션으로 사용한다. 해변에서 전용 선베드와 파라솔을 이용할 수 있다. 호텔 내 6개의 레스토랑이 있어 식도락을 즐기기 좋다.

⭐ **지도** p.143-D **구글 맵** 12,246376, 109,195696
주소 26-28 Trần Phú, Lộc Thọ, Nha Trang
전화 0258-3880-000 **요금** 디럭스 US$150~
홈페이지 www.sheratonnhatrang.com
교통 전승 기념탑에서 도보 10분

인터컨티넨탈 냐짱
InterContinental Nha Trang

냐짱을 대표하는 고급 호텔 중 하나로 최고의 서비스와 시설을 자랑한다. 객실은 총 279실로 발코니가 딸린 프리미엄 룸은 냐짱 비치가 코앞에 펼쳐진다. 수영장은 물론 해변에서 전용 선베드와 부대시설을 이용할 수 있다.

⭐ **지도** p.143-D **구글 맵** 12,245055, 109,196060
주소 32-34 Trần Phú, Lộc Thọ, Nha Trang
전화 0258-3887-777 **요금** 디럭스 US$270~
홈페이지 nhatrang.intercontinental.com
교통 전승 기념탑에서 도보 8분

아미아나 리조트 냐짱
Amiana Resort Nha Trang

최근 인기가 높은 대형 리조트로 일반 디럭스룸부터 3베드 풀빌라까지 다양해 커플, 가족 여행자들에게 두루두루 인기. 전용 해변에서는 스노클링을 즐길 수 있고 머드 스파에서 특별함 경험도 가능하다. 시내와 접근성도 좋은 편이고 투숙객을 위한 셔틀버스도 운행 중이다.

⭐ **지도** p.141-K **구글 맵** 12,295146, 109,233893
주소 Turtle Bay, Phạm Văn Đồng, Nha Trang
전화 0258-3553-333 **요금** 디럭스 룸 US$150~
홈페이지 www.amianaresort.com
교통 전승 기념탑에서 차로 16분

선라이즈 냐짱 비치 호텔 & 스파
Sunrise Nha Trang Beach Hotel & Spa

비치 사이드에 자리한 모던한 5성급 호텔로 전 객실에서 드넓은 바다와 섬이 보인다. 원형으로 이루어진 야외 풀장은 그리스 신전을 연상시키는 독특한 모습이다. 가성비가 좋아 여행자들 사이에서 인기가 높으며 호텔 내에 있는 선라이즈 스파도 호평을 받고 있다.

✪ **지도** p.143-D **구글 맵** 12.250687, 109.195983
주소 12-14 Trần Phú, Xương Huân, Nha Trang
전화 0258-3820-999 **요금** 슈피리어 US$130~
홈페이지 sunrisenhatrang.com.vn
교통 전승 기념탑에서 도보 16분

노보텔 냐짱
Novotel Nha Trang

노보텔 냐짱은 전 객실에 발코니가 딸려 있다는 장점이 있다. 규모는 작지만 투숙객을 위한 편의 시설을 충실히 완비해 놓았다. 특히 어린이를 돌봐 주는 패밀리 룸이 있어 가족 여행자에게 인기 있다. 합리적인 가격에 깔끔한 분위기의 숙소를 찾는 여행자에게 적합하다.

✪ **지도** p.143-H **구글 맵** 12.237744, 109.196555
주소 50 Trần Phú, Lộc Thọ, Nha Trang
전화 0258-6256-900 **요금** 스탠더드 US$110~
홈페이지 www.accorhotels.com
교통 전승 기념탑에서 도보 3분

빈펄 리조트
Vinpearl Resort

육지가 아닌 혼째섬에 위치한 리조트. 냐짱에서 배로 10여 분 거리에 있으며 세계에서 가장 긴 해상 케이블카를 타고 섬으로 갈 수도 있다. 섬 내에는 거대한 테마파크가 조성되어 있어 아이를 동반한 가족 여행자들에게 인기가 많다.

✪ **지도** p.141-H **구글 맵** 12.221464, 109.247784
주소 Vĩnh Nguyên, Nha Trang
전화 090-269-8900 **요금** 디럭스 US$160~
홈페이지 www.vinpearl.com
교통 선착장에서 배로 10분 또는 해상 케이블카로 15분

이비스 스타일 냐짱
ibis Styles Nha Trang

가장 최근에 문을 연 중급 호텔로 냐짱 시내 중심가에 위치하고 있다. 호텔 주변으로 레스토랑, 여행사, 펍, 카페 등이 모여 있어 편리하다. 젊은 여행자들이 선호하며 객실과 부대시설도 만족도가 높다. 객실 요금에 조식이 포함되어 있다.

⭐ **지도** p.143-H **구글 맵** 12.238025, 109.195190
주소 86 Hùng Vương, Lộc Thọ, Nha Trang
전화 0258-6274-997 **요금** 슈피리어 US$100～
홈페이지 www.accorhotels.com
교통 전승 기념탑에서 도보 4분

리버티 센트럴 냐짱
Liberty Central Nha Trang

문을 연 지 얼마 되지 않은 신생 호텔로 모던한 분위기와 합리적인 가격으로 인기를 얻고 있다. 기본적인 어메니티를 잘 갖추고 있으며 조식과 라운지 바의 만족도도 높다. 투숙객에게는 무료 칵테일 이용권을 제공하기도 한다. 주변에 식당과 여행사, 펍 등이 모여 있는 것도 장점이다.

⭐ **지도** p.143-L **구글 맵** 12.235634, 109.195674
주소 9 Biệt Thự, Lộc Thọ, Nha Trang
전화 0258-3529-555 **요금** 디럭스 US$140～
홈페이지 www.odysseahotels.com
교통 전승 기념탑에서 도보 8분

에델레 호텔
Edele Hotel

저가형 호텔로 규모는 작지만 아담한 수영장도 갖추고 있다. 가격 대비 만족도 높은 객실은 중급 호텔과 비교해도 넓은 공간을 자랑한다. 객실은 에어컨과 온수, 냉장고, TV, 미니바 등의 시설을 잘 갖추고 있다.

⭐ **지도** p.143-L **구글 맵** 12.236123, 109.194320
주소 61 Nguyễn Thiện Thuật, Nha Trang
전화 0258-3527-788 **요금** 슈피리어 US$40～
홈페이지 www.edelehotel.vn
교통 전승 기념탑에서 도보 10분

시타딘 베이프런트 냐짱
Citadines Bayfront Nha Trang

글로벌 호텔 체인으로 친절한 서비스를 제공한다. 키즈 클럽과 요가 룸, 미팅 룸, 레스토랑, 바, 수영장 등 충실한 부대시설을 갖추고 있다. 주방 시설이 완비된 레지던스 룸은 장기 여행자들에게 안성맞춤이다.

⭐ **지도** p.143-L **구글 맵** 12.236135, 109.196778
주소 62 Trần Phú, Lộc Thọ, Nha Trang
전화 0258-2521-222 **요금** 프리미어 스튜디오 US$110～
홈페이지 www.citadines.com
교통 전승 기념탑에서 도보 10분

아이세나 호텔
Isena Hotel

클래식하고 세련된 인테리어로 꾸며진 호텔로 여행자만큼이나 현지인들에게 인기가 높다. 결혼식이나 가족 행사가 자주 열리며 분위기가 좋고 서비스도 나무랄데 없다. 14층 건물로 165실의 객실과 2개의 웨딩 홀, 레스토랑, 풀 바, 수영장, 스파 시설을 갖추고 있다.

⭐ 지도 p.143-G 구글 맵 12.243443, 109.192868
주소 2 Nguyễn Thiện Thuật, Lộc Thọ, Nha Trang
전화 0258-3529-800 요금 슈피리어 US$80~
홈페이지 www.isenahotel.com
교통 전승 기념탑에서 도보 10분

니피 호텔
Nhị Phi Hotel

냐짱 시내 중심가에 문을 연 중저가 호텔로 깔끔한 시설과 합리적인 요금을 자랑한다. 객실은 총 90실로 스위트룸, 패밀리 룸 등 다양한 종류가 있다. 수영장과 레스토랑, 스파 시설을 갖추고 있다. 신투어리스트와 연계하여 호텔 앞에서 승하차할 수 있다.

⭐ 지도 p.143-L 구글 맵 12.235662, 109.195052
주소 10 Biệt Thự, Lộc Thọ, Nha Trang
전화 0258-3524-585 요금 디럭스 US$40~
홈페이지 www.nhiphihotel.vn
교통 전승 기념탑에서 도보 8분

로사카 냐짱 호텔
Rosaka Nha Trang Hotel

가성비 좋은 중급 호텔로 140실의 객실을 운영하고 있다. 22층에 자리한 풀장에서는 해변을 조망할 수 있고 레스토랑과 스파 등의 부대시설도 갖추고 있다. 인근에 해산물 식당이 많아 늦은 저녁 식사를 하기 좋다.

⭐ 지도 p.143-L 구글 맵 12.233762, 109.194901
주소 107A Nguyễn Thiện Thuật, Lộc Thọ, Nha Trang
전화 0258-3833-333
요금 디럭스 US$100~
홈페이지 rosakahotel.com
교통 전승 기념탑에서 도보 12분

갤리엇 호텔
Galliot Hotel

15층으로 이루어진 중급 호텔로 135실의 객실과 피트니스 센터, 수영장, 레스토랑 등의 부대시설이 있다. 해변까지 걸어갈 수 있어 위치가 좋은 편이다. 스탠더드 룸은 창문이 없어 답답하게 느껴질 수 있으며, 슈피리어 룸 이상이 만족도가 높다.

⭐ 지도 p.143-L 구글 맵 12.236051, 109.194297
주소 61A Nguyễn Thiện Thuật, Nha Trang
전화 0258-3528-555 요금 슈피리어 US$60~
홈페이지 www.galliothotel.com
교통 전승 기념탑에서 도보 9분

Central Vietnam

베트남 중부

다낭
Da Nang

다낭은 베트남 중부 최대의 상업 · 무역 도시로 도심을 가로지르는
한강과 15km에 달하는 아름다운 해변을 품고 있다.
베트남 전쟁 당시 미군이 주둔했던 다낭에는 이국적인 분위기의
해안가를 따라 휴양에 적합한 리조트와 호텔들이 자리하고 있으며
도심에서는 현대식 건물들과 현지인들의 풍경을 만날 수 있다.
2017년에는 APEC 정상 회담이 열리는 등 국제도시로의 도약을 준비 중이다.

⊘ CHECK

여행 포인트 | 관광 ★★★★ 쇼핑 ★★★ 음식 ★★★ 나이트라이프 ★★

교통 포인트 | 도보 ★★ 택시 ★★★★ 버스 ★★ 투어 버스 ★★★

⊘ MUST DO

1 한적한 시내 & 다낭 해변 구경하기
2 한강과 용교 감상하기
3 아찔한 케이블카를 타고 바나 힐 즐기기

다낭

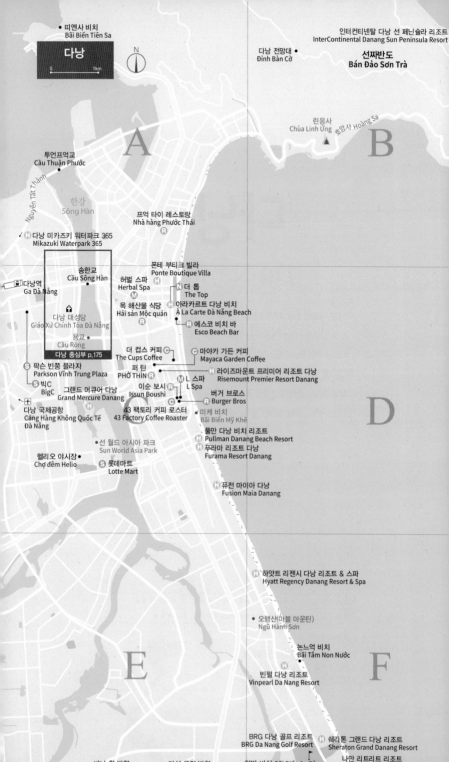

띠엔사 비치
Bãi Biển Tiên Sa

인터컨티넨탈 다낭 선 페닌슐라 리조트
InterContinental Danang Sun Peninsula Resort

다낭

다낭 전망대
Đỉnh Bàn Cờ

선짜반도
Bán Đảo Sơn Trà

N

0   1km

린응사
Chùa Linh Ứng   호앙사 Hoàng Sa

A

B

투언프억교
Cầu Thuận Phước

Nguyễn Tất Thành

한강
Sông Hàn

프억 타이 레스토랑
Nhà hàng Phước Thái

다낭 미카즈키 워터파크 365
Mikazuki Waterpark 365

폰테 부티크 빌라
Ponte Boutique Villa

송한교
Cầu Sông Hàn

다낭역
Ga Đà Nẵng

허벌 스파
Herbal Spa

더 톱
The Top

아라카르트 다낭 비치
À La Carte Đà Nẵng Beach

목 해산물 식당
Hải sản Mộc quán

에스코 비치 바
Esco Beach Bar

다낭 대성당
Giáo Xứ Chính Tòa Đà Nẵng

용교
Cầu Rồng

더 컵스 커피
The Cups Coffee

마야카 가든 커피
Mayaca Garden Coffee

다낭 중심부 p.175

라이즈마운트 프리미어 리조트 다낭
Risemount Premier Resort Danang

팍슨 빈쭝 플라자
Parkson Vĩnh Trung Plaza

퍼 틴
PHỞ THIN

빅C
BigC

그랜드 머큐어 다낭
Grand Mercure Danang

이순 보시
Issun Boushi

L 스파
L Spa

버거 브로스
Burger Bros

다낭 국제공항
Cảng Hàng Không Quốc Tế
Đà Nẵng

43 팩토리 커피 로스터
43 Factory Coffee Roaster

미케 비치
Bãi Biển Mỹ Khê

D

헬리오 야시장
Chợ đêm Helio

선 월드 아시아 파크
Sun World Asia Park

롯데마트
Lotte Mart

풀만 다낭 비치 리조트
Pullman Danang Beach Resort

푸라마 리조트 다낭
Furama Resort Danang

퓨전 마이아 다낭
Fusion Maia Danang

하얏트 리젠시 다낭 리조트 & 스파
Hyatt Regency Danang Resort & Spa

오행산(마블 마운틴)
Ngũ Hành Sơn

논느억 비치
Bãi Tắm Non Nước

E

빈펄 다낭 리조트
Vinpearl Da Nang Resort

F

BRG 다낭 골프 리조트
BRG Da Nang Golf Resort

쉐라톤 그랜드 다낭 리조트
Sheraton Grand Danang Resort

나만 리트리트 리조트
Naman Retreat Resort

바나 힐 방향
Bà Nà Hills

미선 유적 방향
Mỹ Sơn

안방 비치 Bãi Biển An Bàng,
호이안 Hội An 방향

다낭 중심부

0 ───── 100m

퍼홍
Phở Hồng R

Lý Tự Trọng

노보텔 다낭 프리미어 한 리버 호텔
H **Novotel Danang Premier Han River Hotel**
스카이 36
N **Sky 36**

다낭 행정 센터
Da Nang City Administrative Centre

Quang Trung

다낭 박물관
Bảo Tàng Đà Nẵng

A

롱 커피
Long Coffee C

분짜까 109
R **Bún Chả Cả 109**

Nguyễn Chí Thanh

한강
Sông Hàn

B

미꽝 1A
R **Mì Quảng 1A**

레주언 거리 Lê Duẩn

송한교
Cầu Sông Hàn

빈콤 플라자
Vincom Plaza
S

꽁 카페
C **Cộng Càphê**

냐벱
NHÀ BẾP R

C

훙브엉 거리 **Hùng Vương**

웃 띡 카페
Út Tịch Café

한 시장
S **Chợ Hàn**

Yên Bái

브릴리언트 톱 바
N **Brilliant Top Bar**

타오 네일스
M **Thao Nails**

다낭 대성당
Giáo Xứ Chính Tòa Đà Nẵng

꽌껌후에응온
Quán Cơm Huế Ngon

D

Trần Hưng Đạo

브릴리언트 호텔
H **Brilliant Hotel**

타이마켓
Thai Market R

Phan Châu Trinh

남 하우스
C **Nam House**

꼬마이 커피 & 수버니어
C **Cỏ May Coffee & Souvenir**

E

DHC 마리나
DHC Marina

사랑의 부두
Cầu Tầu Tình Yêu Đà Nẵng

다낭 리버사이드 호텔
H **Da Nang Riverside Hotel**

F

강변 공원
Riverside Park

손뜨라 야시장
C

용교
Cầu Rồng

미케 비치 방향 →
Bãi Biển Mỹ Khê

다낭 국제공항 방향
✈ **Cảng Hàng Không Quốc Tế Đà Nẵng**

선 월드 아시아 파크 **Sun World Asia Park,**

짬 조각 박물관
Bảo Tàng Điêu Khắc Chăm Đà Nẵng

롯데마트 **Lotte Mart,**

그랜드 머큐어 다낭 **Grand Mercure Danang** 방향

다낭 들어가기

다낭은 베트남 중부 지역을 대표하는 도시로, 비행기, 열차, 버스 등을 이용해 갈 수 있다.
베트남 내에서 이동할 때 열차나 버스는 이동 시간이 길어 주로 항공편을 이용한다.
다낭 국제공항은 시내 중심에서 가까워 이동이 편리하다.

비행기

인천 국제공항에서 다낭 국제공항(Cảng Hàng Không Quốc Tế Đà Nẵng)
까지 베트남항공, 대한항공, 아시아나항공, 진에어, 제주항공, 티웨이항공,
에어서울, 비엣젯항공 등이 직항 편을 운항한다. 진에어, 에어부산은 부산-
다낭 노선을 추가했으며 비엣젯항공, 제주항공, 진에어 등의 저가 항공사도
운항한다. 호찌민과 하노이에서 다낭을 연결하는 국내선이 1일 10편 이상 운
항하고 있으며 1시간 10~20분 정도 소요된다. 다낭 국제공항은 시내에서 약 2km 떨어져 있으며 국제공항답게
ATM, 은행, 사설 환전소, 카페, 식당, 짐 보관소 등의 편의 시설을 잘 갖추고 있다.

공항 코드 DAD **구글 맵** 16.054799, 108.202180 **전화** 0236-3823-397
홈페이지 vietnamairport.vn/danangairport

MORE INFO | 다낭은 국내 항공사들의 격전지

베트남은 물론 동남아시아 전역에서 가장 핫한 여행지로 급부상한
다낭. 그만큼 많은 관광객들이 찾고 있어 국내 저가 항공사들까지
발 빠르게 직항 편을 늘리고 있다. 국내 항공사가 발착하는 저녁 시
간은 공항이 무척 혼잡하므로 귀국 시 공항에 조금 일찍 도착하는
것이 좋다.

열차

호찌민의 사이공역에서 1일 5편 운항하며 가장 빠른 열차로 약 16시간 10분 소요된다. 요금은 55만 6,000동
~111만 8,000동이다. 하노이역에서는 1일 5편 운항하며 가장 빠른 열차로 약 15시간 15분 소요된다. 요금은 63
만 3,000동~157만 동이다. 일정이 여유로운 여행자는 침대칸 열차를 이용해 호찌민, 하노이 등지에서 다낭으
로 들어올 수 있고 인근 지역인 후에나 호이안으로 여정을 넓혀 갈 수도 있다.

다낭역 Ga Đà Nẵng

여행자보다는 현지인들이 주로 이용하는 작은 기차역이다. 역 주변에는 현
지 식당과 상점이 늘어서 있다. 역 안에는 매표소와 상점, 대합실이 있고 베
트남 남부나 북부로 가는 기차표를 예매하거나 구입할 수 있다. 영어가 통하
는 직원이 있긴 하지만 찾기가 어려우니 목적지와 출발 날짜를 메모해 보여
주는 것이 좋다.

버스

호찌민, 하노이 등에서 여행사 오픈 투어 버스가 매일 운항한다. 신투어리스트 오픈 버스를 타면 호찌민에서 22
시간 정도 소요되며 요금은 63만 6,000동~, 하노이에서는 19시간 정도 소요되며 요금은 87만 5,000동~이다.

공항에서 시내로 가기

픽업 서비스

여행사를 통해 다낭에 오는 여행자가 많은 만큼 가장 보편적으로 이용하는 방법이다. 본인의 이름이 적힌 피켓을 들고 있는 여행사 또는 호텔 직원을 만나서 준비된 차량을 타고 숙소로 가면 된다. 픽업 시간과 호텔에 따라 요금이 다르지만 다낭 중급 호텔의 경우 대략 US$5~10 정도 예상하면 된다.

택시

공항에서 시내까지의 거리가 짧은 다낭에서 가장 편리하게 이용할 수 있는 교통수단이다. 다낭 시내까지는 10~15분 정도 소요되며 요금은 10만~15만 동 내외. 여기에 공항 이용료 1만 동이 추가된다. 호이안까지는 50분 정도 소요되며 요금은 50만 동이다. 비나선 택시와 마일린 택시가 평이 좋고 문제가 적은 편이다.

그랩

다낭 국제공항은 물론 다낭 전 지역에서 그랩 사용이 가능하다. 현지 전화전호로 애플리케이션을 활성화해야 하지만 이용이 편리해 현지인은 물론 여행자도 애용한다. 시내 요금은 3만~8만 동 내외로 택시보다 저렴하다.

시내에서 공항으로 가기

택시

다낭 국제공항과 시내 간 거리는 2km로 가까워 걱정할 정도로 택시 요금이 많이 나오진 않는다. 다만 다낭 외곽 또는 호이안 등에 위치한 고급 숙소에서 탈 경우 요금이 많이 나올 수 있다. 시내(대성당 인근) 기준 공항까지의 요금은 8만~10만 동 수준이다.

그랩

다낭은 전 지역 그랩 사용이 활발하다. 그랩을 이용해 공항으로 갈 경우 요금은 다낭 시내 기준 5만~8만 동 수준이며 공항 이용료 1만 동이 추가된다. 그랩 이용 시 탑승하기 전 차량 번호와 기사의 얼굴을 꼭 확인하고 탑승하자.

드롭 서비스

다낭 시내의 호텔이나 외곽의 호텔 모두 다낭 국제공항까지의 픽업과 드롭 서비스를 제공한다. 유료로 제공하는 곳도 있고 투숙객에게는 무료로 픽업 서비스를 해주는 곳도 있다. 드롭 서비스의 경우 예약이 필요하며 비용은 대략 US$5~10정도다.

다낭 시내 교통

다낭 지역은 크게 용교를 기준으로 해변 쪽과 시내로 구분된다.
북쪽에 위치한 선짜반도와 남쪽에 자리 잡은 고급 리조트 단지는 시내에서 꽤 떨어져 있으며
여행자들은 택시나 그랩, 여행사 차량 등을 이용해야 한다.

택시

다낭 역시 다른 지역과 마찬가지로 택시 기사와 언어 소통이 원활하지 않다.
다낭에는 시내를 주행하는 영업용 택시가 많고 우리나라와 마찬가지로 손을
들어 택시를 잡으면 된다. 기본요금은 회사마다 다르며 보통 1만 1,000동~1
만 6,000동 내외다. 안심하고 탈 수 있는 택시 회사는 마일린과 비나선 택시
가 있고 현지인들은 하이번(Hải Vân) 택시, 띠엔사(Tiên Sa) 택시도 애용한다.

노선버스

노란색의 깔끔한 신생 버스가 도심 여러 지역을 연결하고 있다. 버스 요금은
6,000동부터며 탑승 후 요금을 지불하면 된다. 하차 시에는 벨을 누르면 된
다. 정류장 안내는 현지어로만 방송된다. 탑승하기 전 안내원에게 가고자 하
는 목적지를 미리 알려주자. 5번 버스는 다낭 대성당에서 미케 비치로, R16번
버스는 다낭 대성당에서 오행산까지, R17A는 다낭 대성당에서 헬리오 야시장을 갈 때 이용할 수 있다.

여행사 오픈 투어 버스

여행자들에게 인기 있는 여행사는 신투어리스트다. 신투어리스트의 경우 영어가
가능하고 친절한 편이며 인터넷 예매도 가능하다. 인기 관광지로는 후에(3시간), 호
이안(1시간 30분)이 있다. ※현재 리노베이션 중으로 임시 휴업.

●신투어리스트 오픈 버스 운행 정보(다낭 출발)

목적지	후에행	호이안행
운행 시간	1일 2편(08:45, 14:30)	1일 2편(10:30, 15:30)
요금	19만 9,000동~29만 9,000동	19만 9,000동~24만 9,000동

이것만은 꼭 알아 두자! 다낭 여행을 위한 Q&A

Q 밤 비행기로 출국해서 숙소 체크아웃 후 시간이 많이 남아요. 어떻게 시간을 보내면 좋을까요?

A 첫 번째 방법은 체크아웃 후 반일 투어 또는 바나 힐 투어 등을 다녀오는 방법이 있다. 현지 업체나 한인 업체를 이용해서 쉽게 예약할 수 있으며 투어를 마치면 마지막에 공항에서 내려 주는 곳들도 많아 유용하다. 두 번째 방법은 공항과 가까운 다낭 시내에 중저가 숙소를 잡아 휴식을 취하거나 시내 관광도 하고 부족한 쇼핑을 즐기는 방법이 있다. 아이를 동반한 가족 여행이라면 두 번째 방법을 추천한다.

Q 다낭과 함께 여행하면 좋은 주변 여행지를 추천해 주세요.

A 보통 다낭과 호이안만 여행하는 이들이 대부분인데 일정에 여유가 있고 제대로 베트남 중부를 여행하고 싶다면 후에까지 둘러보는 코스를 추천한다. 베트남 중부 여행의 관문인 다낭을 중심으로 북쪽으로는 후에, 남쪽으로는 호이안이 위치한다. 다낭에서 호이안까지는 차로 약 40분 거리로, 비교적 가까운 편이라 부담 없이 여행을 즐길 수 있다. 다낭에서 후에까지는 차로 약 3시간 거리로 오픈 투어 버스, 열차, 여행사 투어 등을 이용할 것을 추천한다. 시간 여유가 없다면 다낭 또는 호이안에서 출발하는 후에 시티 투어도 고려해 볼 만하다. 후에까지의 왕복 교통편은 물론 대표적인 황릉을 둘러보고 돌아오는 당일치기 코스가 꽤 알차다.

Q 투어는 어떻게 예약해야 하나요?

A 투어는 크게 현지 업체와 한인 업체를 통해 간편하게 예약할 수 있다. 현지에서 운영하는 업체 중에는 신투어리스트가 대표적이다. 투어 종류가 다양해 선택의 폭이 넓고 가격도 저렴하지만 한국어가 아닌 영어로 소통해야 하는 불편함이 있다. 다낭 시내에 위치한 사무실에 직접 방문하거나 홈페이지를 통해 투어 예약이 가능하며 식사, 픽업 서비스 등 포함 사항이 다르니 꼼꼼하게 확인하자. 한인 업체의 경우 한국어로 소통이 가능하고 한국인 여행자의 기호와 패턴에 맞춘 투어가 많다. 또 마사지, 공항 픽업 서비스 등을 제공해 알찬 편이다. 다만 현지 업체와 비교하면 요금이 조금 더 비싼 편이니 자신의 여행 스타일과 예산에 맞춰 비교해 본 후 선택하자.

한인 업체
다낭 보물 창고
cafe.naver.com/grownman
다낭 패밀리
cafe.naver.com/skykorea
다낭도깨비
cafe.naver.com/happyibook
현지 업체
신투어리스트 www.thesinhtourist.vn

다낭 추천 코스

다낭 자체의 볼거리보다는 인근 호이안이나 후에 등을 연계해 일정을 짜는 것이 좋다.
다낭 시내는 한강을 중심으로 1~2일 정도면 충분히 둘러볼 수 있다. 첫날은 다낭 시내 박물관,
대성당, 한강 등을 둘러보고 다음 날은 고원 지대에 자리한 바나 힐이나 린응사, 오행산 등을
구경하고 돌아와 저녁 식사를 곁들여 야경을 즐기며 하루를 마무리하자.

1DAY
1일 차

08:30
중부식 국수로
아침 식사하기
(미꽝 1A)

차로 5분 또는
도보 10분 →

10:00
대성당과 한 시장
구경하기

 도보 6분

14:00
미케 비치 또는
논느억 비치 구경하기

← 차로 10분

12:00
베트남 요리로
점심 식사하기(나벱, 퍼홍)

← 도보 2분

11:30
꽁 카페에서
베트남 커피 마시기

↓ 도보 10분

16:00
L 스파나 허벌 스파에서
마사지 받기

차로 10분 →

18:30
헬리오 야시장 구경 및
저녁 식사

차로 2분 또는
도보 10분 →

20:00
롯데마트에서
쇼핑하기

TIP **다낭 시내 야시장 구경하기**
여행자들에게 인기 있는 다낭 시내 야시장은 두 곳으로, 손트라 (Son Tra) 야시장은 용교 인근에서 열리고 헬리오(Helio) 야시장은 선 월드 아시아 파크 근처에서 열린다. 보통 오후 6~11시까지 운영되며 기념품을 쇼핑하거나 로컬 요리와 맥주를 마시며 저녁 시간을 보내기 좋다.

2DAY
2일 차

08:30

카페에서 베트남 커피 마시기

차로 50분 →

09:30

바나 힐 초입 도착

↓ 케이블카

16:30

린응사 구경하기

← 차로 50분

12:00

바나 힐에서 점심 식사하기

← 도보 5분

10:30

바나 힐 하이라이트 알차게 즐기기

↓ 차로 20분

18:00

신선한 해산물 요리로 저녁 식사하기 (프억타이, 목해산물)

차로 20분 →

20:00

한강, 용교 주변 산책하기

도보 2분 →

21:00

손트라 야시장 구경하기

Special theme

다낭에서 유럽을 만나다, 바나 힐

다낭 속 유럽이라 불리는 바나 힐(Bà Nà Hills)은 1,487m 산꼭대기에 위치한 테마파크다. 도심보다 기온이 선선해서 무더운 날씨를 피해 가볍게 다녀오기 좋은 베트남의 휴양지로 인기가 많다. 정상에는 유럽을 연상케 하는 이국적인 건축물들이 자리하고 있으며 휴양지답게 리조트와 각종 편의 시설이 잘 갖추어져 있다. 1919년 프랑스가 베트남을 지배하던 시절에

형성된 곳으로 1920년대에는 200채 이상의 빌라가 지어졌을 정도로 인기가 있었으나 한동안 쇠락하다가 최근 재개발이 이루어지면서 예전의 인기를 되찾고 있다. 고풍스러운 분위기가 물씬 풍기는 프랑스풍 건물과 각종 레스토랑, 사원, 놀이 기구 등이 마련된 테마파크는 특히 가족 여행자들이 즐겨 찾는다. 전문 무용단의 신나는 공연과 퍼레이드도 열리며 베트남 현지인들은 웨딩 화보 촬영 장소로 애용한다. 바나 힐 초입에서 정상을 연결하는 케이블카는 2013년 '단일 로프 최장 거리', '출발지와 종착지 간 최고 고도차'라는 타이틀로 기네스북에 오르기도 했다. 고원 지대라 날씨가 흐린 날이 많고 저녁 무렵에는 쌀쌀한 편이니 가기 전에 기상 상태를 잘 살피고, 긴팔 점퍼 등을 챙겨 가자.

⭐ **지도** p.174-E **구글 맵** 15.997632, 107.988013 **주소** Thôn An Sơn, Xã Hòa Ninh, Huyện Hòa Vang
전화 0236-3791-999 **개방** 08:00~17:00, 금, 토, 일요일 야간 15:00~22:00 **요금** 성인 85만 동, 어린이 (100~130cm) 70만 동
홈페이지 banahills.com.vn **교통** 다낭 시내에서 차로 40분

바나 힐 가는 법

● 개별적으로 이동: 대중적인 교통수단인 택시나 그랩, 왕복 셔틀서비스(클룩-유료) 등을 이용하는 방법. 그랩은 정확한 요금을 알 수 있어 많이 사용된다.

● 투어로 이동 : 클룩 사이트나 여행사의 투어 상품을 구입하는 방법. 보통 투어의 경우는 왕복 교통편이 포함되어 있다. 투어 상품마다 가격대가 다양하니 상품 비교는 필수다.

※ 케이블카 운영 시간 : 08:00~17:00(기상 상황에 따라 변동 가능성이 있음)

알파인 코스터 Alpine Coaster
방문객들이 가장 좋아하는 어트랙션. 썰매같이 생긴 기구를 타고 속도감을 즐길 수 있어 남녀노소를 불문하고 인기 만점이다. 운행 시간은 08:00~17:00.

푸니쿨라 Funicular
고전적인 디자인의 푸니쿨라를 타고 언덕을 내려간다. 다무르 플라워 가든(D'Amour Flower Garden), 디베이 와인 셀러(Debay Ancient Wine Cellar) 등으로 연결된다.

린퐁 탑 Linh Phong Bảo Tháp
계단을 따라 올라가면 만날 수 있는 9층탑으로 바나 피크에 위치하고 있다. 높은 고지에서 내려다보는 다낭 풍경이 근사하다.

골든 브리지 Golden Bridge
2018년 6월 지은 바나 힐의 새로운 명소. 두 손으로 황금색 다리를 받치고 있는 모양으로 해발 1,400m에 지어졌다. 폭 12.8m, 길이 150m로 8개의 경간으로 구성되어 있으며 머큐어 다낭 프렌치 빌리지와 사랑의 정원(La Jardin d'Amour)을 연결한다.

프렌치 스타일 호텔에서 보내는 하룻밤
바나 힐에는 콜로니얼 양식으로 지어진 고급 호텔들이 있다. 특히 머큐어 다낭 프렌치 빌리지(Mercure Danang French Village)는 바나 힐 정상에 위치한 4성급 호텔로 앤티크 스타일의 외관과 수영장, 레스토랑, 스파 등의 부대시설을 갖추고 있다.

용교
Cầu Rồng
Dragon Bridge ★★

관광 명소로 변모하고 있는 다리

2013년에 세워졌으며 총길이 666m, 높이 37.5m를 자랑한다. 주말 저녁 9시부터 10~15분간 조명이 들어오고 물과 불을 뿜어내는 쇼가 펼쳐진다. 용의 입에서 불과 물이 분사되는데 다리 가까운 곳에 있으면 젖을 수 있으니 주의하자. 저녁에는 다리 인근에 있는 식당, 노점 등에서 식사를 하면서 시간을 보낸다.

⭐ **지도** p.175-F
구글 맵 16.061174, 108.226981
주소 Cá Chép Hóa Rồng, Trần Hưng Đạo
개방 24시간 / 쇼 토 · 일요일 21:00~21:15
교통 다낭 국제공항에서 차로 10분

다낭 박물관
Bảo Tàng Đà Nẵng
Museum of Da Nang ★★

다낭의 역사와 전쟁의 기록 보관

디엔하이 성채(Thành Điện Hải) 구역에 있으며 성채는 1858~1860년 프랑스-스페인 연합 전쟁을 치른 곳이다. 박물관은 다낭의 역사, 혁명 투쟁의 역사 및 미군 관련 증거물, 꽝남성 민족 문화 등 다낭의 어제와 오늘을 발견할 수 있는 2,500여 개의 전시물을 일목요연하게 전시해 놓았다. 박물관 입구에는 응우엔찌프엉 장군의 석상이 서 있다.

⭐ **지도** p.175-A
구글 맵 16.076270, 108.222104
주소 24 Trần Phú, Thạch Thang
전화 0236-3886-236
개방 08:00~11:30, 14:00~17:00
요금 2만 동
홈페이지 www.baotangdanang.vn
교통 노보텔 호텔에서 도보 2분

미케 비치
Bãi Biển Mỹ Khê
My Khe Beach ★★★

다낭을 대표하는 해변

도심과 가까운 해변으로, 10km에 달하는 해변을 따라 고급 리조트와 해산물 레스토랑이 이어진다. 수심이 완만하고 백사장의 모래가 고와 가족 단위 여행객이 물놀이와 해수욕을 즐기기 좋고, 서핑과 패러세일링 등 해양 스포츠도 가능하다. 해변 가까이에 있는 비치 클럽이나 레스토랑에서 식사를 하거나 칵테일을 마시며 시간을 보내자.

⭐ **지도** p.174-C
구글 맵 16.047317, 108.250387
주소 Võ Nguyên Giáp, Ngũ Hành Sơn
개방 24시간
교통 다낭 대성당에서 차로 10분

짬 조각 박물관

Bảo Tàng Điêu Khắc
Chăm Đà Nẵng
Da Nang Museum of
Cham Sculpture ★★

🌟 **지도** p.175-E
구글 맵 16.060723, 108.223457
주소 Số 02, Đường 2-9
전화 0236-3572-935
개방 07:30~11:00, 13:00~17:00
휴무 화요일
요금 6만 동(6세 이하 무료)
홈페이지 www.chammuseum.vn
교통 한 시장에서 차로 5분

고대 짬파 왕국의 유물이 가득

짬파 왕국 최대 규모의 유물 박물관으로 신관과 구관으로 구분된다. 각각의 전시관은 9개 시대와 양식으로 분류되어 2,000여 점이 넘는 유물을 전시하고 있다. 신관 건물은 짬파 왕국의 건축과 도자기, 악기 등을 전시하고 있는데 아주 가까이에서 유물들을 볼 수 있다. 미선 유적지에 방문할 예정이라면 미리 둘러보고 가면 도움이 된다.

다낭 대성당

Giáo Xứ Chính Tòa
Đà Nẵng
Da Nang Cathedral ★

🌟 **지도** p.175-C
구글 맵 16.066805, 108.223464
주소 156 Trần Phú, Hải Châu 1
전화 0236-3825-285
개방 미사 시간 외 입장 가능
홈페이지
www.giaoxuchinhtoadanang.org
교통 한 시장에서 도보 2분

식민지 시대에 지어진 가톨릭 성당

1923년에 지어진 성당으로 뾰족한 첨탑과 분홍색 외벽으로 이루어져 있다. 중앙 첨탑 꼭대기에 수탉 모형이 있어 '수탉 성당'이라고도 불린다. 미사는 평일 오전 5시와 오후 5시 30분, 일요일 오전 9시에 진행되며 일반적으로 여행객들은 외부에서 건물을 구경하는 정도로 만족해야 한다. 종교적인 건축물인 만큼 매너를 지켜 관람하도록 하자.

선 월드 아시아 파크

Sun World Asia Park ★

🌟 **지도** p.174-C
구글 맵 16.039246, 108.228524
주소 Số 01 Phan Đăng Lưu, Quận
Hải Châu
전화 0236-3681-666
개방 15:00~22:00
요금 성인 20만 동,
어린이 10만 동(140cm 미만)
홈페이지 asiapark.sunworld.vn
교통 다낭 국제공항에서 차로 16분

도심 속 테마파크

2014년에 문을 연 테마파크로 시내 중심에 있어 접근성이 좋다. 선 월드의 상징인 대관람차는 세계에서 10번째로 높은 것으로 알려져 있다. 입장권을 구입하면 대관람차를 포함해 모든 놀이 기구를 자유롭게 이용할 수 있다. 날씨가 선선해지는 저녁 무렵에 방문하면 좋다.

오행산(마블 마운틴)

Ngũ Hành Sơn
The Marble Mountains
★★★

🌀 **지도** p.174-F
구글 맵 16,003921, 108,262887
주소 52 Huyền Trân Công Chúa
전화 090-512-1997
개방 07:00~17:30
요금 입장료 4만 동, 엘리베이터 편도
1만 5,000동, 암푸 동굴 2만 동(별도)
교통 다낭 시내에서 차로 20분

대리석으로 이루어진 산

목(Mộc, 木), 호아(Hỏa, 火), 토(Thổ, 土), 낌(Kim, 金), 투이(Thủy, 水)의 다섯 산으로 이루어져 있어 오행산으로 불린다. 산 전체가 대리석이어서 영어로 마블 마운틴이라고도 한다. 그중 여행자들이 가장 많이 찾는 산은 투이산으로 엘리베이터를 통해 올라갈 수 있다. 위로 올라가면 서쪽에 땀타이사(Chùa Tam Thai, 譚泰寺)와 동쪽에 린응사(Chùa Linh Ứng, 靈應寺)가 나온다. 언덕에서 내려다보는 풍경이 꽤 멋져 기념사진을 찍기 좋다. 사원 외에 후옌콩(Huyền Không, 玄空), 번통(Vân Thông) 등의 동굴도 있다.

린응사

Chùa Linh Ứng ★★

🌀 **지도** p.174-B
구글 맵 16,100102, 108,277849
주소 Hoàng Sa, Thọ Quang, Sơn Trà
요금 무료
교통 다낭 시내에서 차로 20분

거대한 해수관음상이 자리한 사원

다낭 북쪽 선짜반도의 언덕 위에 자리하고 있으며 '원숭이 산'으로 불린다. 현지인들에게는 드라이브 코스로도 유명한데 사원을 오르는 내내 다낭의 아름다운 풍경이 펼쳐진다. 정상에 오르면 68m의 거대한 해수관음상이 있다. 입장료가 무료이며 공원처럼 꾸며져 있어 여행자들이 많이 찾는다.

미카즈키 워터파크 365
Mikazuki Waterpark 365
★★★

365일 이용 가능한 다낭 유일의 워터 테마파크
미카즈키 다낭 리조트에서 운영하는 인도어 워터파크로 전용 입장권을 구매해 이용할 수 있다. 워터파크 365는 베트남 최초의 따듯한 온수를 이용한 시설로 튜브를 타고 즐기는 드래곤 리버, 워터 슬라이더, 파도 풀, 키즈 전용 풀은 물론 노천 온천과 오락실, 푸드 코트 등의 부대시설도 잘 갖추고 있어 가족 여행자에게 인기가 높다.

⭐ **지도** p.174-A
구글 맵 16.092193, 108.144178
주소 Nguyễn Tất Thành, Hoà Hiệp Nam, Liên Chiểu
전화 0236-3774-555
개방 주중 09:00~20:00, 주말 08:30~20:00
요금 워터파크 이용권 성인 35만 동, 어린이 20만 동
교통 다낭 공항에서 차로 20분

손트라 야시장
Chợ Đêm Sơn Trà ★★★

신선한 해산물이 가득한 로컬 야시장
다낭 인기 관광지인 용교 인근에 자리한 야시장으로 현지에서는 선짜 야시장으로도 불린다. 코로나 이전에는 다채로운 기념품, 생활용품, 수공예품 등을 판매하고 각종 공연도 펼쳐졌으나 최근에는 값비싼 해산물 먹거리에 집중하는 분위기다. 가격대비 만족도가 떨어진다는 평. 용교와 함께 구경하는 정도이다. 야시장에서 판매하는 해산물은 주의하자.

⭐ **지도** p.175-F
구글 맵 16.061608, 108.231985
주소 Mai Hắc Đế, An Hải Trung, Sơn Trà **전화** 091-2965-179
개방 17:00~24:00
교통 용교에서 도보 2분

헬리오 야시장
Chợ đêm Helio ★★★

젊은 감각으로 꾸며진 인기 야시장
규모는 작지만 나름 아기자기하게 꾸며 놓아 잠시 들러 요기를 하거나 시간을 보낼 수 있다. 무엇보다 모든 메뉴는 정찰제로 가게 앞에 가격이 표시되어 있어 바가지 염려가 없다. 은은한 조명과 음악, 숯불에 구운 꼬치 메뉴에 시원한 맥주, 저렴한 메뉴를 이것저것 골라 함께 먹기 좋다. 야시장 주변으로는 롯데마트와 선 월드 아시아 파크가 있다.

⭐ **지도** p.174-C
구글 맵 16.037244, 108.224492
주소 Đ. 2 Tháng 9, Hòa Cường, Hải Châu
개방 17:30~22:30
교통 롯데마트에서 도보 9분

미꽝 1A
Mì Quảng 1A

베트남 중부식 명물 국수인 미꽝으로 유명한 식당. 현지인들이 주로 찾는 식당이라 분위기는 다소 허름하지만 명물 국수를 맛볼 수 있어 인기가 많다. 미꽝은 중부 꽝남 지역의 넓은 쌀국수 면을 사용하며 국물이 거의 없는 게 특징이다. 고명으로 올라가는 건새우, 돼지고기, 닭고기, 채소와 매콤한 고추, 소스 등을 기호에 맞게 넣어 비벼 먹으면 된다. 고명에 따라 새우 미꽝, 닭고기 미꽝이 있으며 새우와 닭고기 모두가 들어간 스페셜도 있다.

⭐ **지도** p.175-C
구글 맵 16.072322, 108.219025
주소 1 Hải Phòng, Hải Châu 1
전화 0236-3827-936
영업 06:30~21:00
요금 미꽝 3만 5,000동~,
음료 1만 동~
교통 한 시장에서 도보 12분

프억 타이 레스토랑
Nhà hàng Phước Thái

부담 없는 가격에 싱싱한 해산물을 맛볼 수 있는 식당으로 게, 새우, 가리비, 생선 등 그날그날 공수된다. 원하는 재료와 조리법을 선택하면 조리해 자리로 가져다준다. 볶음밥이나 야채볶음을 곁들어 먹어도 좋다. 시원한 맥주는 필수.

⭐ **지도** p.174-A
구글 맵 16.080294, 108.243306
주소 18 Hồ Nghinh, Phước Mỹ, Sơn Trà
전화 0236-384-8108
영업 09:30~22:30
요금 단품요리 6만 동~, 조개류 500g 12만 동~, 맥주 1만 5,000동~
홈페이지 phuocthai.com
교통 미케 비치에서 차로 4분

짠껌후에응온
Quán Cơm Huế Ngon

현지 분위기가 물씬 풍기는 꼬치구이집. 한국인 입맛에도 잘 맞는 육류나 해산물 등을 숯불에 직접 구워 먹는데 소고기나 문어, 오징어 등이 인기 있다. 저녁 시간에 주로 찾는 곳이며 가격이 저렴한 편이라 여럿이 함께 식사를 즐기기 좋다. 간단한 메뉴 정도는 직원들과 한국어로 의사소통이 가능하다.

⭐ **지도** p.175-C
구글 맵 16.066161, 108.221424
주소 65 Trần Quốc Toản, Phước Ninh, Hải Châu
전화 0236-3531-210
영업 11:00~23:00
요금 오징어 5만 9,000동, 고기류 6만 9,000동~
교통 다낭 대성당에서 도보 5분

분짜까 109
Bún Chả Cá 109

생선 살을 튀겨 만든 어묵을 넣은 일명 '어묵 국수'로 유명한 식당이다. 근해에서 잡은 싱싱한 생선으로 만든 어묵과 토마토, 채소를 넣어 시원하고 개운한 육수 맛이 일품이다. 쌀국수와 비교해도 손색이 없을 정도로 맛있다. 식당 위생 상태도 깔끔한 편이다.

⭐ **지도** p.175-A
구글 맵 16,074386, 108,220802
주소 109 Nguyễn Chí Thanh, Hải Châu 1
전화 094-571-3171
영업 06:30~22:00
요금 분짜까(대) 3만 동~,
스페셜 4만 동~
교통 한 시장에서 도보 12분

버거 브로스
Burger Bros

일본인이 운영하는 수제 버거집으로 미케 비치 근처에 있다. 한국인 여행자들에게도 많이 알려져 있는 곳으로 다낭에만 4곳의 지점이 있다. 시그너처 메뉴는 미케 버거(Mykhe Burger)로, 원하는 토핑(베이컨, 아보카도, 치즈 등)을 추가할 수 있다. 골목 안에 비슷비슷한 햄버거 가게들이 생겼으니 상호를 잘 확인하자. 15만 동 이상 주문하면 배달도 가능하다.

⭐ **지도** p.174-C
구글 맵 16,048809, 108,246512
주소 30 An Thượng 4, Bắc Mỹ An, Ngũ Hành Sơn
전화 094-557-6240
영업 11:00~14:00, 17:00~22:00
요금 미케 버거 14만 동,
베이컨 에그 버거 11만 동
교통 라이즈마운트 프리미어 리조트에서 도보 13분

퍼홍
Phở Hồng

가성비 좋은 인기 쌀국숫집으로 대표 메뉴인 쌀국수를 비롯해 함께 먹기 좋은 단품 메뉴들이 많다. 쌀국수는 맑은 국물 맛이 특징인데 북부식과 남부식 중간의 맛이다. 짜조나 바싹 튀긴 통돼지구이는 한국인 입맛에도 잘 맞으며 한국어 메뉴가 있어 편리하다.

⭐ **지도** p.175-A
구글 맵 16,077610, 108,221882
주소 10 Lý Tự Trọng, Thạch Thang, Hải Châu
전화 098-878-2341
영업 07:00~21:00
요금 쌀국수 5만 5,000동~,
통돼지구이 10만 동
교통 한 시장에서 도보 15분

이순 보시
Issun Boushi

오랜 시간 다낭에 거주하고 있는 일본인이 운영하는 일식당으로 합리적인 가격에 비교적 맛 좋은 일식을 맛볼 수 있다. 식당 주변으로 자유 여행자들이 머무는 중저가 숙소와 서핑 스쿨 등이 있어 찾는 이가 많다. 스시나 사시미는 비싼 편이지만 점심 특선 세트 메뉴는 정상가에서 30% 이상 할인 된 가격으로 구성과 맛에서 만족도가 높다.

⭐ **지도** p.174-C
구글 맵 16.049089, 108.246701
주소 24 An Thượng 3, Bắc Mỹ Phú
전화 091-8886-028
영업 11:00~14:00, 17:00~21:30
요금 런치 세트 15만 동~
교통 미케 비치에서 도보 7분

퍼 틴
PHỞ THÌN

베트남 북부 하노이의 유명 쌀국숫집 퍼 틴이 다낭 지역에 매장을 열었다. 다낭에 총 3곳의 분점을 운영하고 있으며 자유 여행자보다는 단체 관광객들이 이용하는 맛집으로 통한다. 메뉴는 단일 메뉴로 쌀국수 한 가지 종류만 내놓는다. 쌀국수 위에 쪽파를 듬뿍 올려주는 것이 특징이다. 맛은 하노이 본점에 비해 많이 떨어진다는 평.

⭐ **지도** p.174-C
구글 맵 16.054036, 108.241082
주소 Nguyễn Văn Thoại, Bắc Mỹ Phú **전화** 085-3623-628
영업 06:00~22:30
요금 쌀국수 6만 동~
교통 라이즈마운트 프리미어 리조트에서 도보 2분

에스코 비치 바
Esco Beach Bar

미케 비치에 새롭게 생긴 핫플이다. 바로 앞에 있는 푸른 바다가 넘실거리는 풍경이 아름답다. 파스타, 피자, 리조또, 스테이크 등의 요리와 함께 마시기 좋은 칵테일, 와인 메뉴도 다채롭다. 시원한 바다 풍경을 감상하며 아침 식사나 점심을 즐겨도 좋고, 저녁에는 가벼운 안주와 칵테일, 와인을 마시기 좋은 바로 변신한다.

⭐ **지도** p.174-C
구글 맵 16.066033, 108.246004
주소 Lô 12 Võ Nguyên Giáp, Mân Thái **전화** 0236 3955 668
영업 08:00~24:00
요금 피자 17만 동~, 파스타 19만 동~
교통 모나크 호텔에서 도보 3분, 미케 비치에 위치

냐벱
NHÀ BẾP

관광객이 많이 모이는 한 시장 바로 앞에 위치하고 있어 쇼핑 전후로 들리기 좋은 레스토랑이다. 분짜, 쌀국수, 반쎄오, 볶음밥 등 베트남 인기 메뉴가 주 종목으로 사진 메뉴가 있어 초보 여행자도 쉽게 주문할 수 있다. 내부는 베트남 전통 스타일로 꾸며진 분위기이며 규모가 크고 청결해서 가족이나 단체 여행자에게도 제격이다.

⭐ **지도** p.175-C
구글 맵 16.068768, 108.224330
주소 22 Hùng Vương, Hải Châu 1, Hải Châu
전화 0236-3966-268
영업 09:00~21:00
요금 쌀국수 8만 9,000동~, 파인애플 볶음밥 13만 9,000동~
교통 한 시장에서 도보 1분

목 해산물 식당
Hải sản Mộc quán

큰 나무 아래 현지 분위기가 물씬 풍기는 주택을 개조해 만든 해산물 식당. 한국인 입맛에 잘 맞는 각종 해산물 요리를 내놓으며 주문 즉시 조리를 한다. 랍스터, 새우, 오징어 등 인기 메뉴를 주문하면 현지 종업원이 나타나 먹기 좋게 손질까지 해준다. 신선한 해산물 단품 요리는 그릇당 가격과 100g당 가격으로 나뉜다. 여럿이 함께 먹기 좋다.

⭐ **지도** p.174-C
구글 맵 15.875461, 108.325930
주소 26 Tô Hiến Thành, Phước Mỹ
전화 090-5665-058
영업 10:30~23:00
요금 새우 100g당 6만 9,000동~, 볶음밥 8만 9,000동
교통 모나크 호텔에서 차로 3분, 미케 비치에 위치

타이마켓
Thai Market

태국 요리 전문점으로 다낭에서 여러 곳의 매장을 운영 중이다. 현지 셰프들이 직접 요리를 만들어 내는데 팟타이나 똠얌꿍과 같은 메뉴와 샐러드 등이 인기. 꽤 운치있는 인테리어로 꾸며져 있으며 편안하고 시원한 내부 자리도 있다. 태국요리를 좋아하는 여행자라면 한 번쯤 가볼 만한 곳이다. 사진 메뉴를 갖추고 있어 주문하기도 편리하다.

⭐ **지도** p.175-E
구글 맵 16.065150, 108.222298
주소 124 Yên Bái, Phước Ninh, Hải Châu **전화** 093-4727-472
영업 10:00~22:00
요금 쏨땀5만 동~, 팟타이 10만 5,000동
교통 다낭 대성당에서 도보 2분

웃 티크 카페
Út Tịch Café

⭐ 지도 p.175-D
구글 맵 16,068956, 108,224892
주소 102 Bạch Đằng, Hải Châu 1, Hải
Châu 전화 093-5345-121
영업 06:30~22:30
요금 망고 스무디 4만 9,000동~,
코코넛 커피 4만 9,000동
교통 한 시장에서 도보 2분

한 시장 근처에 위치한 카페로 베트남 감성 가득한 인테리어와 장식과 포토존이 많아 최근 인기가 많아지고 있다. 2층으로 올라가면 빈티지한 소품들로 곳곳을 이국적으로 꾸며 놓았고 창가에 앉으면 한강의 풍경도 감상할 수 있다. 달콤하고 상큼한 망고 스무디, 시원하고 부드러운 맛의 코코넛 커피가 인기 메뉴다.

마야카 가든 커피
Mayaca Garden Coffee

관광객이 많지 않은 한적한 동네에 자리한 가든 카페. 규모는 작지만 현지인들이 애정하는 맛과 가격으로 찾는 이가 많다. 빛바랜 건물과 거대한 나무, 햇볕을 막아주는 그늘막이 조화를 이루어 조용히 커피를 마시기 좋다. 현지 카페치고는 커피 맛도 괜찮은 편이다. 라떼, 코코넛 커피, 코코아 라떼 등이 인기 메뉴.

⭐ 지도 p.174-C
구글 맵 16,056161, 108,240965
주소 144 Nguyễn Duy Hiệu, An Hải
Đông 전화 091-5896-956
영업 06:00~23:00
요금 커피 2만 2,000동~, 코코넛 커피
3만 9,000동~
교통 한 시장에서 도보 2분

더 컵스 커피
The Cups Coffee

모던한 스타일의 인기 프랜차이즈 카페로 미케 비치에서 멀지 않은 대로변에 위치하고 있다. 넓은 규모의 실내는 냉방시설을 잘 갖추고 있어 쾌적한 환경에서 커피나 음료를 마실 수 있다. 베트남 전통 핀 커피와 에그 커피도 인기. 무선 인터넷은 물론 베이커리나 디저트와 같은 간단한 식사 메뉴가 있으며 커피 관련 굿즈도 판매한다.

⭐ 지도 p.174-C
구글 맵 16,056102, 108,245680
주소 233 Nguyễn Văn Thoại, Bắc Mỹ
Phú 전화 0236-3866-828
영업 06:30~22:30
요금 에그 커피 4만 5,000동~, 코코넛
커피 5만 5,000동~
교통 한 시장에서 도보 2분

꽁 카페 Cộng Càphê

베트남의 프랜차이즈 커피 전
문점으로 코코넛 밀크가 들
어간 커피 음료가 인기다. 베
트남 로부스타종 원두커피에
연유와 코코넛 밀크를 넣어
이국적인 맛이 난다. 카페지
만 술도 판매해 저녁에는 시
원한 맥주를 마실 수도 있다.

⭐ **지도** p.175-D **구글 맵** 16.069070, 108.225020
주소 98-96 Bạch Đằng, Hải Châu 1
전화 0236-6553-644 **영업** 07:00~23:30
요금 커피 3만 동~, 차 4만 동~
홈페이지 congcaphe.com **교통** 한 시장에서 도보 2분

롱 커피 Long Coffee

현지인들의 절대적인 지지를
받고 있는 카페로 앉자마자
커피를 가져다준다. 대부분은
연유가 섞인 베트남식 커피
다. 시원한 차는 무료로 제공
하고 리필도 가능하다.

⭐ **지도** p.175-A **구글 맵** 16.074912, 108.220066
주소 123 Lê Lợi, Thạch Thang, Hải Châu
전화 0236-3825-426 **영업** 06:00~18:00
요금 커피 2만 동
홈페이지 www.longcoffee.com
교통 다낭 대성당에서 도보 15분

43 팩토리 커피 로스터
43 Factory Coffee Roaster

미케 비치 인근에 새롭게 문을
연 로스팅 카페로 규모도 크고
커피 맛도 좋아 찾는 이가 많다.
마치 연구실을 옮겨 놓은 듯한
인테리어와 냉방 시설도 잘 갖

추고 있다. 베트남 커피를 포함한 다양한 커피 메뉴와
디저트 등이 있다. 전문 바리스타 교육도 진행한다.

⭐ **지도** p.174-C **구글 맵** 16.048057, 108.246141
주소 Lot 422, Ngô Thi Sỹ, Hải Châu **전화** 079-934-3943
영업 08:00~22:00 **요금** 커피 7만 5,000동~
홈페이지 www.43factory.coffee
교통 라이즈마운트 프리미어 리조트에서 도보 15분

남 하우스 Nam House

로컬 분위기가 물씬 풍기는
골목 안 카페로 저렴한 가격
에 베트남 특유의 진한 커피
맛을 경험할 수 있다. 오래된
주택을 꾸민 카페는 현지인
들에게는 아지트와도 같은
곳으로 언제나 붐빈다.

⭐ **지도** p.175-E **구글 맵** 16.063245, 108.222286
주소 15/1 Lê Hồng Phong
전화 036-686-5996 **영업** 06:30~23:00
요금 커피 2만 3,000동~
교통 다낭 대성당에서 도보 6분

한 시장
Chợ Hàn

다낭의 대표 재래시장으로 한강 변에 위치하고 있다. 현대식 2층 건물에 들어서 있는데 1층은 베트남 전역에서 공수한 채소, 과일, 해산물, 육류와 생활용품을 판매하고, 2층은 각종 의류와 운동화, 액세서리 등을 취급한다. 특히 2층에는 베트남 전통 의상인 아오자이를 맞춤 제작해 주는 업체가 있다. 한화로 2만~4만 원 수준이며 당일 또는 하루 정도 소요된다.

🌸 **지도** p.175-C
구글 맵 16.068290, 108.223996
주소 119 Trần Phú, Hải Châu 1
전화 0236-3821-363
영업 06:00~18:00(가게마다 다름)
교통 다낭 대성당에서 도보 2분

빈콤 플라자
Vincom Plaza

다낭에서 가장 고급스러운 복합 쇼핑몰. 4층 규모로 CGV 영화관과 아이스 링크, 레스토랑, 상점, 슈퍼마켓 등이 들어서 있으며 냉방 시설을 갖추고 있어 쾌적하게 쇼핑을 즐길 수 있다. 여행자들은 빈마트에서 쇼핑을 많이 하는데 베트남 커피, 과자, 라면 등 베트남 기념품을 구입하기 좋다.

🌸 **지도** p.175-D
구글 맵 16.071713, 108.230245
주소 910A Ngô Quyền, An Hải Bắc
전화 0236-3996-688
영업 09:30~22:00
홈페이지 vincom.com.vn
교통 한 시장에서 차로 7분

롯데마트
Lotte Mart

한국 상품과 베트남 상품을 판매하는 대형 마트로 한국인 여행자들이 많이 찾는 곳이다. 1층에는 한식당과 카페, 짐 보관소와 환전소가 있다. 한국 김치, 즉석 밥, 김 등 간편 식품이 많아 현지에서 한국 음식이 그리울 때 이용하기 좋다. 공항과 가까워 출국 전 짐을 맡기고 마지막 쇼핑을 즐기기에 편리하다.

🌸 **지도** p.174-C
구글 맵 16.034869, 108.229207
주소 06 Nại Nam, Hòa Cường Bắc, Hải Châu **전화** 0236-3611-999
영업 08:00~22:00
홈페이지 lottemart.com.vn
교통 한 시장에서 차로 11분

팍슨 빈쭝 플라자
Parkson Vĩnh Trung Plaza

다낭 번화가에 위치해 다소 혼잡하지만 다양한 생활용품과 식료품을 구입할 수 있다. 명품관과 일반관이 있는데 명품관에는 고급 브랜드와 푸드 코트, 볼링장 등이 있고, 일반관에는 패스트푸드점과 CGV 극장, 빅C 마켓이 있어 언제나 분주하다. 고! 다낭(Go! Danang) 마켓은 2층에 있으며 베트남 제품 외에도 다양한 수입 제품을 판다.

⭐ **지도** p.174–C
구글 맵 16.066429, 108.214172
주소 255-257 Hùng Vương, Hải
Châu 2 **전화** 0236–3666–588
영업 11:00~21:00
홈페이지 parkson.com.vn
교통 한 시장에서 도보 15분

머이 째 지 하이
Mây tre dìHải(Dung)

여성 여행자들에게 라탄 쇼핑 필수 코스로 통하는 곳. 라탄을 이용해 제작한 가방, 모자, 코스터 등 다양한 상품들을 정찰제로 판매한다. 흥정할 필요 없이 구입할 수 있어 쇼핑이 편리하다. 다른 상점에서 판매하는 제품에 비해 가성비도 좋고 디자인도 다양해 인기가 좋다. 복잡한 한시장에서의 쇼핑이 어려운 여행자에게 추천.

⭐ **지도** p.175–C
구글 맵 16.068679, 108.224558
주소 16 Hùng Vương, Hải Châu 1
전화 0236–3892–013
영업 07:30~19:00
교통 한 시장에서 도보 2분

꼬마이 커피 & 수버니어
Cỏ May Coffee & Souvenir

대나무 접시, 그릇 등을 비롯해 라탄과 자기 문양을 혼합한 받침대(45만동), 바구니 등을 판다. 이 밖에도 손가방, 모자, 에코 백 등 여성들이 좋아할 만한 소품을 구입할 수 있으며 할인 상품은 비교적 저렴하다. 신용카드 사용이 가능하며 커피를 마실 수 있는 공간도 마련돼 있다.

⭐ **지도** p.175–E
구글 맵 16.063015, 108.223289
주소 240 Trần Phú, Phước Ninh, Hải
Châu **전화** 090–653–7667
영업 08:00~20:00
홈페이지 www.comaydn.com
교통 다낭 대성당에서 도보 5분

브릴리언트 톱 바
Brilliant Top Bar

브릴리언트 호텔 최상층에 자리하고 있으며 한강과 멀리 대관람차까지 바라보이는 뷰가 일품이다. 칵테일 프로모션 행사 등 다양한 할인 이벤트가 있으며 매주 수요일과 토요일 저녁(20:00~22:00)에는 로컬 밴드의 라이브 공연도 열린다. 여행 마지막 날 방문하는 것이 일반적이다.

🌐 **지도** p.175-C
구글 맵 16.066617, 108.224712
주소 162 Bạch Đằng, Hải Châu 1
전화 0236-3222-999
영업 16:00~21:00
요금 칵테일 15만 5,000동~,
스파게티 14만 5,000동
홈페이지 www.brillianthotel.vn
교통 다낭 대성당에서 도보 3분

스카이 36
Sky 36

노보텔 호텔 36층에 위치한 루프톱 바로 다낭 시내 풍경이 한눈에 내려다보인다. 호텔에서 운영하는 바인 만큼 고급스럽고 만족도 높은 서비스를 받을 수 있다. 각종 초청 공연도 열리며 힙한 음악을 선보이는 디제이의 음악에 맞춰 신나는 나이트라이프를 즐길 수 있다.

🌐 **지도** p.175-A
구글 맵 16.077285, 108.223599
주소 36 Bạch Đằng, Thạch Thang, Hải Châu
전화 090-115-1536
영업 18:00~02:00
요금 칵테일 15만 동~
홈페이지 www.sky36.vn
교통 한 시장에서 도보 14분

더 톱
The Top

아라카르트 비치 호텔 23층에 위치한 풀 바로 미케 비치를 바라볼 수 있는 것이 특징이다. 크지는 않지만 수영장이 있어 날씨가 좋은 날에는 수영을 즐기면서 시간을 보낼 수 있다. 실내에서는 식사도 가능하다. 한국인 여행자는 물론 현지인들에게도 인기 있는 곳이다.

🌐 **지도** p.174-C
구글 맵 16.068809, 108.244955
주소 200 Võ Nguyên Giáp, Phước Mỹ, Sơn Trà
전화 0236-3959-555
영업 10:00~24:00
요금 칵테일 8만 5,000동~
(VAT 10%+SC 5% 별도)
홈페이지 alacartedanangbeach.com
교통 빈콤 플라자에서 차로 5분

L 스파
L Spa

여행자들이 순위를 정하는 트립어드바이저에서 1위를 기록했을 정도로 다녀온 이들의 후기가 좋은 스파다. 적당한 가격에 깔끔한 시설, 무엇보다 세러피스트의 마사지 솜씨가 탁월해서 인기가 높다. 워낙 손님이 많아 사전 예약을 하는 것이 좋다. 대표 메뉴는 L 스파 마사지와 뱀부 마사지다.

⭐ **지도** p.174-C
구글 맵 16.049267, 108.246455
주소 05 An Thượng 4, Bắc Mỹ An, Ngũ Hành Sơn
전화 0236-7300-595
영업 12:00~20:00
요금 L 스파 마사지(75분) 61만 동
홈페이지 mylinhlspadanang.com
교통 라이즈마운트 프리미어 리조트에서 도보 13분

타오 네일스
Thao Nails

한국 여행자들에게 평이 좋은 네일 숍. 한 시장과 다낭 대성당 인근에 위치해 접근도 용이하다. 가까운 관광지나 숙소는 무료 픽업과 드롭 서비스를 제공해, 네일 서비스를 받고 편히 이동할 수 있다. 네일아트와 함께 발 마사지도 받을 수 있다. 주변 숍에 비해 시설도 깔끔하고 실력도 좋다. 사전에 카카오톡 예약을 하고 가는 것을 추천한다.

⭐ **지도** p.175-E
구글 맵 16.066335, 108.220661
주소 81 Trần Quốc Toản, Phước Ninh, Hải Châu
전화 090-524-5242
카카오톡 Thaonaisdanang
영업 08:30~20:00
요금 네일 $7~, 콤보(각질 제거,젤 페인트, 네일 아트) $16
교통 다낭 대성당에서 도보 3분

허벌 스파
Herbal Spa

깔끔한 시설과 숙련된 세러피스트의 마사지 솜씨로 다녀온 이들의 평이 좋은 스파다. 허벌 스파 스타일 전신 마사지가 대표 메뉴로 60분, 90분, 120분 중에 고를 수 있다. 샤워가 포함된 마사지이므로 여행 마지막 날 공항으로 가기 전에 받아도 좋다. 워낙 인기가 높으니 미리 예약하고 방문할 것을 권한다.

⭐ **지도** p.174-C
구글 맵 16.069535, 108.236520
주소 102 Dương Đình Nghệ, An Hải Bắc, Sơn Trà
전화 0236-3996-796
영업 09:00~22:00
요금 허벌 스파 스타일 전신 마사지 (60분) 45만 동~
홈페이지 herbalspa.vn
교통 빈콤 플라자에서 도보 12분

인터컨티넨탈 다낭 선 페닌슐라 리조트
InterContinental Danang Sun Peninsula Resort

다낭 선짜반도에 위치한 최고급 리조트로 바다를 조망할 수 있는 객실, 전용 해변, 수영장, 레스토랑, 스파 등의 부대시설을 갖추고 있다. 해변까지는 전용 곤돌라를 타고 이동한다. 미슐랭 스타를 자랑하는 라 메종 1881(La Maison 1881) 프렌치 레스토랑이 있다.

⭐ 지도 p.174-B 구글 맵 16.119881, 108.307172
주소 Thọ Quang, Sơn Trà 전화 0236-3938-888
요금 킹 리조트 오션 뷰 US$600~ 홈페이지 www.ihg.com
교통 다낭 국제공항에서 차로 40분

티아웰리스 다낭
Tia Wellness Danang

고급 리조트답게 충실한 서비스를 제공한다. 모든 객실이 풀빌라로 운영되어 신혼부부와 커플 여행자에게 인기가 높다. 리조트의 자랑은 어디서나 즐길 수 있는 조식이다. 객실, 수영장, 해변 등 투숙객이 원하는 장소에서 식사가 가능하며, 시간제한도 없다. 투숙하는 동안 스파 서비스를 하루 2회 제공한다.

⭐ 지도 p.174-C 구글 맵 16.031175, 108.255301
주소 Võ Nguyên Giáp, Khuê Mỹ, Ngũ Hành Sơn
전화 0236-3967-999 요금 풀빌라 US$650~
홈페이지 tiawellnessresort.com
교통 다낭 국제공항에서 차로 18분

하얏트 리젠시 다낭 리조트 & 스파
Hyatt Regency Danang Resort & Spa

5성급 리조트로 22개의 3베드룸 빌라를 포함해 총 198실의 객실을 운영한다. 5개의 수영장과 레스토랑, 스파, 키즈 클럽, 암벽 등반대 등의 부대시설도 갖추고 있다. 직원들의 응대 서비스도 훌륭한 편이며 신혼부부, 커플, 가족 여행자 모두에게 제격이다.

⭐ 지도 p.174-F 구글 맵 16.013170, 108.263719
주소 5 Trường Sa, Hòa Hải, Ngũ Hành Sơn
전화 0236-3981-234 요금 킹 룸 오션 뷰 US$330~
홈페이지 danang.regency.hyatt.com
교통 다낭 국제공항에서 차로 20분

다낭 미카즈키 재패니스 리조트 앤 스파
Da Nang Mikazuki Japanese Resorts & Spa

다낭 만을 마주하고 있는 일본계 대형 리조트. 일반 객실과 빌라 형태로 모든 여행자에게 적합하다. 어린이를 위한 다낭 최대 사이즈의 워터파크는 물론 일본풍으로 꾸민 실내외 온천과 온수풀 인피니티 수영장 덕분에 최근 주목을 끌고 있다.

⭐ **지도** p.174-A **구글 맵** 16.093503, 108.144420
주소 Nguyễn Tất Thành, Hoà Hiệp Nam, Liên Chiểu
전화 0236-3774-555 **요금** 디럭스 오션 뷰 US$120~
홈페이지 mikazuki.com.vn
교통 다낭 국제공항에서 차로 20분

푸라마 리조트 다낭
Furama Resort Danang

논느억 비치에 자리한 유서 깊은 호텔로 우아하고 고급스러운 분위기가 풍긴다. 196실의 객실을 보유하고 있으며 객실마다 넓은 발코니가 있어 열대 정원과 바다를 전망할 수 있다. 카지노를 비롯해 각종 부대시설과 서비스도 만족스러운 편이다.

⭐ **지도** p.174-C **구글 맵** 16.039548, 108.249832
주소 105 Võ Nguyên Giáp, Khuê Mỹ, Ngũ Hành Sơn
전화 0236-3847-333 **요금** 1베드룸 풀빌라 US$850~
홈페이지 www.furamavietnam.com
교통 다낭 국제공항에서 차로 15분

쉐라톤 그랜드 다낭 리조트
Sheraton Grand Danang Resort

2018년에 문을 연 쉐라톤 그랜드는 글로벌 체인 호텔로 미케 비치 인근에 자리하고 있다. 일반적인 리조트와는 달리 세탁기와 건조기 등을 갖추고 있어 긴 휴가를 보내는 여행자에게 제격이다. 다만 숙소 주변 편의 시설이 다소 부족한 편이다.

⭐ **지도** p.174-F **구글 맵** 15.980763, 108.276426
주소 35 Trường Sa, Hòa Hải, Ngũ Hành Sơn
전화 0236-3988-999 **요금** 디럭스 US$350~
홈페이지 marriott.com
교통 다낭 국제공항에서 차로 14분

풀만 다낭 비치 리조트
Pullman Danang Beach Resort

열대 분위기가 물씬 풍기는 리조트로 전용 해변과 방갈로로 구성되어 있다. 레스토랑, 스파, 피트니스 센터 등 부대시설을 충실하게 갖추고 있으며 바닥이 나무로 되어 있어 차분한 분위기가 흐른다.

⭐ **지도** p.174-C **구글 맵** 16.040629, 108.250416
주소 101 Võ Nguyên Giáp, Khuê Mỹ, Ngũ Hành Sơn
전화 0236-3958-888 **요금** 디럭스 US$280~
홈페이지 all.accor.com
교통 다낭 국제공항에서 차로 14분

노보텔 다낭 프리미어 한 리버 호텔
Novotel Danang Premier
Han River Hotel

다낭 시내에 자리 잡고 있는 노보텔은 깔끔하고 현대
적인 시설을 자랑한다. 레스토랑과 루프톱 바, 수영
장을 갖추고 있다. 시내 중심가에 위치해 있어 인근
식당이나 카페, 상점으로의 이동이 편리하다.

🌀 **지도** p.175-A **구글 맵** 16.077374, 108.223602
주소 36 Bạch Đằng, Hải Châu
전화 0236-3929-999 **요금** 슈피리어 US$180~
홈페이지 www.novotel-danang-premier.com
교통 다낭 국제공항에서 차로 5분

라이즈마운트 프리미어 리조트 다낭
Risemount Premier Resort Danang

새롭게 문을 연 리조트로 시내 중심가에 위치해 있
다. 그리스 산토리니를 떠올리는 블루 & 화이트 톤으
로 아기자기하게 꾸며 놓아 여성 여행자들에게 인기
가 높다. 신생 리조트답게 룸 컨디션이 좋고 리조트
내 레스토랑과 스파도 후기가 좋다.

🌀 **지도** p.174-C **구글 맵** 16.054912, 108.241714
주소 120 Nguyễn Văn Thoại, Mỹ An, Ngũ Hành Sơn
전화 0236-3899-999 **요금** 디럭스 US$110~
홈페이지 risemountresort.com
교통 다낭 국제공항에서 차로 9분

그랜드 머큐어 다낭
Grand Mercure Danang

4성급 호텔로 부유한 주택들이 모여 있는 그린섬 내
에 위치하고 있어 조용하다. 한강을 바라볼 수 있는
리버 뷰 객실이 인기 있고 수영장과 레스토랑, 부대
시설도 충실한 편이다. 한국인 직원이 상주하고 있어
소통이 편리하다. 맥주를 포함해 무제한으로 딤섬을
먹을 수 있는 뷔페도 유명하다.

🌀 **지도** p.174-C **구글 맵** 16.048343, 108.226970
주소 Lot A1 Zone of the Villas of Green Island
전화 0236-3797-777 **요금** 슈피리어 US$110~
홈페이지 all.accor.com
교통 다낭 국제공항에서 차로 7분

브릴리언트 호텔
Brilliant Hotel

23층의 호텔로 넓은 객실과 수영장, 레스토랑, 바 등을 갖추고 있다. 다낭 대성당과 한 시장 등 다낭 시내 관광을 하기에 좋은 위치에 있으며 공항과도 가깝다. 기본 객실은 뷰가 좋지 않으니 리버 뷰가 가능한 디럭스 룸 또는 스위트룸을 예약하자. 특히 강변과 다낭 시내를 조망할 수 있는 루프톱 바는 여행자들이 출국 전에 일부러 찾아갈 만큼 인기가 높다.

⭐ **지도** p.175-C **구글 맵** 16,066675, 108,224693
주소 162 Bạch Đằng, Hải Châu 1 **전화** 0236-3222-999
요금 디럭스 US$100~ **홈페이지** www.brillianthotel.vn
교통 다낭 대성당에서 도보 1분

아라카르트 다낭 비치
À La Carte Đà Nẵng Beach

가성비 좋은 중급 호텔로 다낭 해변가에 위치하고 있다. 수영장과 다낭 해변을 조망할 수 있는 루프톱 바가 있으며 합리적인 요금도 인기 비결이다. 베트남 요리 교실 등 투숙객을 위한 프로그램도 운영하고 있다. 객실도 쾌적하고 비즈니스 여행자에게도 만족스러운 시설을 갖췄다.

⭐ **지도** p.174-C **구글 맵** 16,068809, 108,244912
주소 200 Võ Nguyên Giáp, Phước Mỹ, Sơn Trà
전화 0236-3959-555 **요금** 라이트 스튜디오 US$120~
홈페이지 www.alacartedanangbeach.com
교통 다낭 대성당에서 차로 10분

폰테 부티크 빌라
Ponte Boutique Villa

15개의 깔끔한 객실을 갖춘 폰테 빌라. 객실에는 작은 발코니와 주방 시설, 최신 스마트 TV등을 갖추고 있다. 주인 부부와 직원들의 서비스 마인드가 높은 편. 미케 비치와 가까우면서도 편의 시설이 잘 갖추어진 지역에 자리하고 있다.

⭐ **지도** p.174-C **구글 맵** 16,074839, 108,242863
주소 104 Hồ Nghinh, Phước Mỹ, Sơn Trà
전화 0901-128-998 **요금** 슈피리어 US$40~
홈페이지 www.ponteboutiquevilla.com
교통 다낭 대성당에서 차로 9분

호이안
Hoi An

구시가지 전체가 세계 문화유산으로 지정된 호이안은 향수를 불러일으키는
옛 거리 풍경이 매력적인 곳이다. 짬파 왕국 시대부터 동서 무역의 요충지로 번영했고
지중해, 일본, 중국의 영향을 받은 잔재가 도시 곳곳에 남아 있다.
한적한 낮 시간에는 골목골목 자리한 카페에서 베트남 커피를 맛보고
해 질 무렵에는 은은한 제등이 켜진 옛 거리를 구경한 뒤 작은 배를 타고
등불을 띄워 보는 낭만도 만끽해 보자.

⊘ CHECK

여행 포인트 | 관광 ★★★★★ 쇼핑 ★★★★ 음식 ★★★★ 나이트라이프 ★★

교통 포인트 | 도보 ★★★★★ 보트 ★★★ 자전거 ★★★★ 버스 ★

⊘ MUST DO
1 반전 매력이 있는 골목 구석구석 탐방해 보기
2 밤에 호이안 구시가지 산책하기
3 자전거를 타고 구시가지 곳곳을 둘러보기
4 작은 배를 타고 등불 띄워 보기
5 안방 비치에서 망중한 즐기기

호이안

호이안 들어가기

다낭을 통해 호이안으로 갈 수 있다. 다낭 국제공항에서 호이안까지는 차로
1시간 정도 소요되며 다낭역에서 차로 1시간 20분 정도 걸린다.

비행기
베트남항공, 대한항공, 아시아나항공, 진에어, 제주항공, 에어서울이 호이안에 인접한 다낭까지 직항 편을 운항
한다. 진에어, 에어부산은 부산–다낭 노선을 추가했으며 비엣젯항공, 젯스타항공 등의 저가 항공도 있다.

열차
호이안과 가장 가까운 다낭역까지 호찌민에서 열차가 1일 5편 운행하며 가장 빠른 열차로 약 16시간 10분 소요
된다. 요금은 좌석에 따라 36만 6,000~111만 8,000동이다. 하노이에서도 열차가 1일 5편 운행하며 가장 빠른
열차로 약 15시간 15분 소요된다. 요금은 53만 9,000~157만 동이다.

여행사 오픈 투어 버스
호찌민, 하노이, 다낭, 후에 등에서 여행사 오픈 투어 버스가 매일 운행
한다. 신투어리스트 오픈 버스는 호찌민에서 22시간 이상 걸리며 요금
은 42만 5,000동부터다. 하노이에서는 17시간 정도 소요되며 요금은
29만 8,000동부터다.

●**오픈 투어 버스 주요 구간 소요 시간**

출발지	도착지	소요 시간
냐짱	호이안	11시간
다낭	호이안	1시간 30분
후에	호이안	4시간
하노이	호이안	17시간
호찌민	호이안	22시간 30분 이상

공항에서 시내로 가기
픽업 서비스
호이안의 호텔 대부분은 공항 픽업 서비스를 제공한다. 도착 홀을 나와 본인의 이름이 적힌 피켓을 들고 있는 직원
을 만나서 가면 된다. 픽업 시간과 호텔에 따라 요금이 다르지만 호이안 중급 호텔의 경우 대략 US$25~30 내외.

택시
호이안 시내까지 50~60분 정도 소요되며 요금은 50만~60만 동 내외. 여기에 공항 이용료 1만 동이 추가된
다. 비나선 택시, 마일린 택시가 그나마 평이 좋고 문제가 적은 편이다.

그랩
호이안 지역은 그랩 이용이 제한적이다. 호이안 외곽 지역까지는 그랩을 이용할 수 있으나 중심 지역은 이용이
불가. 하지만 다낭 국제공항에서 호이안으로 가는 편도는 이용이 가능한데 요금은 25만~30만 동 수준이다.

시내에서 공항으로 가기
택시
호이안 시내에서 다낭 국제공항까지의 택시 요금은 25만 동으로 정해져 있다. 50분 정도 소요되며 야간에는
할증 요금이 추가될 수 있다.

드롭 서비스
호이안 대부분의 호텔에서 공항까지 드롭 서비스를 제공한다. 드롭 서비스는 늦은 시간에도 이용이 가능하고
안전해 이용자가 많은 편이다. 요금은 호텔과 차량마다 다르니 호텔 데스크에 문의하자.

호이안 시내 교통

호이안 구시가지 중심으로 택시가 항시 대기 중이며 그랩도 이용이 가능하다. 구시가지에서 조금
떨어진 숙소나 공항을 갈 때 주로 택시나 그랩을 이용하며, 웬만한 거리는 자전거나 도보로 이동 가능하다.
호이안은 보통 짧은 거리를 이동하는 경우가 많아 타 지역에 비해 기본요금이 비싼 편이다.
다낭 국제공항과 다낭 시내까지 25만 동 내외로 정해진 요금에 이동 가능하다.

택시

여행사나 호텔에서 저렴하게 차량 서비스를 제공하지만 필요에 따라 택시를
타야 하는 경우도 있다. 숙소에서 호이안 시내, 다낭 공항, 다낭 시내 등으로
오갈 때 주로 이용한다. 택시 투어도 가능한데 출발 전 미리 왕복 요금과 시
간을 흥정해야 한다. 기본요금은 보통 1만 3,000~1만 6,000동 내외. 안심하
고 탈 수 있는 택시 회사는 마일린 택시와 비나선 택시가 있다.

호텔 셔틀버스

호이안 내 호텔이나 리조트에서 운영하는 무료 셔틀버스가 호이안 구시가지
나 안방 비치를 연결한다. 단, 호텔 투숙객만 이용할 수 있으며 사전 예약이
필요하다. 해변으로 가는 경우 물놀이에 필요한 타월이나 선베드를 제공해
주는지 체크하자.

시클로(씩로)

호이안 구시가지 내에서 주로 이용한다. 시클로를 이용할 경우 반드시 타기
전에 흥정을 해야 한다. 정해진 요금은 없지만 보통 10분에 10만 동 수준으
로 요금이 비싼 편이다. 교외로 나가려면 택시나 오토바이 택시가 편리하다.
시클로는 낮에 이용하고 늦은 시간은 피하도록 하자.

보트

호이안 구시가지의 선착장에서 출발하는 보트를 타고 투본강 크루즈를 체험할 수 있다. 보통 투본강을 따라 한 바퀴 돌아보는 코스다. 요금은 1인당 15~20만 동 수준이며 시간과 인원에 따라 어느 정도 흥정이 가능하다. 저녁에 등불을 띄우는 나룻배 보트는 1~3인 15만 동이다.

오토바이 · 자전거

호이안 구시가지에서 쉽게 대여할 수 있고 대부분의 숙소에서 자전거를 대여해 준다. 1일 대여 요금은 오토바이의 경우 10만~15만 동, 자전거는 2만~5만 동 정도이다. 일방통행과 베트남만의 독특한 운전 방식으로 인해 사고가 많은 편이니 가급적 대중교통을 이용하자.

노선버스

호이안과 다낭을 연결하는 노선버스가 있지만 주로 현지인이 이용한다. 버스는 호이안 시내 중심에서 북쪽으로 약 1km 떨어진 응우옌떳타인 거리의 호이안 버스 터미널에서 타면 된다. 1번 버스는 호이안을 출발해 다낭 대성당, 다낭역까지 운행하며 1시간 30분 정도 소요된다. 외국인 여행자들에게는 간혹 정해진 요금(2만 5,000동)보다 비싼 요금을 요구하는 경우도 있으니 주의하자. 에어컨이 나오지 않는 구형 버스가 많다. ※현재 운행 중지

호이안 버스 터미널 Bến Xe Hội An

호이안 버스 터미널은 시내에서 약 1km 떨어진 응우옌떳타인(Nguyễn Tất Thành) 거리에 있다. 주로 이용하는 구간은 호이안–다낭으로 버스 출발 시간이 정해져 있지 않고 어느 정도 인원이 차야 출발한다.

여행사 오픈 투어 버스

대표적인 여행사 버스로는 신투어리스트 버스가 있으며 티켓은 홈페이지나 사무실에서 직접 구입할 수 있다. 이외에도 호이안 내 모든 여행사, 호텔 등에서 다낭 주요 지역으로 가는 버스 티켓을 구입할 수 있다.

● 신투어리스트 오픈 버스 운행 정보(호이안 출발)

목적지	호찌민행	하노이행	후에행	다낭행
운행 시간	1일 2편(09:15, 14:30)	1일 2편(10:30, 15:30)	1일 2편(08:30, 13:45)	1일 3편(06:00~22:00)
요금	32만 8,000동~	29만 8,000동~	9만 8,000~14만 9,000동	7만 9,000~11만 9,000동

> **TIP 호이안 임프레션 테마파크**
>
> 새롭게 개장한 테마파크로 호이안 구시가지의 모습을 재현해놓고 있다. 각종 퍼레이드와 야외 공연이 열리는데, 멋진 배우들을 만날 수 있는 '호이안 메모리즈' 공연이 단연 인기. 호이안 구시가지에서 멀지 않으니 다녀오는 것도 좋을 듯싶다. 자세한 내용은 홈페이지를 참고하자. **홈페이지** hoianimpression.vn

효율적인 호이안 여행을 위한 인기 투어

호이안에는 호이안의 매력을 물씬 느낄 수 있는 인기 투어가 다양하다. 호이안의 구시가지를 가로지르는 투본 강 크루즈와 등불 띄우기, 호이안의 전통 생활 방식을 체험해 보는 에코 투어는 현지 여행사나 호텔에서 예약 하고 참여할 수 있다. 보통 에코 투어는 오전에, 크루즈는 오후 늦게 하면 좋다.

호이안 에코 투어

호이안의 전통적인 생활 방식을 체험할 수 있는 프로그램으로 농사일 체험, 전통 낚시 체험, 베트남 전통 바구 니 배 타기 등의 다양한 투어로 구성되어 있다. 보통은 바구니 배 타기, 낚시, 쿠킹 클래스가 포함된 투어를 선 택한다. 오전 또는 오후에 호이안 시장에 들러 장을 보고 현지 요리사와 함께 3~4가지 전통 요리를 직접 만든 후 시식까지 한다. 투어 예약은 호이안 내 여행사나 호텔 또는 국내 예약 대행사를 통해 할 수 있다. 투어는 오 전과 오후 선택이 가능하다.

● 인기 투어 업체 정보

여행사	잭짠 투어스 Jack Tran Tours	신투어리스트 TheSinhTourist	베트남 스토리 Vietnam Story
특징	호이안에서 에코 투어를 처음 선보인 업체로 15개 이상의 프로그램이 있다.	대바구니 배, 낚시, 쿠킹 클래스가 포함된 프로그램이 있다.	농촌 마을을 둘러보며 현지인들의 삶을 체험할 수 있는 프로그램이 있다.
홈페이지	www.jacktrantours.com	www.thesinhtourist.vn	www.vietnamstory.co.kr

투본강 크루즈와 등 띄우기

구시가지에서 투본강을 따라 다양한 크루즈를 해볼 수 있다. 그중 등불 띄우기는 석양이 물드는 풍경을 감상하면서 즐길 수 있어 여행자들에게 인기가 좋다. 종이로 만든 등불을 강물에 띄워 보내며 호이안의 풍경을 천천히 구경한다. 시간과 인원수, 보트의 크기에 따라 요금이 달라지는데 작은 나룻배(2인)의 경우 등불(2개)을 포함해 15만 동(정찰제), 등불 2~3만 동 내외. 저녁 무렵 강변 근처에서 호객 행위를 하니 요금과 시간을 흥정해 보자.

짬섬 투어

호이안 인근에 위치한 짬섬에서 스킨 스쿠버 다이빙 또는 스노클링을 즐기는 투어로 호이안에서 버스와 보트를 타고 가는데 2시간 정도 걸린다. 1일 투어(08:00~17:00)와 PADI 다이브 자격증 코스로 운영 중이다. 1일 투어의 경우 요금은 교통비와 점심 식사 등을 포함해 95만 동부터다. 호이안 내 여행사 또는 짬 아일랜드 다이빙 센터를 통해 예약이 가능하다. ※짬섬 투어는 건기에만 운영한다.

짬 아일랜드 다이빙 센터 Cham Island Diving Center
주소 88 Nguyễn Thái Học, Hội An **전화** 0235-3910-782 **개방** 09:00~21:30 **요금** 1일 투어 95만 동~
홈페이지 vietnamscubadiving.com

미선 유적 투어

유네스코 세계 문화유산에 등재된 미선 유적은 짬파 왕국의 성지다. 호이안에서 약 50km 떨어져 있어 여행자들은 보통 왕복 교통편을 제공하는 반나절 또는 1일 투어를 이용한다. 오전 7시 30분에서 8시 사이에 호이안에서 출발해 2시간 정도 유적을 둘러보고 오후 2시쯤 호이안에 도착하는 반나절 투어(11만 9,000동~)가 일반적이다. 돌아오는 길에 전통 공예 마을을 둘러보거나 투본강 크루즈가 포함된 1일 투어도 인기다. 1일 투어는 오후 5시쯤 호이안에 도착한다. 미선 유적 입장료는 별도(15만 동, 전기 차 탑승 포함)이며 입장료, 식사 등의 포함 여부에 따라 요금이 달라진다. 다낭에서도 이용할 수 있지만 호이안에서 다녀오는 것이 편리하다. 무더운 건기에는 모자나 양산, 선크림이 필수며 우기에는 우산이나 우비를 준비하자. 자세한 정보는 p.218 참고.

호이안 추천 코스

호이안은 크게 세계 문화유산으로 등재된 구시가지와 그 외 지역으로
구분된다. 구시가지로 가는 경우 별도의 입장권이 필요하다.
첫날은 구시가지를 중심으로 둘러보고 둘째 날은 투본 강변에서 보트를 타고
크루즈를 즐기거나 1일 투어에 참여해 호이안의 또 다른 매력에 빠져 보자.

1DAY
1일 차

08:30
리조트에서
아침 식사 후
수영 즐기기

자전거 10분 →

10:30
자전거 타고
숙소 주변 둘러보기

자전거 10분 ↓

15:30
루프톱 카페에서
베트남 커피 즐기기

← 도보 5분

13:30
호이안 구시가지
산책하기

← 도보 5분

12:00
호이안 명물 요리로
점심 식사하기
(미스 리, 바인미프엉)

도보 5분 ↓

17:00
일몰 감상하며 강 위에
등불 띄우기

도보 5분 →

19:00
호이안 인기 맛집에서
저녁 식사하기
(비스 마켓 레스토랑)

도보 10분 →

21:00
야시장
둘러보기

TIP 밤이 더욱 아름다운 호이안 제등 축제

호이안을 더욱 아름답게 만드는 공예품인 제등(랜턴). 매월 음력 14일 보름달이 뜨는 밤에 풀문 페스티벌이 열리는데 도시 전체가 달과 제등의 은은한 빛으로 물들어 환상적인 모습을 연출한다. 평상시에는 매일 밤 18:30~21:00 사이에 제등이 켜지고 야시장 인근의 제등 가게들은 멋진 포토 존으로 변신한다.

2DAY
2일 차

07:00
리조트에서
이른 아침 식사하기

차로 60분 →

08:00
미선 유적 또는
에코 투어 참여하기

↓ 도보 5분

15:30
안방 비치에서
물놀이하기

← 차로 10분

14:00
숙소로 돌아와
리조트에서 휴식

← 차로 60분

13:00
점심 식사하기

↓ 차로 15분

17:30
로컬 맛집에서
저녁 식사하기
(리틀 파이포)

차로 5분 →

19:00
호이안 임프레션
테마파크에서
공연 감상하기

차로 5분 →

20:00
호이안 구시가지에서
낭만적인 저녁
풍경 감상하기

SIGHTSEEING 호이안 추천 관광 명소

낭만이 가득한 호이안 구시가지(올드 타운)

해양 실크 로드의 중심지인 호이안은 일찍이 베트남에서 어업과 무역업이 가장 발달했던 도시다. 시간이 흐른 지금까지 당시의 고택들이 남아 있고 거리는 옛 모습을 지켜 오고 있다. 구시가지 전체가 유네스코 세계 문화유산에 등재되어 후에와 함께 베트남 중부 최고의 여행지로 손꼽힌다. ※올드타운 지역 안에서는 택시나 그랩 등의 교통 수단을 이용할 수 없다.

❶ 내원교(일본교)
Chùa Cầu
Japanese Covered Bridge ★★★

일본인이 세운 목조 지붕 교각

목조 지붕을 갖춘 다리로 과거 중국 거리와 일본 거리를 연결했다. 1593년 일본인들이 지었으며 재건축을 거치면서 중국 양식이 더해졌다. 중국 거리 쪽에는 개, 일본 거리 쪽에는 원숭이 조각상이 있고 교각 중간에 작은 절이 있다. 베트남의 2만 동 화폐 뒷면에 그려진 다리가 바로 내원교이다.

⭐ **지도** p.204-D **구글 맵** 15,877125, 108,326032
주소 Nguyễn Thị Minh Khai, Minh An **개방** 07:00~21:00
교통 호이안 시장에서 도보 8분

TIP **종합 티켓 구입하기**

호이안의 구시가지와 관광 명소를 둘러보기 위해서는 종합 티켓을 구입해야 한다. 티켓 판매소는 구시가지로 들어가는 여러 길목에 자리하고 있으며 07:30~21:00에 연중무휴로 영업해 어렵지 않게 구입할 수 있다. 요금은 12만 동으로 5곳의 관광 명소 입장 티켓이 붙어 있으며 총 18개의 관광 명소 중 5곳을 골라 관람할 수 있다. 인기 관광 명소인 푹끼엔 회관, 꽝찌에우 회관, 호이안 전통 예술 공연장 등은 오후 6시 이전에 문을 닫지만 그 외의 관광 명소 15곳은 밤 9시 30분까지 문을 연다. 입장권은 구시가지를 나가고 들어갈 때 매표소 직원이 수시로 확인하니 버리지 말고 가지고 있도록 하자.

❷ 풍흥 고가

Nhà Cổ Phùng Hưng
Old House of Phung Hung

★

아시아의 대표적 건축 양식이 혼재된 고가

베트남, 중국, 일본의 건축 양
식이 혼재되어 있는 목조 가옥
으로 약 200년 전에 지어졌다.
호이안에서 가장 오래된 가옥
으로 알려져 있으며 현재도 후
손들이 살고 있다. 내부에 토
산품 가게도 있으며 내원교와
함께 둘러보는 정도다.

⭐ **지도** p.204-D **구글 맵** 15.877199, 108.325803
주소 4 Nguyễn Thị Minh Khai, Minh An
개방 08:00~18:00 **교통** 내원교에서 도보 1분

❸ 떤끼 고가
Nhà Cổ Tấn Ký
Old House of Tan Ky ★

전통 양식으로 지어진 가옥

1층에 차양이 있는 전통 가옥으로 중국 광동성 출신 어부의 집이다. 입구가 좁고 긴 호이안의 전형적인 건축 양식으로 약 200년 전에 지어졌다. 특별한 볼거리는 없으며 중국풍의 조각이 눈길을 끄는 정도다.

⭐ **지도** p.204-D **구글 맵** 15.876475, 108.327709
주소 101 Nguyễn Thái Học, Minh An
개방 08:00~11:30, 13:30~17:45 **교통** 내원교에서 도보 3분

❹ 꽌꽁 사원
Miếu Quan Công
Quan Cong Temple ★

관우를 모시는 도교 사원

1653년에 세워진 중국 양식의 도교 사원으로 〈삼국지〉의 영웅인 관우를 모시고 있다. 잉어 모양의 빗물받이를 비롯해 화려한 장식의 지붕과 기둥, 중앙에 용이 그려진 붉은 문 등이 인상적이다.

⭐ **지도** p.204-E **구글 맵** 15.877573, 108.331402
주소 24 Trần Phú, Minh An
개방 08:00~18:00 **교통** 내원교에서 도보 6분

---

❺ 푹끼엔 회관
Hội Quán Phúc Kiến
Phuc Kien Assembly Hall ★★

화려한 색채를 뽐내는 화교들의 공간

화교들의 향우회 장소로 푸젠성 사람들이 1697년에 지은 것으로 알려져 있다. 원래는 바다의 신 텐허우(天后)를 모시는 성전으로 이용되었다.

회관 내부에는 잘 관리된 정원과 아치형 문, 사당 등이 자리하고 있다.

⭐ **지도** p.204-E **구글 맵** 15.877538, 108.330550
주소 46 Trần Phú, Minh An
개방 07:00~17:00 **교통** 내원교에서 도보 5분

❻ 호이안 민속 문화 박물관
Bảo Tàng Lịch Sử Văn Hóa Hội An
Hoi An Museum of Folk Culture ★

호이안의 과거를 만나다

호이안의 전통 공예와 생활 양식을 소개하는 박물관으로 고택을 개조해 사용하고 있다. 1층에는 양잠과 베 짜는 모습을 모형으로 만들어 전시하고 있으며 2층에는 농업과 어업 관련 용구가 있다. 안뜰에서는 공예품 제작 과정을 실연하기도 한다.

⭐ **지도** p.204-E **구글 맵** 15.876235, 108.329890
주소 33 Nguyễn Thái Học, Minh An **개방** 08:00~21:00
휴무 매월 음력 20일 **교통** 내원교에서 도보 7분

❼ 호이안 전통 예술 공연장
Nhà biểu diễn Nghệ thuật Cổ truyền Hội An
Hoi An Traditional Art Performance House ★

눈앞에서 관람하는 전통 공연

호이안의 오래된 가옥을 전통
공연장으로 꾸몄다. 여행자들
을 위한 베트남 전통 음악과
다채로운 퍼포먼스 공연이 펼
쳐진다. 종합 티켓으로 구경
할 수 있으니 놓치지 말고 관람하자.

⭐ **지도** p.204-E **구글 맵** 15.876083, 108.329784
주소 66 Bạch Đằng, Minh An **개방** 10:15~17:00, 전통 공연
1일 2회(10:15, 15:15) **홈페이지** hoianroastery.com
교통 내원교에서 도보 6분

❽ 무역 도자기 박물관
Bảo Tàng Gốm Sứ Mậu Dịch
Museum of Trade Ceramics ★

다채로운 도자기를 전시

1995년 문을 연 박물관으로
해상 무역이 활발했던 과거부
터 현재까지의 다양한 도자기
268점을 전시하고 있다. 특색
있는 분위기의 2층 가옥에서
는 침몰선에서 나온 도자기들도 전시하고 있다.

⭐ **지도** p.204-E **구글 맵** 15.877307, 108.329538
주소 80 Trần Phú, Minh An
개방 08:00~17:00 **교통** 내원교에서 도보 5분

❾ 호이안 시장
Chợ Hội An
Hoi An Market ★★★

활력이 넘치는 시장

생활용품과 식료품 등을 취급
하며 현지인들의 삶에 없어서
는 안 될 시장으로서의 역할
을 충실히 하고 있다. 여행자
들은 시장 인근에서 시클로를
타거나 사진을 찍고 호이안 산책을 시작하기도 한다.

⭐ **지도** p.204-E **구글 맵** 15.877369, 108.331289
주소 Trần Quý Cáp, Cẩm Châu
영업 07:00~18:00 **교통** 내원교에서 도보 8분

❿ 야시장
Chợ Đêm
Night Market ★★★

제등 가게를 보러 가자

호이안에서 인기 있는 제등
가게들이 거리에 자리하고 있
어 언제나 사람들로 붐빈다.
다채로운 기념품과 먹거리 등
도 있으니 구경하면서 길거
리 음식으로 야식을 즐겨도 좋다. 매일 밤 응우옌호앙
(Nguyễn Hoàng) 거리에서 열린다.

⭐ **지도** p.204-D **구글 맵** 15.875935, 108.325949
주소 3 Nguyễn Hoàng, An Hội, Minh An
영업 17:00~22:00 **교통** 내원교에서 도보 3분

호이안 인근 해변에서 작은 호사를 누리다

안방 비치와 끄어다이 비치는 호이안에서 멀지 않은 인기 해변으로 호텔 셔틀버스나 택시, 오토바이, 자전거를 타고 가볍게 다녀올 수 있다. 해변 주변으로는 숙소와 레스토랑, 카페 등이 자리하고 있어 하루 종일 시간을 보내기 좋다. 최근에는 끄어다이 비치보다 안방 비치 쪽에 많은 여행자들이 몰린다.

안방 비치 | Bãi Biển An Bàng

활기가 넘치는 인기 만점 비치

호이안에서 가볍게 다녀올 수 있으며 수심이 완만한 바다와 넓은 해변이 특징이다. 수영이나 해수욕은 물론 패러세일링, 제트 스키 등의 해양 스포츠를 즐기기 좋다. 해변에는 비치파라솔과 선베드가 있는데 간단한 음료와 식사를 주문하면 이용할 수 있다.

⭐ **지도** p.204-C **구글 맵** 15.913812, 108.340811 **주소** Hai Bà Trưng, Cẩm An **교통** 호이안에서 차로 15분

끄어다이 비치 | Bãi Biển Cửa Đại

야자수가 아름다운 비치

긴 해변에 열대 야자수가 있어 분위기가 좋다. 호이안에서 가장 아름다운 해변으로 손꼽히기도 했지만 최근에 모래 유실이 심해져 이전만큼의 아름다움은 찾아보기 힘들다. 해변 쪽으로는 해산물을 맛볼 수 있는 레스토랑이 있고 호이안으로 연결되는 거리에는 저렴하게 식사를 할 수 있는 로컬 식당들이 있다.

⭐ **지도** p.204-C **구글 맵** 15.897398, 108.367288 **주소** Âu Cơ, Cửa Đại **교통** 호이안에서 차로 15분

안방 비치의 인기 레스토랑

해변 입구를 중심으로 양옆에 레스토랑이 모여 있어 물놀이 후 간단히 점심 식사를 하거나 맥주, 칵테일 등 음료를 마시기 좋다. 식사를 하는 손님들에 한해 비치파라솔과 선베드를 무료로 대여해 준다. 마음에 드는 곳을 골라 하루 종일 해변에서 시간을 보내자.

돌핀 키친 & 바 Dolphin Kitchen & Bar

안방 비치로 통하는 통로가 있으며 작은 방갈로와 정원도 있다. 음식은 스파게티, 샌드위치, 햄버거, 샐러드 등의 서양식 요리와 쌀국수, 볶음밥 등의 베트남식 메뉴가 있는데 가격도 저렴한 편이다.

⭐ **지도** p.204-C
구글 맵 15.912811, 108.341830
영업 08:00~22:00

더 덱 하우스 The Deck House

블루 톤으로 꾸며진 인테리어가 바다와 잘 어울리며 젊고 합한 분위기가 물씬 풍긴다. 스파게티, 햄버거 등 가볍게 먹기 좋은 식사 메뉴와 음료 등을 갖추고 있다. 2층 덱 자리가 인기 있다.

⭐ **지도** p.204-C **구글 맵** 15.914348, 108.339597
영업 07:00~23:00
홈페이지 www.thedeckhouseanbang.com

솔 키친 Soul Kitchen

안방 비치에서 가장 인기 좋은 비치 바 겸 레스토랑. 방갈로 형태로 꾸며진 자리는 햇볕을 피하기도 좋고 해변 분위기와도 잘 어울린다. 각종 음료와 식사 메뉴를 갖추고 있다.

⭐ **지도** p.204-C **구글 맵** 15.914245, 108.339865
영업 08:00~23:00
홈페이지 www.soulkitchen.sitew.com

TIP **호텔과 연계된 레스토랑**

안방 비치에는 샤워 시설을 완비한 레스토랑이 많은데 호이안 내 리조트와 연계한 경우 무료로 이용 가능하며 이외에는 사용료(US$1 내외)를 받는다. 해변으로 가기 전 본인이 투숙하는 호텔에 이용 가능한 레스토랑이나 셔틀버스가 있는지 문의하자. 개별적으로 이동하는 경우 호이안에서 택시나 오토바이, 자전거를 타고 다녀올 수 있다.

Plus **Area**

짬파 왕국의 성지, 미선 유적

미선 유적(Mỹ Sơn)은 호이안에서 약 30km 떨어진 투본강 유역의 마하빠바따(Mahaparvata)산 아래 위치하고 있는 성지로 미선은 '미산(美山)', 즉 '아름다운 산'이라는 뜻이다. 이곳의 유적들은 4세기 말 짬파 왕국 바드라바르만 왕이 시바 신을 모시기 위해 사원을 지은 것이 시초로 현재 남아 있는 건물들은 8세기부터 13세기 사이에 지어진 것들이다. 미선 유적지는 정해진 답사 길을 따라 B, C, D구역에서 시작해 A, G, E, F구역을 보는 순으로 진행된다. 핵심 유적물이 모여 있는 B, C, D구역에 보존된 건축물은 접착제를 사용하지 않고 벽돌을 하나하나 끼워 맞추는 기법으로 쌓아 올린 건물로 그 기술은 여전히 풀리지 않는 신비로 남아 있다. 최근 복원된 곳도 완벽한 복원은 불가능한 것으로 전해진다.

미선 유적 가는 법
개별적으로 이동하는 것보다 왕복 교통편을 제공하는 반나절 또는 1일 투어를 이용하는 것이 일반적이다. 자세한 투어 내용은 p.209 참고.

복원은 현재 진행형

70여 개가 넘는 유적 중 50개 이상이 1969년 베트남 전쟁 당시 폭격으로 인해 파괴되었고 현재 15개가량만 남아 있다. 1990년에 유적을 보고한 프랑스 학자가 A~N 기호로 이곳을 분류했다. 그중 B, C, D구역에 볼만한 유적물이 다수 남아 있다. 1999년 유네스코 세계 문화유산으로 등재되면서 상당수 복원을 진행하고 있지만 다시금 허물어지는 등의 문제가 나타나고 있다. 다낭 짬 조각 박물관에 가면 폭탄이 터지기 전 미선의 모습을 담은 사진을 볼 수 있다. 짬파 왕국과 힌두 문화 외에 전쟁의 아픔까지 생생하게 전하는 유적지다.

E구역
도서관으로 사용되던 곳으로 주변에는 시바과과 신성한 소를 조각한 돌상이 있다.

복원된 도서관의 모습

목이 잘린 시바상

F구역
복원 작업이 진행되고 있지만 실패한 상태.

복원이 진행 중인 사원

미선 유적

0 100m

N

H구역
현재 복원 작업 및 발굴 조사 중으로 비공개 구역이다. 훼손 상태가 심각한 편이다.

호이안 방향

H구역

전기 차 승차장 •

F구역

E구역

관리 사무실

투본강

G구역
12~13세기에 지어진 사원으로 최근 복원 작업을 마쳤다. 다른 사원에 비해 기단이 높은 것이 특징이다.

높게 쌓아 올린 기단

12세기 반딘 양식의 사원

B, C, D구역
남아 있는 건축물이 가장 많은 곳으로 보존 상태가 좋은 구역이다. 목이 잘린 불상과 링가 장식, 성수고 정도가 볼거리다.

C구역   D구역

B구역

G구역

L구역

A구역

A구역
1903년 발굴 당시 뛰어난 유적들이 있었으나 베트남 전쟁 때 폭격으로 인해 모두 파괴되었다.

일부만 남아 있는 유적

포탄이 떨어진 흔적

보존 상태가 양호한 신전

압사라 조각   원형 조형물   팔이 8개인 시바상

유물 전시관의 조각품들
유적지 안에는 신상과 조각품 등을 전시하고 있는 전시관이 있다. 조각의 상당수는 다낭의 짬 조각 박물관에 옮겨져 보관되고 있으며 유물 전시관에 일부 조각품들이 남아 있다. 규모는 크지 않지만 옛 건물의 사벽이 그대로 보존되어 있는 것을 볼 수 있다.

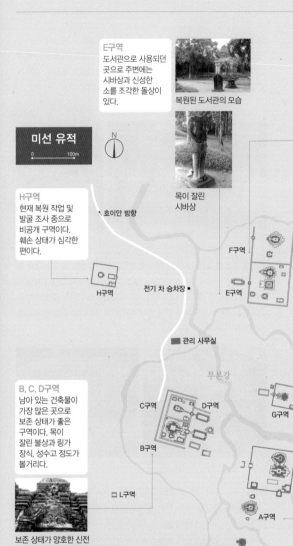

껌가 바부오이
Cơm Gà Bà Buội

호이안식 치킨라이스인 '껌가'를 먹을 수 있는 곳으로 손님은 대부분 현지인들이다. 노란색 밥 위에 닭고기, 양파 등을 올려 먹는데 매콤한 특제 소스를 뿌려 먹으면 한국인 입맛에도 잘 맞는다. 재료가 동나는 경우가 많으니 일찍 서두르자. 파파야 무침을 함께 내어 준다.

⭐ **지도** p.204–E
구글 맵 15.878498, 108.330428
주소 22 Phan Chu Trinh, Minh An
전화 090–5767–999
영업 09:30〜20:30
요금 껌가 3만 5,000동
홈페이지 comgababuoi.vn
교통 호이안 시장에서 도보 3분

봉홍짱
Bông Hồng Trắng
White Rose Restaurant

화이트 로즈를 맛볼 수 있는 곳으로 매일 5,000개 정도를 빚는다고 한다. 1, 2층에 자리가 있으며 2층은 에어컨 시설이 완비되어 있다. 메뉴는 프라이드 완탄과 화이트 로즈 단 2가지뿐이지만 꽤 유명한 맛집이라 손님이 많은 편이다. 두 메뉴 모두 호이안의 별미 음식이며 맛도 좋아 인근 가게에서 가져다 팔기도 한다.

⭐ **지도** p.204–A
구글 맵 15.882840, 108.324975
주소 533 Hai Bà Trưng, Cẩm Phố
전화 090–301–0986
영업 07:00〜20:30
요금 화이트 로즈 7만 동, 프라이드 완탄 10만 동, 음료 1만 5,000동〜
교통 신투어리스트 사무소에서 도보 1분

리틀 파이포 레스토랑
Little Faifo Restaurant

호이안 구시가지 내에서 고급스러운 분위기 속 수준 높은 요리를 즐기고 싶다면 이곳으로 가자. 현지 물가 대비 다소 비싼 편이지만 분위기와 플레이팅, 맛, 서비스가 탁월해 만족도가 높은 곳이다. 베트남 요리를 비롯해 웨스턴, 인디안 요리 등을 두루두루 선보인다. 분주하게 오가는 구시가지 풍경을 바라보며 만찬을 즐겨보자.

⭐ **지도** p.204–E
구글 맵 15.876624, 108.329014
주소 66 Nguyễn Thái Học
전화 0235–3917–444
영업 09:00〜22:00
요금 까오라우 8만 9,000동, 반쎄오 8만 9,000동〜
교통 안호이교에서 도보 3분

퍼 뚱
Phở Tùng

현지인들이 즐겨 찾던 작은 쌀국숫집으로 현지인들이 살고 있는 골목 안쪽에 위치하고 있다. 마당에 자리한 야외 테이블에서 식사를 하는 형태로 깔끔하고 정갈한 쌀국수가 특징이다. 주인 부부가 이른 새벽부터 재료를 직접 준비해 끓여내는 육수 맛도 일품이다. 영업시간이 짧은 편이라 이른 아침에 방문하는 것을 추천한다.

지도 p.204-E
구글 맵 15.878552, 108.327689
주소 51/7 Phan Chu Trinh, Phường Minh An
전화 078-7777-258
영업 06:00~12:00
요금 쌀국수 3만 동~
교통 내원교에서 도보 4분

오리비 레스토랑
Orivy Restaurant

호이안의 중심가에서 조금 벗어나 있지만 베트남의 전통 요리를 꽤 잘하는 집이라고 소문난 곳이다. 호이안의 명물 음식으로 통하는 화이트 로즈는 애피타이저로 먹기 좋으며 베트남 스타일의 볶음국수(Sauteed Cao Lầu)나 모닝글로리볶음(Sauteed Morning Glory)은 한국인 입맛에도 잘 맞는다.

지도 p.204-C
구글 맵 15.880365, 108.336239
주소 576/1 Cửa Đại, Sơn Phong
전화 090-964-7070
영업 12:00~21:30
요금 식사류 7만 동~, 프라이드 완탄 7만 5,000동
홈페이지 www.orivy.com
교통 호이안 구시가지에서 차로 5분

비스 마켓 레스토랑
Vy's Market Restaurant

작은 입구만 보고 그냥 지나친다면 분명 후회할 곳이다. 마치 작은 푸드코트를 연상시킬 정도로 다양한 요리를 내놓는다. 베트남의 옛스러움과 고풍스러움을 느낄 수 있는 인테리어로 꾸며 놓아 구경하는 재미도 있다. 실내는 에어컨 시설이 완비되어 있어 쾌적하게 식사를 할 수 있고 좌석도 많아 가족, 단체 여행자들에게도 안성맞춤이다.

지도 p.204-D
구글 맵 15.875461, 108.325930
주소 3 Nguyễn Hoàng, Phường Minh An
전화 0235-3926-926
영업 08:30~21:30
요금 단품 메뉴 6만 동~
교통 내원교에서 도보 2분

마담 카인 더 바인미 퀸
Madam Khánh The Bánh
Mì Queen

복잡한 중심가에서 조금 떨어져 있지만 이곳의 바인미를 먹기 위해 일부러 찾아갈 정도로 인기가 많다. 다른 바인미 가게와는 달리 메뉴가 적은 편이지만 주문 즉시 구워 내는 바게트 빵과 중독성 있는 소스가 인기 비결이다. 안쪽에 자리가 마련되어 있어 식당 안에서 먹을 수도 있고 포장도 가능하다. 저녁 시간에는 재료가 떨어져 먹지 못하는 경우가 많으니 가급적 이른 시간에 방문하자.

⭐ **지도** p.204-A
구글 맵 15.880542, 108.327931
주소 115 Trần Cao Vân, Sơn Phong
전화 090-540-4816
영업 06:00~19:00(화요일 12:00~)
요금 바인미 3만 동~
교통 신투어리스트 사무소에서 도보 5분

피바인미
Phi Bánh Mì

호이안의 3대 바인미 맛집으로 꼽히는 곳. 한화로 1,000원이 안 되는 가격에 바인미를 먹을 수 있으며 가장 비싼 11번 스페셜 바인미가 3만 5,000동이니 정말 저렴한 맛집이다. 달걀, 닭고기, 치즈 등 원하는 재료를 골라 넣어 먹을 수 있다. 11번 스페셜 바인미는 아보카도와 치즈, 달걀 등 재료를 아낌없이 넣어 건강한 맛이다.

⭐ **지도** p.204-A
구글 맵 15.881850, 108.326922
주소 88 Thái Phiên, Cẩm Phô
전화 090-575-5283
영업 08:00~20:00
요금 스페셜 바인미 4만 5,000동~
교통 신투어리스트 사무소에서 도보 3분

바인미프엉
Bánh Mì Phượng

호이안 바인미 가게 중에서 여행자들이 가장 많이 찾는 곳이다. 한화로 1,000원 정도의 저렴한 가격에 고퀄리티의 바인미를 맛볼 수 있다. 모든 재료가 들어간 3번 메뉴가 가장 인기이며 취향에 따라 고수는 빼달라고 해도 된다. 그 밖에 5번 바비큐와 8번 치즈 위드 치킨도 많이 팔린다. 메뉴는 번호로 표기되어 있어 주문하기 쉬우며, 특제 소스가 인기 비결이다.

⭐ **지도** p.204-E
구글 맵 15.878479, 108.332004
주소 2B Phan Châu Trinh, Minh An
전화 090-574-3773
영업 06:30~21:30
요금 바인미 3만 동~
교통 내원교에서 도보 15분

퍼쓰어 Phố Xưa

한국인 여행자들이 유난히 많은 식당으로 대표 메뉴는 분짜와 미꽝이다. 원조 격인 하노이에 비할 바는 아니지만 호이안에서 먹는 쌀국수치고 가격도 맛도 괜찮은 편이다. 식사 시간에는 손님이 많이 몰려 줄을 서야 한다.

⭐ **지도** p.204-E **구글 맵** 15.878391, 108.329971
주소 35 Phan Châu Trinh, Minh An
전화 098-380-3889 **영업** 10:00~21:00
요금 분짜 5만 5,000동, 미꽝 4만 5,000동, 퍼 5만 5,000동
홈페이지 www.phoxuarestaurant.net
교통 호이안 시장에서 도보 4분

발레 웰 Bale Well(Giếng Bá Lễ)

호이안의 인기 맛집 중 한 곳으로 국내 방송에도 소개되어 한국인 여행자들이 유독 많이 찾는다. 해산물이 들어간 바인쌔오가 유명한데 테이블에 앉으면 별다른 주문을 하지 않아도 인원수만큼 세트로 서빙된다. 식당 안쪽에는 단체석도 마련되어 있다.

⭐ **지도** p.204-E **구글 맵** 15.878771, 108.330076
주소 45/51 Trần Hưng Đạo, Minh An
전화 090-843-3121
영업 10:00~22:00
요금 세트 메뉴 12만 동
교통 호이안 시장에서 도보 4분

미스 리 Miss Ly

호이안 구시가지에서 한국인 여행자들에게 특히 인기 있는 레스토랑. 베트남과 호이안 음식을 맛볼 수 있으며 추천 메뉴는 화이트 로즈와 프라이드 완탄 그리고 까올러우이다. 화학조미료를 사용하지 않은 건강한 음식을 내놓는다. 중간에 브레이크 타임이 있다.

⭐ **지도** p.204-E **구글 맵** 15.877707, 108.331212
주소 22 Nguyễn Huệ, Minh An **전화** 090-523-4864
영업 11:00~15:00, 17:00~21:00 **휴무** 수요일
요금 화이트 로즈 7만 동, 까올러우 6만 동, 프라이드 완탄 11만 동 **교통** 호이안 시장에서 도보 1분

시크릿 가든 Secret Garden

근사한 정원 안에 꾸며진 레스토랑으로 고급스러운 다이닝을 즐길 수 있다. 베트남 요리가 주류이며 스프링 롤, 소고기 카레 등이 유명하다. 저녁에는 라이브 공연도 열리며 여행자를 위한 쿠킹 클래스도 진행한다.

⭐ **지도** p.204-D **구글 맵** 15.877800, 108.327778
주소 132/2 Trần Phú, Minh An **전화** 083-9883-866
영업 08:00~24:00 **요금** 식사류 10만 동~
홈페이지 secretgardenhoian.com
교통 호이안 시장에서 도보 5분

호이안 로스터리
Hoi An Roastery

고풍스러운 인테리어가 눈길을 사로잡는 호이안 로스터리는 호이안 구시가지를 걷다 보면 쉽게 찾을 수 있는 프랜차이즈 카페테리아다. 그중 리버사이드 매장은 강변에 위치하고 있어 더운 날씨에 잠시 쉬어 가기 좋다. 베트남 커피 외에도 달콤한 디저트, 과일 주스 등을 판매하며 냉방 시설도 완비하고 있어 쾌적하다. 무선 인터넷도 제공하며 각종 커피 원두 상품도 판다.

⭐ **지도** p.204-D **구글 맵** 15.877080, 108.327050
주소 135 Trần Phú, Minh An **전화** 0235-3927-772
영업 07:30~20:30 **요금** 커피 5만 동~
홈페이지 hoianroastery.com **교통** 내원교에서 도보 2분

파이포 커피
Faifo Coffee

전통적인 호이안 건축 양식으로 꾸민 카페. 이곳의 하이라이트는 3층의 루프톱으로 탁 트인 야외 좌석이 있어 호이안의 메인 거리를 내려다볼 수 있는 사진 촬영 명소로 통한다. 커피 맛보다는 분위기와 거리 풍경을 감상하기 좋은 곳으로 하루 종일 손님들로 넘쳐 난다. 커피는 아라비카 종을 포함해 총 5가지 원두를 사용하며 커피 본연의 맛을 내기 위한 로스팅을 선보인다. 원두는 별도로 판다.

⭐ **지도** p.204-D **구글 맵** 15.877227, 108.328112
주소 130 Trần Phú, Minh An **전화** 090-5466-300
영업 07:00~21:30 **요금** 베트남 커피 5만 5,000동~
홈페이지 faifocoffee.vn **교통** 내원교에서 도보 3분

하이 핀 커피 하우스
Hi Phin Coffee House

시원한 에어컨 룸을 갖추고 있으며 맛이 좋은 커피를 내놓는다. 코코넛 커피 외에 베트남 커피와 과일 주스 등 시원하게 마실 수 있는 메뉴들이 준비되어 있다. 복잡한 구시가지에서 조금 떨어진 한적한 동네에 있어 조용하고 가격도 저렴한 편이다.

⭐ **지도** p.204-A
구글 맵 15.883616, 108.325904
주소 132/7 Trần Phú
전화 090-546-6001
영업 08:00~17:30 **요금** 커피
3만 동~, 코코넛 커피 5만 5,000동
홈페이지 phincoffeehoian.com
교통 신투어리스트 사무소에서 도보
4분

스타벅스
Starbuck

글로벌 커피 프랜차이즈 스타벅스가 호이안에도 매장을 오픈했다. 호이안 건축 양식으로 지어진 건물을 새롭게 꾸몄다. 노란색 컬러가 인상적이다. 실내는 냉방시설이 되어 있어 시원하고 1층은 물론 2층에도 작지만 커피를 마실 수 있는 공간이 마련되어 있다. 베트남 현지에서만 판매하는 굿즈들도 여행자에게 인기다.

⭐ **지도** p.204-A
구글 맵 15.879992, 108.327955
주소 40 Trần Hưng Đạo, Phường
Minh An **전화** 0235-3525-021
영업 07:00~22:00 **요금** 커피 6만
5,000동~, 디저트 4만 5,000동~
홈페이지 starbucks.vn
교통 내원교에서 도보 7분

디 에스프레소 스테이션
The Espresso Station

골목 안에 숨은 히든 플레이스. 아담하지만 아기자기하고 예쁜 카페 분위기 덕분에 인기가 높은 곳이다. 자체적으로 로스팅도 하고 있으며 콜드브루 커피와 코코넛 커피가 평이 좋다. 베트남 커피 외에 아메리카노와 카페라테도 갖추고 있다.

⭐ **지도** p.204-A
구글 맵 15.880226, 108.328273
주소 28/2 Trần Hưng Đạo, Cẩm Phố
전화 0235-5505-506
영업 07:30~17:30
요금 커피 5만 동~,
콜드브루 8만 동~
교통 호이안 시장에서 도보 9분

호이안 시장
Chợ Hội An
Hoi An Market

채소와 육류, 생선 등의 식료품과 생활용품을 판매하는 서민적인 시장으로 구경 삼아 한번 둘러보면 좋다. 단, 호이안 시장은 바가지가 심한 편이다. 상품 구입 시 미리 가격을 물어본 후 적당한 선에서 흥정해 보고 터무니없는 가격을 부르면 다른 가게로 가도록 하자. 2층에는 신발, 가방 등이 있다.

⭐ **지도** p.204-E **구글 맵** 15,877338, 108,331299
주소 Trần Quý Cáp, Cẩm Châu **전화** 0235-3861-323 **영업** 06:00~20:00
교통 내원교에서 도보 5분, 꽌꽁 사원 맞은편

+현지 음식을 파는 시장 내 식당 코너
시장 안으로 들어가면 까올러우, 쌀국수, 바인쎄오 등 베트남 대표 요리와 음료, 디저트 등을 판매하는 작은 가게들이 질서 정연하게 영업을 하고 있다. 과거에 비해 위생 상태가 나아진 편이어서 튀기거나 구운 요리 정도면 무난히 먹을 수 있다. 삼삼오오 모여서 식사를 할 수 있는 의자가 마련되어 있으니 현지식을 경험해 보자.

+사진을 강요하는 아주머니 주의
강변에서 전통 복장이나 과일 바구니를 메고 다니는 아주머니들은 상냥한 얼굴로 인사를 건네고 사진 촬영을 요청한 후 돈을 요구하기도 하니 주의하자.

TIP 메이드 인 베트남
호이안 시장 안에서 판매하는 공산품들은 제품 질이 좋지 않고 가격도 비싸다. 특히 라탄 제품이나 도자기, 찻잔 등 한국인 여행자들에게 인기 있는 제품들은 바가지요금을 씌우니 주의하자. 한국에서 판매하는 제품의 대부분은 베트남에서 수입하는 것으로 가격은 베트남 현지보다 더 싼 경우가 많다.

메티세코
Metiseko

고급 실크와 면으로 만든 남녀 의류를 판매하는 매장으로 가격은 비싼 편이지만 퀄리티가 좋아 일부러 찾아오는 단골손님들도 적지 않다. 의류 외에 파우치(10만 동), 스카프(15만 동) 등 액세서리도 함께 판다. 매장 안쪽에는 무료로 차를 마실 수 있는 시음 코너도 마련되어 있다. 호이안 점은 부티크 리조트도 운영 중이다.

⭐ **지도** p.204-D
구글 맵 15,877131, 108,328808
주소 140 Trần Phú, Minh An
전화 0235-3929-278
영업 08:30~21:30
홈페이지 metiseko.com
교통 내원교에서 도보 4분

선데이 인 호이안
SUNDAY in Hoi An

구시가지 안에 위치한 편집 숍으로 인기 있는 상품만 골라 판매하고 있다. 한 시장이나 주변 가게들에 비해 가격은 조금 비싼 편이지만 품질이 좋고 다른 곳에서 볼 수 없는 디자인 상품들을 보유하고 있다. 인테리어 소품, 라탄 가방, 자수가 새겨진 패브릭 아이템 등 일상생활에서 사용하기 좋은 제품이 많다. 호이안의 인기 쇼핑 상점 중 하나다.

⭐ **지도** p.204-D
구글 맵 15,877122, 108,326270
주소 184 Trần Phú, Minh An
전화 079-7676-592
영업 09:00~21:00
홈페이지 www.sundayinhoian.com
교통 내원교에서 도보 1분

통
Tông

가죽 신발과 가방, 지갑 등을 직접 만들어 파는 가죽 제품 매장으로 커스텀 오더가 가능하다. 최소 1일 전에 주문하면 되고 지갑은 US$10~15, 핸드백은 US$35 수준이다. 다양한 룩북이 있어 마음에 드는 상품을 고르면 제작에 들어간다. 신용카드 결제도 가능하다.

⭐ **지도** p.204-E
구글 맵 15,877288, 108,334910
주소 40 Phan Bội Châu, Cẩm Châu
전화 093-211-5667
영업 09:00~20:00
교통 호이안 시장에서 도보 5분

리한 포토그래피
Réhanh Photograghy

프랑스 노르망디 출신의 유명 사진작가 리한의 아트 갤러리 겸 뮤지엄. 3개의 전시실에서 200점 이상의 사진을 전시하고 있으며 소수 부족의 전통 의상, 공예품도 한자리에서 구경할 수 있다. 가장 유명한 '코끼리와 기도하는 소녀' 사진은 암스테르담 수집가에게 17만 달러에 판매되기도 했다. 사진엽서는 3만 동에 구입할 수 있다.

⭐ 지도 p.204-E
구글 맵 15.877110, 108.334213
주소 26 Phan Bội Châu, Cẩm Châu
전화 094-9820-698
영업 10:00~18:00
홈페이지
www.rehahnphotographer.com
교통 호이안 시장에서 도보 5분

아트북스
Artbook

사원 맞은편에 위치한 편집숍 겸 카페로 베트남을 상징하는 티셔츠, 포스터, 에코백 등 아기자기한 상품과 아이템들을 판매한다. 하노이, 호찌민 등에서 공수한 포스터는 베트남 특유의 이미지를 넣어 인기가 있다. 정찰제로 판매되며 퀄리티만큼 가격은 조금 비싼 편이다. 2층 공간은 카페로 운영 중인데 숨겨진 포토 스폿으로 유명하다.

⭐ 지도 p.204-D
구글 맵 15.877948, 108.326677
주소 728 Đ. Hai Bà Trưng, Phường Minh An
전화 086-2017-544
영업 08:00~21:00
교통 내원교에서 도보 2분

코펜하겐 딜라이트
Copenhagen Delights

덴마크 출신 디자이너가 운영하는 숍으로 유아·아동복(0~12세)을 주로 취급한다. 아동용 래시 가드, 수영복, 평상복, 모자, 가방, 장난감 등 다양한 의류와 소품들을 파는데 심플하면서도 실용적인 디자인과 컬러가 돋보인다. 일부러 찾아올 만큼 마니아층이 두터운 곳이다. 그 밖에 소소한 인테리어 소품도 판다. 신용카드 결제도 가능하다.

⭐ 지도 p.204-E
구글 맵 15.877709, 108.328684
주소 29 Lê Lợi, Minh An
전화 0235-3916-333
영업 09:30~21:30
홈페이지
www.copenhagendelights.com
교통 내원교에서 도보 5분

알마니티 호이안 웰니스 리조트
Almanity Hoi An Wellness Resort

구시가지에 있는 고급 리조트로 적당한 가격대에 시설이 고급스러워 한국인 여행자들에게 인기다. 이국적이면서도 세련된 분위기로 특히 여성과 커플 여행자들에게 사랑받고 있다. 열대 분위기가 물씬 풍기는 수영장과 스파, 레스토랑 등 부대시설도 충실하며 다양한 데일리 프로그램도 진행한다. 안방 비치까지 무료 셔틀버스를 운행한다.

⭐ **지도** p.204-A **구글 맵** 15.884011, 108.327377 **주소** 326 Lý Thường Kiệt, Tan An **전화** 0235-3666-888 **요금** 마이 스피릿 US$180~ **홈페이지** www.almanityhoian.com **교통** 신투어리스트 사무소에서 도보 6분

이 호텔만의 특별한 매력

🏨 복층 구조의 룸이 인기
객실 타입이 다양한 알마니티 호텔에서 가장 인기 있는 객실은 독특한 복층 구조로 되어 있는 '마이 스피릿(My Spirit)'이다. 일본식 다다미방 형태의 1층 공간이 있고 계단을 따라 2층으로 올라가면 침실과 욕실이 있다. 프라이빗한 객실을 찾는 커플이나 신혼부부에게 추천한다.

🏨 호이안 최고의 스파 시설
소형 스파와 마사지 숍이 대부분인 호이안에서 가장 시설 좋은 스파를 운영하고 있다. 이곳의 시그너처 메뉴인 뱀부 스틱 마사지는 단단한 나무를 이용해 뭉친 근육을 풀어 준다. 기본적인 마사지 외에 페이셜, 매니큐어 메뉴와 사우나 등의 시설을 갖추고 있다. 오전 시간에는 요가 수업도 진행한다.

ÊMM 호텔 호이안
ÊMM Hotel Hoi An

빅토리아 그룹에서 운영하는 가성비 좋은 호텔. 젊은 감각으로 꾸며진 객실은 시티 뷰와 풀 뷰로 나뉘며 디럭스 룸, 스위트룸 등이 있다. 각 객실마다 TV와 에어컨, 미니바, 어메니티, 작은 티 테이블과 1인 소파 등을 갖추고 있으며 무선 인터넷을 제공한다. 스파와 수영장, 비치 클럽도 이용할 수 있다. 빅토리아 호이안 비치 리조트 & 스파를 오가는 무료 셔틀버스를 운행한다.

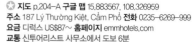

지도 p.204-A **구글 맵** 15.883567, 108.326959
주소 187 Lý Thường Kiệt, Cẩm Phổ **전화** 0235-6269-999
요금 디럭스 US$87~ **홈페이지** emmhotels.com
교통 신투어리스트 사무소에서 도보 6분

호텔 로열 호이안(엠갤러리)
Hotel Royal Hoi An (MGallery)

콜로니얼 양식을 간직하면서도 모던한 느낌으로 단장한 호텔로 호이안 구시가지와 인접해 있지만 프라이빗한 기분을 느낄 수 있는 강변에 자리하고 있다. 규모는 크지 않지만 수영장, 비즈니스 센터, 스파, 카페 등 충실한 부대시설을 자랑한다. 특히 두 개의 야외 풀장 중 하나는 도시에서 가장 높은 루프톱에 위치해 있어 인기가 높다. 욕조를 갖추고 있는 187개의 객실은 일반 호텔들보다 넓은 사이즈를 자랑하며 마치 갤러리에 방문한 기분이 느껴질 만큼 인테리어도 훌륭하다.

지도 p.204-D **구글 맵** 15.876856, 108.319853
주소 39 Đào Duy Từ, Phường Cẩm Phổ **전화** 0235-395-0777
요금 디럭스 US$120~ **홈페이지** all.accor.com **교통** 내원교에서 도보 10분

이모션 빌라
Emotion Villa

구시가지에서 조금 떨어진 지역에 문을 연 빌라로
야외 수영장과 포근한 객실을 보유하고 있다. 조용
하고 한적하게 호이안 여행을 즐기고 싶은 여행자에
게 추천하는 숙소다. 시설에 비해 가격이 저렴하며
투본강이 가까워 산책을 하기도 그만이다. 새로 생
긴 곳이라 시설이 전체적으로 깨끗하다.

⭐ **지도** p.204-F **구글 맵** 15.877268, 108.340509
주소 90 Trần Quang Khải, Cẩm Châu
전화 0235-2460-889 **요금** 디럭스 US$65~
교통 호이안 시장에서 차로 5분

하안 호텔
Ha An Hotel

고풍스러운 저택처럼 꾸며진 호텔로 야자수가 높게
뻗은 정원이 아름다운 곳이다. 야외 정원에서 조식을
먹거나 한가롭게 시간을 보내기에 그만이다. 객실은
모던하고 깔끔한 편이며 발코니를 갖추고 있다. 단,
구시가지에서 조금 떨어져 있다.

⭐ **지도** p.204-E **구글 맵** 15.877558, 108.334998
주소 06-08 Phan Bội Châu
전화 0235-3863-126 **요금** 스탠더드 US$65~
홈페이지 haanhotel.com
교통 호이안 시장에서 도보 7분

벨 마리나 호이안 리조트
Bel Marina Hoi An Resort

투본강을 마주하고 있는 4성급 리조트로 규모가 크
고 부대시설도 충실하다. 넓은 수영장과 피트니스
센터, 강변을 거닐 수 있는 야외 정원이 있다. 객실은
리버 뷰와 풀 뷰로 나뉘며 작은 티 테이블이 있는 발
코니를 갖추고 있다. 가족 여행자에게 적합한 객실
이 다양하다.

⭐ **지도** p.204-D **구글 맵** 15.874514, 108.322272
주소 27 Nguyễn Phúc Tần, Phường Minh An
전화 0235-3938-888 **요금** 디럭스 US$88~
홈페이지 www.belmarinahoian.com
교통 내원교에서 도보 10분

포 시즌스 리즈트 더 남하이
Four Seasons Resort The Nam Hai

2006년에 문을 연 최고급 리조트로 글로벌 호텔 그룹인 포 시즌스에서 운영한다. 넓은 부지 위에 지어진 리조트는 1km 이상 이어지는 전용 해변을 갖추고 있다. 올림픽 사이즈를 자랑하는 수영장을 포함해 총 3개의 풀장, 2개의 레스토랑, 스파, 피트니스 센터, 키즈 클럽, 셔틀버스 등의 부대시설을 갖추고 있다. 숙박 동은 모두 빌라 형태이며 40여 동의 빌라는 풀빌라다. 풀빌라에는 모두 버틀러가 딸려 있으며 투숙객들을 위한 전용 카트도 마련되어 있다.

✪ **지도** p.204-C **구글 맵** 15.929290, 108.317705 **주소** Block Ha My Dong B, Điện Dương, Điện Bàn **전화** 0235-3940-000 **요금** 1베드룸 빌라 US$970~ **홈페이지** www.fourseasons.com/hoian **교통** 호이안 구시가지에서 차로 17분

이 호텔만의 특별한 매력

🏊 프라이버시를 중요시 하는 야외 풀장

계단식 논을 닮은 3단형 야외 풀장은 각기 다른 매력을 풍긴다. 바다와 마주한 콰이어트 풀은 성인들만 이용할 수 있는 곳으로 풀 사이드에서 책을 읽거나 음악을 들으며 프라이빗하게 시간을 보낼 수 있다.

🏊 게스트를 위한 세심한 배려

독립적인 빌라 타입으로 설계된 객실은 프라이빗하면서도 개방적이다. 빌라 투숙객 모두에게 자전거가 제공되는데 아침, 저녁으로 열대 식물과 야자수로 둘러싸인 리조트 안을 둘러보는 재미가 있다.

빅토리아 호이안 비치 리조트 & 스파
Victoria Hoi An Beach Resort & Spa

끄어다이 비치에서 멀지 않은 곳에 자리한 유서 깊은 리조트. 서양의 느낌이 가미된 오리엔탈 분위기가 물씬 풍겨 프라이빗하며 고급스러움을 만끽할 수 있다. 커플과 가족 여행자들이 선호하며 바다가 보이는 객실이 인기가 있다. 전용 해변과 레스토랑, 스파 등을 갖추었고 해변에는 해양 스포츠를 즐길 수 있는 시설도 마련되어 있다. 호이안 구시가지를 오가는 무료 셔틀버스도 운행한다.

⭐ **지도** p.204-C **구글 맵** 15.895284, 108.369700
주소 Âu Cơ, Biển Cửa Đại **전화** 0235-3927-040
요금 슈피리어 US$150~ **홈페이지** www.victoriahotels.asia
교통 호이안 구시가지에서 차로 10분

팜 가든 리조트
Palm Garden Resort

끄어다이 비치를 마주하고 있는 팜 가든 리조트는 호이안을 대표하는 리조트로 국제 행사를 개최할 만큼 높은 수준을 자랑한다. 총 216개의 객실을 갖추고 있으며 모든 객실은 발코니가 딸려 있다. 수영장을 중심으로 비치 프런트 객실과 가든 타운이 자리하고, 넓게 펼쳐진 야자수와 정원 덕분에 휴양지 분위기가 풍긴다. 1일 6~7회 호이안 구시가지를 오가는 무료 셔틀버스도 운행한다.

⭐ **지도** p.204-C **구글 맵** 15.900820, 108.359045
주소 Lạc Long Quân, Cẩm An **전화** 0235-3927-927
요금 디럭스 US$175~ **홈페이지** palmgardenresort.com.vn
교통 호이안 구시가지에서 차로 15분

후에

Hue

후에는 베트남 최후의 왕조인 응우옌 왕조의 수도이자 베트남 전쟁 당시
치열한 격전지였다. 현재는 베트남 중부 지역의 대표 관광지로 역사적인
건축물이 고스란히 남아 있어 차분하고 정적인 분위기를 느낄 수 있다.
도시는 흐엉강을 사이에 두고 구시가지와 신시가지로 나뉘며 주요 볼거리는
세계 문화유산으로 등재된 응우옌 왕궁을 중심으로 구시가지에 몰려 있다.
투어 프로그램을 통해 역대 황제들이 잠들어 있는 황릉과 여러 사원들을 둘러본 다음
베트남 분위기가 물씬 풍기는 시클로를 타고 흥미로운 후에를 만끽해 보자.

⊘ CHECK

여행 포인트 | 관광 ★★★★ 쇼핑 ★★★ 음식 ★★★★ 나이트라이프 ★★

교통 포인트 | 도보 ★★★ 보트 ★★★ 자전거 ★★★ 투어 버스 ★★★★

⊘ MUST DO

1 베트남 최후의 왕조, 응우옌 왕궁 방문하기
2 역대 황제들의 황릉 탐방하기
3 흐엉강 보트 크루즈 즐기기
4 후에 요리 맛보기

후에

후에 들어가기

후에 푸바이 국제공항은 시내에서 약 15km 떨어져 있으며, 현재 국내선만 운항한다. 때문에 여행자들은 주로 기차나 오픈 투어 버스, 여행사 투어 차량 등을 이용해 다낭에서 후에로 이동하는 것이 일반적이다.

비행기

우리나라에서 후에 푸바이 국제공항(Sân Bay Quốc Tế Phú Bài)까지 가는 국제
선은 운항하지 않으며 호찌민과 하노이에서 베트남항공과 비엣젯항공이 1일 5~8
편 운항한다.

공항 코드 HUI **구글 맵** 16.399790, 107.699967 **전화** 0234-3861-131 **홈페이지** vietnamairport.vn/phubaiairport

열차

호찌민의 사이공역에서 1일 5편 운행하며 가장 빠른 열차로 18시간 40분 정도 소
요된다. 요금은 좌석에 따라 62만~104만 동 수준이다. 하노이역에서는 1일 5편 운
행하며 가장 빠른 열차로 약 12시간 30분 소요된다. 요금은 53만 3,000동~84만

4,000동이다. 다낭-후에 구간은 하이번 언덕을 볼 수 있으니 한번 이용해 보자. 기
차표(SE4-소프트 시트, 7만 7,000동~17만 2,000동)는 기차역에서 직접 구입하거나 여행사를 통해 구입할 수
있다.

후에역 Ga Hué

후에역은 신시가지 서쪽에 위치하며 중심부까지는 도보로 약 15분 소요된다. 택시를 이용할 경우 약 5분, 요금
은 5만~7만 동 내외. 기차역 앞에 마일린 택시가 항시 대기 중이다. 매표소는 중앙 건물 좌측에 있는데 영어가
통하지 않는 경우가 많으니 목적지와 출발 날짜를 종이에 적어 보여 주면 편리하다.

버스

호찌민, 하노이, 다낭, 호이안 등에서 버
스가 매일 운행한다. 신투어리스트 오
픈 버스는 호찌민에서 약 26시간(58만
6,000동), 하노이에서 약 13시간(69만 9,000동~) 소요된다.

● **오픈 투어 버스 주요 구간 소요 시간**

출발지	도착지	소요 시간
하노이	후에	13시간
호찌민	후에	26시간
나짱	후에	15시간 이상
다낭	후에	3시간
호이안	후에	4시간

공항에서 시내로 가기

픽업 서비스

픽업 서비스를 신청했다면 공항 도착 후 본인의 이름이 적힌 피켓을 들고 있는 여행사 또는 호텔 직원을 만나서 가면 된다. 픽업 시간과 호텔에 따라 요금이 다르지만 후에 중급 호텔의 경우 대략 US$10~15 수준이다.

택시

공항에서 택시를 이용할 경우 후에 시내까지의 요금은 25만~30만 동 정도 나온다.

공항 셔틀버스

셔틀버스 운행 시간은 08:30~22:00이며, 인원이 모두 차면 출발한다. 요금은 5만 동. 후에 시내 베트남항공 사무소(주소 20 Hà Nội Tổ 10, Phú Nhuận) 앞에 내려 준다.

시내에서 공항으로 가기

택시

공항과의 거리가 그리 멀지 않아 후에 시내에서 택시를 이용해 공항으로 갈 수도 있다. 시내에서 공항까지의 요금은 25만~30만 동 수준이다.

공항 셔틀버스

요금은 5만 동으로 공항에서 시내로 들어올 때와 동일하며 티켓은 베트남항공 사무소에서 구입 가능하다. 출발 시간은 유동적이어서 어느 정도 인원이 모여야 출발하니 출발 시간 및 가능 여부는 호텔이나 사무소에 문의하자.

MORE INFO | 후에에서 출발하는 인기 투어

투어명	내용	소요 시간	요금
시티 투어	흐엉강을 따라 흩어져 있는 대표 황릉(4~5곳)과 응우옌 왕궁을 둘러보고 마지막에 흐엉강 크루즈를 즐기는 투어	8시간	29만 9,000동~
DMZ 1일 투어	비무장 지대와 가까운 동하 마을을 방문하고 주변 관광지를 둘러보는 투어	8~10시간	104만 9,000동~
퐁냐 동굴 1일 투어	DMZ와 퐁냐 동굴을 방문하고 돌아오는 투어. 점심 식사와 입장료가 포함되어 있다.	8시간	79만 9,000동~
퍼퓸 리버 크루즈	흐엉강을 따라 보트를 타고 즐기는 투어로 관광지를 들를 경우 요금이 추가된다. 보트 투어는 30분, 60분 단위로 가능하다.	30~60분	15만 동~

※점심 유무, 황릉·동굴·DMZ 입장료는 여행사 프로그램에 따라 포함 또는 불포함이니 예약 전 미리 확인할 것.

후에 시내 교통

노선버스를 비롯해 시내를 주행하는 영업용 택시, 시클로, 오토바이 등이 주요 교통수단이다.
주변 관광지까지 짧은 거리라 택시 이용이 잦은 것도 특징이다.

택시
도로에서는 택시를 잡기 힘들지만 호텔 주변에는 택시들이 서 있다. 호텔이나 레스토랑을 나서기 전에 직원에게 택시를 불러 달라고 요청하자. 기본요금은 회사마다 다르며 휘발유 가격에 따라 자주 바뀌는데 보통 1만 1,000~1만 6,000동 내외다. 황릉 앞쪽에 대기하고 있는 택시들은 요금을 비싸게 부르는 경우가 있으니 주의할 것. 여행자들이 안심하고 탈 수 있는 택시 회사는 마일린 택시와 비나선 택시가 있고 현지인들은 방 택시, 호앙사 택시도 애용한다.

노선버스
시내를 오가는 버스가 운행 중이지만 여행자들이 이용하기에는 어려움이 있어 대부분의 여행자는 여행사에서 운영하는 오픈 투어 버스를 이용한다. 시외버스는 각 터미널에서 이용할 수 있다.

버스 터미널
안끄우 버스 터미널 신시가지 남동쪽에 위치하며 택시로 약 5분(3만 동) 소요. 남부로 가는 버스들이 발착한다.
안호아 버스 터미널 구시가지 북서쪽에 위치하며 택시로 약 10분(5만 동) 소요. 북부로 가는 버스들이 발착한다.
동바 버스 터미널 구시가지 중심부에 위치하며 동바 시장에서 도보 3분. 교외로 가는 버스들이 발착한다.

시클로(씩로)
베트남 중부의 인기 관광지답게 후에는 시클로가 활발히 운영 중이다. 호텔 앞, 레러이 거리, 훙브엉 거리 등에 항시 대기 중이며 요금은 흥정이 필요하다. 신시가지에서 구시가지까지는 3만~5만 동 정도. 일부 기사들은 추가 요금을 요구하는 경우도 있다. 시클로는 낮에 이용하고 늦은 시간은 피하도록 하자.

오토바이 · 자전거
여행자 거리에 위치한 대여점을 이용하자. 오토바이 대여 요금은 1일 10만~20만 동 정도인데 오토바이의 종류와 상태에 따라 조금씩 달라진다. 자전거 대여 요금은 1일 2만~5만 동 정도이다.

여행사 오픈 투어 버스
신투어리스트(06:30~20:30)에서 운영하는 오픈 버스가 후에는 물론 베트남 중부, 남부, 북부 전역으로 운행한다. 오픈 버스는 사무소 앞이 아닌 덥다고(Cầu Đập Đá) 인근 주차장에서 발착한다. ※현재 리노베이션 중, 홈페이지에서 예약 가능

●신투어리스트 오픈 버스 운행 정보(후에 출발)

목적지	다낭행	호이안행	하노이행
운행 시간	1일 2편(08:30, 13:15)	1일 2편(08:30, 13:15)	1일 1편(17:30)
요금	29만 9,000동	29만 9,000동	69만 9,000동

후에 추천 코스

후에는 응우옌 왕궁이 자리한 구시가지와 숙소, 레스토랑이 모여 있는 신시가지로 나뉜다.
첫날은 후에 명물 요리인 분보후에를 맛보고 응우옌 왕궁을 둘러보자.
둘째 날은 근교에 위치한 황릉을 차례로 둘러본 후 흐엉강 크루즈를 타고
일몰을 감상하며 하루를 마무리하자.

1DAY
1일 차

08:30
후에식으로
아침 식사하기(미옵라)

차로 7분 →

10:00
베트남 최후의 왕조
응우옌 왕궁 둘러보기

↓ 차로 6분

15:30
동바 시장
구경하기

← 차로 4분 또는
도보 14분

13:30
후에 궁정 박물관
관람하기

← 차로 7분

12:00
중부식 쌀국수로
점심 식사하기(분보후에)

↓ 차로 10분 또는 도보 20분

17:00
일몰 감상하며
저녁 식사하기

도보 5분 →

20:00
여행자 거리
산책하기

도보 2분 →

21:00
시원한 맥주로
하루 마무리하기

2DAY
2일 차

07:00

이른 아침
호텔 조식 먹기

차로 30분 →

08:00

외곽 황릉 투어
참여하기

↓ 차로 30분

15:00

티엔무 사원
둘러보기

← 차로 5분

13:30

현지식으로
점심 식사하기

← 차로 20분

10:00

황릉 방문하기

↓ 배로 30분

16:30

크루즈 타고 흐엉강
유람하기

도보 9분 →

19:00

후에 명물 요리로
저녁 식사하기(꽌하인)

도보 9분 →

20:00

흐엉 강변
산책하기

응우옌 왕궁(다이노이)

Đại Nội
Hue Royal Palace ★★★

후에 최고의 관광 명소

143년(1802~1945), 13대에 걸쳐 이어진 베트남의 마지막 왕조 응우옌의 왕궁. 베트남어로는 '다이노이'라 부르며 유네스코 세계 문화유산으로 등록되어 있다. 왕궁은 10km에 이르는 해자로 둘러싸여 있고 왕궁 주변으로 높이 5m의 성벽이 있다. 왕궁 문인 응오몬문을 비롯해 태화전, 태평루, 현임각, 열시당 등이 있는 왕궁을 둘러보려면 적어도 2~3시간이 필요하다. 시간이 부족한 여행자라면 시티 투어에 참여하는 것도 방법이다. 나올 때는 왕궁 동쪽의 히엔년문(Cửa Hiển Nhơn)을 이용한다.

⭐ **지도** p.236-A
구글 맵 16,467731, 107,579142
주소 Thuận Thành, Huế
전화 0234-3523-237
개방 08:00~17:30
요금 성인 20만 동, 어린이(7~12세) 4만 동(후에 궁정 박물관 입장 가능)
홈페이지
www.hueworldheritage,org,vn
교통 쯔엉띠엔교에서 차로 3분

응오몬문

Cửa Ngọ Môn | Citadel Gate

성벽의 동서남북에 위치한 4개의 문 중 남쪽에 위치하고 있으며 정문에 해당한다. 낮 12시가 되면 해가 성문 꼭대기에 있다고 하여 정오의 문, 즉 오문(午門)이라고도 불린다. 남문을 정문으로 사용하는 것은 과거 중국 관습에 따른 것으로 알려져 있다. 3개의 문 중 중앙문은 황제가 외출할 때 이용했다고 하며 여행자들은 왼쪽 문으로 들어간다. 문 위의 누각에 오르면 북쪽으로는 왕궁 전체가, 남쪽으로는 플래그 타워가 보인다. 과거 황제가 이곳에 올라서서 거행되는 행사와 병사들의 훈련을 지켜보았다고 한다. 보수 공사 중에는 누각에 오를 수 없다.

태화전

Điện Thái Hòa | Thai Hoa Palace

중국 베이징의 자금성을 모방한 궁전으로 응오몬문 정면에 있다. 태화전으로 가려면 금수교와 패방을 지나게 되는데 높게 세워진 패방에는 '정직탕평(正直蕩平)'이라는 문구가 새겨져 있다. 금수교는 황제만 건널 수 있는 다리였다고 한다. 태화전은 1805년 초대 황제 가륭제가 창건했으며 대청마루 중앙 대좌 위에는 황제가 앉았던 금박 옥좌가 있다. 황제의 즉위식과 중요 행사가 거행되었던 곳으로 후에 왕궁에서 보존 상태가 가장 좋은 곳이다. 실내 사진 촬영은 금지되어 있으며 정해진 복장을 갖추어야 한다. 태화전 뒤편에는 축소 조형물이 있어 왕궁의 규모를 가늠해 볼 수 있으며 강력했던 당시의 권력을 엿볼 수 있다.

현임각

Hiển Lâm Các | Hien Lam Pavilion

태화전 왼쪽에 있는 응우옌 왕조의 보살사. 3층으로 지어져 있으며 그 높이가 17m에 이른다. 아담한 앞뜰에는 '고, 인, 장, 영, 의, 순, 선, 우, 현'이라고 쓰인 9개의 청동 세발솥이 놓여 있다. 세발솥은 왕조의 정통성과 부동성을 상징하며 19세기 왕위에 올랐던 황제들을 기린다. 그중 중앙의 크고 화려한 솥은 높이 2m, 무게 2톤으로 초대 황제 가륭제의 것이다. 맞은편 마당에는 볕을 가리기 위한 대형 비단 일산과 제상이 마련되어 있는데 지금도 각종 의식이 거행된다.

후에 궁정 박물관
Bảo Tàng Cổ Vật Cung Đình Huế
Hue Museum of Royal Antiquities ★★

⭐ 지도 p.236-B
구글 맵 16.471327, 107.581915
주소 3 Lê Trực, Thuận Thành
전화 0234-3524-429
개방 08:00~17:30
요금 성인 20만 동, 어린이(7~12세)
4만 동(응우옌 왕궁 입장 가능)
홈페이지 hueworldheritage.org.vn
교통 응우옌 왕궁 동쪽 히엔년문에서
도보 3분

응우옌 왕조의 숨결이 남아 있는 곳
응우옌 왕조의 중요한 보물들을 보관하고 있는 박물관으로 전시관과 정원으로 구성되어 있다. 전시관 중앙에는 황태자의 보좌를 비롯해 황제가 타던 가마, 비단 책, 의복, 신발, 장신구, 향로, 분재형 장식 등 300여 개의 중요 전시물들이 있다. 박물관은 2012년 레노베이션했다. 실내 촬영은 불가능하며 덧신을 신고 들어가야 한다.

흐엉강
Sông Hương
Perfume River ★★

낭만이 흐르는 시민들의 휴식처
구시가지와 신시가지를 사이에 두고 흐르는 강. 2월이면 향긋한 꽃향기가 가득하고 인근에 심은 포도나무에서 포도 향이 나기 때문에 '퍼퓸 리버'라고도 불린다. 강변에는 녹음이 가득하고 시민들을 위한 공원이 마련되어 있다. 산책로를 거닐거나 해가 질 무렵 선셋 크루즈를 통해 흐엉강의 매력을 만끽할 수 있다.

⭐ 지도 p.236-D
구글 맵 16.470026, 107.592342
주소 36 Lê Lợi, Phú Hội
개방 24시간, 보트 운행
06:00~20:00(업체마다 다름)
요금 조인 투어 보트 1만 5,000동~,
대여 30분(10만 동), 60분(20만 동)
교통 쯔엉띠엔교에서 도보 6분

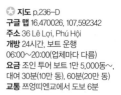  

쯔엉띠엔교
Cầu Trường Tiền
Truong Tien Bridge ★★

에펠탑을 설계한 건축가의 작품
흐엉강 위에 지어진 쯔엉띠엔교는 푸쑤언교와 함께 구시가지와 신시가지를 연결하는 두 다리 중 하나이다. 1899년 파리의 에펠탑을 세운 구스타브 에펠이 설계한 철교로 지금의 모습은 베트남 전쟁이 끝난 후인 1991년에 복원한 것이다. 총길이는 402.6m, 폭은 6m이며 자동차와 오토바이, 자전거, 사람이 모두 건널 수 있다.

⭐ 지도 p.236-B
구글 맵 16.467696, 107.590216
주소 Phú Hội 개방 24시간
교통 후에역에서 차로 10분

해 질 무렵 흐엉강을
가로질러 노를 저어가는
어부들의 모습.

Special
theme

찬란한 베트남 왕조의 마지막 흔적을 찾아가다

후에의 구시가지 구경도 인기가 있지만 응우옌 왕조의 역대 황제들이 잠든 황릉, 왕조와 관련된 사원들 역시 후에 여행에서 빼놓을 수 없는 명소이다. 다만 황릉과 사원들은 도시 남쪽에 산재해 있으니 여행사에서 운영하는 1일 또는 반일 투어에 참여하거나 차량 또는 오토바이 택시 등을 대여해 둘러보자.

효율적인 황릉 탐방을 위한 정보

티켓 구입

후에 관광객들이 주로 찾는 3~4곳의 황릉과 왕궁 입장권을 하나로 묶어 판다. 가격은 28만~36만 동이다. 개별적으로 입장할 경우 각각 입장료 10만~15만 동을 내야 하므로 7만~9만 동이 할인되는 셈이다. 황릉에 입장할 때마다 직원이 1장씩 회수하는 시스템이다. 종합 티켓은 각 황릉 매표소에서 구입 가능하다.

티켓 종류	관람 명소	요금
I 타입(3종 티켓)	응우옌 왕궁, 카이딘 황릉, 민망 황릉	어른 42만 동, 어린이(7~12세) 8만 동
II 타입(4종 티켓)	응우옌 왕궁, 카이딘 황릉, 뜨득 황릉, 민망 황릉	어른 53만 동, 어린이(7~12세) 10만 동

복장 규정

황릉이나 사원에 입장할 때는 노출이 심한 옷을 삼가야 한다. 사롱이나 스카프 등 걸칠 수 있는 것들이 있으면 유용하다. 규제가 심하지는 않지만 정해진 복장이 아닌 경우 입장을 불허하기도 한다. 뜨거운 햇볕을 가릴 수 있는 모자도 챙기자. 베트남 전통 농라도 좋다.

투어를 적극 활용

후에 구시가지와 근교에 위치한 황릉을 함께 도보로 둘러보는 것은 쉽지 않으므로 교통수단이 포함된 황릉 투어를 이용해 보자. 개별적으로 접근해 오는 오토바이 투어보다는 신뢰할 수 있는 여행사 투어를 통하는 것이 안전하다. 투어 요금에는 교통편(버스)과 점심식사, 흐엉강 크루즈 등이 포함되며, 황릉 입장료는 불포함이다.

비가 오면 어떻게 되나?

투어 참가 시 갑작스러운 비가 내려도 투어는 취소되지 않는다. 우비나 우산을 쓰고 진행되므로 날씨가 좋지 않은 경우 미리 준비해 두는 것이 좋다.

후에 근교
0 ─── 2km
N

구시가지

응우옌 왕궁(다이노이)
Đại Nội
쯔엉띠엔교
Cầu Trường Tiền
신시가지
후에역
Ga Huế
후에 p.236

티엔무 사원
Chùa Thiên Mụ

흐엉 강
Sông Hương

뜨득 황릉
Lăng Tự Đức

동카인 황릉
Lăng Đồng Khánh

혼쨴전
Điện Hòn Chén

티에우찌 황릉
Lăng Thiệu Trị

카이딘 황릉
Lăng Khải Định

민망 황릉
Lăng Minh Mạng

카이딘 황릉
Lăng Khải Định
Khai Dinh Tomb ★★★

다른 황릉과는 다른 분위기

규모는 작지만 예술적 가치가 높은 능으로 모자이크 장식의 벽이 유명
하다. 황제의 유체가 있는 옥좌는 화려하고 웅장하며 문무관과 말, 코끼
리 석상이 황릉을 보호하듯 능 앞에 세워져 있다. 다른 황릉과는 분위기
가 다른데 시멘트를 이용해 지어져 조금 차가운 분위기가 흐르며 회색
빛으로 보인다. 내부는 대리석으로 되어 있다.

⭐ **지도** p.247 **구글 맵** 16.399040, 107.590357
주소 Khải Định, Thủy Bằng, Hương Thủy **개방** 동절기 07:00~17:00, 하절기
06:30~17:30 **요금** 종합 티켓 또는 입장료 15만 동, 어린이(7~12세) 3만 동
교통 시내에서 약 12km, 택시나 오토바이 또는 투어 프로그램 이용

뜨득 황릉
Lăng Tự Đức
Tu Duc Tomb ★★

재위 기간이 가장 길었던 뜨득 황제의 능

황릉은 1864년부터 약 3년에 걸쳐 건립되었으며 넓은 부지 안에는 중
국식 정자와 연못, 누각, 석상 등이 있다. 이곳에 세워진 무인석과 문인
석 석상은 다른 황제의 석상보다 크기가 작은데 이는 뜨득 황제의 키가
153cm밖에 되지 않았기 때문이라고 한다. 황제의 시신을 안치한 사원
안에는 황제의 업적이 새겨진 묘비가 세워져 있다. 뜨득 황제는 100명이
넘는 왕비와 후궁을 두었지만 슬하에 자식이 없었다고 전해진다.

⭐ **지도** p.247 **구글 맵** 16.431465, 107.566673
주소 17/69 Lê Ngô Cát, Thủy Xuân **개방** 동절기 07:00~17:00, 하절기
06:30~17:30 **요금** 종합 티켓 또는 입장료 15만 동, 어린이(7~12세) 3만 동
교통 시내에서 약 7km, 택시나 오토바이 또는 투어 프로그램 이용

민망 황릉
Lăng Minh Mạng
Minh Mang Tomb ★★

중국 양식이 더해진 화려한 황제릉

15ha의 왕릉으로 후에에서 가장 넓고 웅장한 크기를 자랑하며 중국 양식을 접목시켜 화려하면서도 대칭을 이루고 있는 것이 특징이다. 이는 중국 문화를 선호했던 민망 황제가 직접 설계했기 때문이다. 납작한 돌을 이용한 정원과 초승달 모양의 연못은 중국식 영향을 그대로 보여 준다. 민망 황제는 1841년에 이곳에 묻혔으며 500여 명의 후궁과 147명의 자식을 두었다고 전해진다.

⭐ **지도** p.247 **구글 맵** 16.387518, 107.570743 **주소** QL49, Hương Thọ **전화** 0234-3523-237 **개방** 동절기 07:00~17:00, 하절기 06:30~17:30 **요금** 종합 티켓 또는 입장료 15만 동, 어린이(7~12세) 3만 동 **교통** 시내에서 약 12km, 택시나 오토바이 또는 투어 프로그램 이용

티엔무 사원
Chùa Thiên Mụ
Thien Mu Pagoda ★★★

7층 8각 석탑이 유명한 사원

흐엉강 언덕에 자리한 사원으로 1601년에 건립되었다. 아름다운 자태를 뽐내는 7층 8각 복연탑이 이곳의 상징이다. 높이는 21m이며 각 층마다 불상을 안치했다. 본당에는 청동 불상이 모셔져 있고 뒤뜰에는 1963년 불교 탄압에 저항하며 분신자살한 주지승이 타던 자동차가 전시되어 있다. 또한 사원에는 3톤에 달하는 거대한 종이 있는데 10km 밖에서도 종소리를 들을 수 있다고 한다. 사원 앞쪽에는 흐엉강을 유람하는 보트 선착장이 있어 보트를 타려는 사람들로 붐빈다.

⭐ **지도** p.247 **구글 맵** 16.452442, 107.545034 **주소** Kim Long, Hương Hòa **전화** 097-275-1556 **개방** 24시간 **요금** 무료 **교통** 시내에서 약 4km, 택시나 오토바이 또는 투어 프로그램 이용

RESTAURANT 후에 추천 맛집

꽌하인
Quán Hạnh

중부 지역 음식이 유명한 식당으로 현지인과 여행자 모두에게 인기가 있다. 여행자를 위한 세트 메뉴는 후에 인기 요리 5가지로 구성되어 있다. 조금씩 담겨 나오지만 양이 많아 2명이서도 충분히 먹을 수 있다. 짜조, 바인배오(쌀떡에 소스를 뿌려 먹는 간식), 냄루이가 유명한데 특히 냄루이의 맛이 일품이다.

😊 **지도** p.236-C
구글 맵 16.466279, 107.595020
주소 11 Phó Đức Chính, Phú Hội
전화 0234-3833-552
영업 10:00~21:00
요금 세트 메뉴 12만 동, 단품 3만 동~
홈페이지 banhkhoaihanh.com
교통 쯔엉띠엔교에서 도보 9분

리엔호아
Liên Hoa

채식주의자를 위한 요리를 선보이는 레스토랑으로 건강하고 맛있는 후에 요리를 맛볼 수 있다. 상대적으로 저렴한 가격도 인기 비결 중 하나. 플레이팅도 깔끔하고 맛도 뛰어나 현지인들이 주로 찾는다. 껌디아, 껌펀 등은 채소를 이용한 반찬 등이 밥 위에 얹어 나오는 메뉴로 두부, 달걀, 숙주, 당근, 감자, 양배추 등이 올라간다.

😊 **지도** p.236-C
구글 맵 16.465067, 107.597303
주소 3 Lê Quý Đôn, Phú Hội
전화 0234-3816-884
영업 06:30~21:00
요금 껌디아 1만 8,000동, 과일 주스 3만 동, 식사류 1만 8,000동~
교통 쯔엉띠엔교에서 도보 13분

DMZ
DMZ

25년 넘게 한자리를 지키고 있는 식당으로 숙소와 바도 함께 운영하고 있다. 3층 규모로 1층은 바, 2층은 레스토랑, 3층은 스카이 펍이 있으며 각기 다른 분위기를 연출한다. 특히 1층 야외석은 대로변에 있어 거리 분위기를 즐기면서 맥주 한잔하기 좋다. 실내에는 포켓볼대와 칵테일 바가 있다.

😊 **지도** p.236-C
구글 맵 16.470095, 107.594016
주소 60 Lê Lợi, Phú Hội
전화 0234-3993-456
영업 07:00~02:30
요금 피자 12만 동~, 생맥주 3만 5,000동
교통 쯔엉띠엔교에서 도보 8분

분보후에
Bún Bò Huế

분보후에 맛집으로 워낙 인기가 많아 오후에는 십중팔구 문을 닫는다. 가급적 오전에 방문하도록 하자. 국물은 맑으면서도 맛이 부드러운 편이고 돼지고기, 완자, 채소 등을 고명으로 올려 내온다. 바로 옆 가게도 맛이 괜찮은 편이므로 마음에 드는 곳에서 분보후에를 맛보자.

⭐ **지도** p.236-E
구글 맵 16.461523, 107.591371
주소 17 Lý Thường Kiệt, Phú Nhuận
전화 0234-3826-460
영업 07:00~19:00
요금 분보후에 3만 5,000동
교통 쯔엉띠엔교에서 도보 10분

미옵라
Mì Ốp La

달걀과 바인미로 불리는 바게트 빵, 고기, 햄 등을 함께 먹는 후에식 아침 식사 메뉴를 선보인다. 취향에 따라 원하는 재료를 추가할 수 있다. 보통은 달걀과 빵, 소고기 정도를 기본으로 하는데 소고기의 경우 우리의 불고기 맛과 비슷하다. 아침에만 영업을 하는 경우가 많으니 되도록 일찍 방문하자.

⭐ **지도** p.236-C
구글 맵 16.466150, 107.598499
주소 47/1 Lê Quý Đôn, Phú Nhuận
전화 0123-433-2678
영업 06:00~10:30
요금 기본 2만 동~
교통 쯔엉띠엔교에서 도보 15분

마담 뚜 레스토랑
Madam Thu Restaurant

여행자 거리에 위치한 인기 식당으로 후에 대표 메뉴를 포함한 베트남 요리를 주로 선보인다. 마음에 드는 단품 메뉴를 주문해도 좋고 후에 여행이 처음이라면 후에 지역 인기 메뉴 7가지를 모아놓은 후에 스페셜도 괜찮은 선택이다. 한국어가 가능한 직원들이 있다.

⭐ **지도** p.236-C
구글 맵 16.469833, 107.595838
주소 45 VõThịSáu, PhúHội
전화 090-5126-661
영업 08:00~22:00
요금 단품 5만 5,000동~,
후에 스페셜 16만 동
홈페이지 www.madamthu.com
교통 쯔엉띠엔교에서 도보 10분

동바 시장
Chợ Đông Ba | Dong Ba Market

현지인들을 위한 재래시장으로 후에에서 가장 큰 규모다. 시장은 크게 실내와 실외로 구분되는데 2층으로 된 실내에는 각종 식료품과 의류, 가방, 신발 등을 판다. 건물 밖으로 나가면 화훼, 채소, 과일, 육류, 생선 등을 취급하는 노점상들이 자리한다.

⭐ **지도** p.236-B **구글 맵** 16.472824, 107.588317
주소 Trần Hưng Đạo, Phú Hoà
전화 0234-3524-663 **영업** 06:00~20:00
교통 쯔엉띠엔교에서 도보 10분

강변 야시장
Phố Đêm Huế | Night Market

쯔엉띠엔교 인근에 서는 야시장으로 저녁 무렵이면 상점들이 문을 열고 이동식 노점상들이 자리를 깐다. 퀄리티 좋은 수공예품과 액세서리들을 주로 취급한다. 일몰을 감상하며 가볍게 식사를 하거나 거리 음식을 먹을 수도 있다.

⭐ **지도** p.236-B **구글 맵** 16.467480, 107.589626
주소 Nguyễn Đình Chiểu, Phú Hoà
전화 090-5758-300 **영업** 16:00~22:00
교통 쯔엉띠엔교에서 도보 1분

프엉남 북 스토어
Phương Nam Book Store

베트남을 대표하는 서점으로 식사를 하거나 음료를 마실 수 있는 카페테리아, 후에 지방의 전통 공예품을 파는 상점도 있다. 전통차, 도자기, 칠보 자기 등 토산품은 물론 베트남 인형, 바구니, 파우치 등 기념품도 구입할 수 있다.

⭐ **지도** p.236-B **구글 맵** 16.470684, 107.586654
주소 133 đường Trần Hưng Đạo
전화 094-6271-155 **영업** 06:00~21:00
교통 쯔엉띠엔교에서 도보 2분

꿉마트
Co.opmart

동바 시장 근처 상가 안에 자리한 슈퍼마켓으로 생활용품과 식료품을 판다. 현대식 시설과 쾌적한 냉방 시설을 갖추고 있으며 2층에는 간단한 음료와 식사를 할 수 있는 푸드 코트가 있다. 1층에는 롯데리아가 있다.

⭐ **지도** p.236-B **구글 맵** 16.471028, 107.587385
주소 6 Trần Hưng Đạo, Phú Hòa **전화** 0234-3588-555
영업 08:00~22:00 **홈페이지** www.co-opmart.com.vn
교통 쯔엉띠엔교에서 도보 2분

아제라이 라 레지던스
Azerai La Residence

화이트 톤의 화사한 건물로 과거 프랑스 총독의 저택을 개조해 호텔로 사용하고 있다. 스타일리시한 분위기로 나무 덱이 깔린 수영장, 라운지, 레스토랑 등을 갖추고 있다. 객실은 따뜻한 느낌의 원목으로 꾸며져 있으며 어메니티도 알차게 마련되어 있다. 현대적인 호텔과는 달리 후에의 정취와 고풍스러운 분위기를 만끽할 수 있다.

⭐ **지도** p.236-D **구글 맵** 16.459170, 107.580300
주소 5 Lê Lợi, Vĩnh Ninh **전화** 0234-3837-475
요금 슈피리어 US$200~ **홈페이지** www.azerai.com
교통 후에역에서 도보 6분

인도신 팰리스 호텔
Indochine Palace Hotel

응우옌 왕조를 연상하게 하는 고풍스러운 인테리어로 객실을 꾸며 놓았다. 호텔은 16층의 고층으로 이루어져 있으며 국제 행사가 열리는 콘퍼런스 룸, 미팅 룸, 웨딩 룸, 스파, 피트니스 센터 등 수준 높은 시설을 자랑한다. 완벽한 시설에도 가격은 중급 호텔 수준이라 찾는 이가 많다.

⭐ **지도** p.236-F **구글 맵** 16.461027, 107.597866
주소 105A Hùng Vương, Phú Nhuận
전화 0234-3936-666 **요금** 디럭스 US$110~
홈페이지 www.indochinepalace.com
교통 쯔엉띠엔교에서 도보 15분

호텔 사이공 모린
Hotel Saigon Morin

후에를 대표하는 4성급 호텔로 콜로니얼 양식이 더해져 우아한 분위기를 풍긴다. 1901년에 문을 열어 오랜 역사를 자랑하는 곳으로 높은 천장과 수영장, 카페가 있는 안뜰까지 세심한 설계가 돋보인다. 객실은 다른 호텔에 비해 넓은 편이며 격조 있는 전통 가구와 침구가 독특한 분위기를 연출한다.

⭐ **지도** p.236-B **구글 맵** 16.466588, 107.590256
주소 30 Lê Lợi, Phú Hội **전화** 0234-3823-526
요금 콜로니얼 디럭스 US$110~
홈페이지 www.morinhotel.com.vn
교통 쯔엉띠엔교에서 도보 1분

센추리 리버사이드 호텔 후에
Century Riverside Hotel Hue

후에 신시가지에 위치한 호텔로 큰 규모를 자랑한다. 호텔 대부분의 객실에서 흐엉강의 경치를 즐길 수 있도록 디자인되었으며 부대시설도 훌륭하다. 특히 후에 궁중 요리를 맛볼 수 있는 임피리얼(Imperial) 레스토랑은 현지에서도 무척 유명하다. 후에 지역을 둘러보는 투어 프로그램도 운영 중이다.

🌟 **지도** p.236-C **구글 맵** 16.470586, 107.593467
주소 49 Lê Lợi, Phú Hội
전화 0234-3956-688 **요금** 디럭스 리버 뷰 US$110~
홈페이지 www.brghospitality.vn
교통 쯔엉띠엔교에서 도보 5분

흐엉장 호텔 리조트 & 스파
Huong Giang Hotel Resort & Spa

흐엉강 변에 자리한 전통 있는 호텔. 가성비가 좋고 충실한 부대시설과 멋진 전망이 장점이다. 실내는 화려한 궁중 분위기로 꾸며져 있다. 호텔 내 레스토랑은 후에 요리를 전문으로 하는데 맛이 좋아 현지인들의 모임 장소로도 많이 이용된다.

🌟 **지도** p.236-C **구글 맵** 16.472010, 107.594467
주소 51 Lê Lợi, Phú Hội
전화 0234-3822-122 **요금** 디럭스 리버 뷰 US$65~
홈페이지 www.huonggianghotel.com.vn
교통 쯔엉띠엔교에서 도보 6분

타인릭 2 호텔
Thanh Lich 2 Hotel

여행자들이 많이 모이는 신시가지 중심에 위치한 중급 호텔로 가격 대비 만족도가 높다. 깔끔한 객실과 루프톱에 있는 레스토랑이 전부지만 투숙객을 배려하는 마음 씀씀이가 느껴진다. 객실은 발코니와 욕조가 딸린 디럭스 시티 뷰를 추천한다. 호텔 주변에 레스토랑, 여행사 등 편의 시설이 잘되어 있다.

🌟 **지도** p.236-C **구글 맵** 16.470358, 107.595959
주소 59 Võ Thị Sáu, Phú Hội
전화 0234-3877-877 **요금** 디럭스 시티 뷰 US$50~
홈페이지 www.thanhlichhotel.com.vn
교통 쯔엉띠엔교에서 도보 12분

므엉타인 홀리데이 후에 호텔
Mường Thanh Holiday Huế Hotel

2017년 문을 연 호텔로 신시가지의 레러이(Lê Lợi) 거
리에 자리하고 있어 지리적인 장점이 있다. 객실은 총
6개 타입으로 이루어져 있으며 신생 호텔답게 객실
컨디션이 좋다. 야외 수영장, 레스토랑, 바, 스파 등
부대시설도 훌륭하다.

⭐ **지도** p.236-C **구글 맵** 16.469442, 107.593183
주소 38 Lê Lợi, Phú Hội
전화 0234-3936-688 **요금** 디럭스 킹 룸 US$55~
홈페이지 holidayhue.muongthanh.com
교통 쯔엉띠엔교에서 도보 5분

아시아 호텔
Asia Hotel

여행자 거리에 위치한 중급 호텔로 87실의 심플한 객
실과 수영장, 레스토랑을 보유하고 있다. 수영장은
호텔 7층의 실내에 있어 비가 내리는 날씨에도 수영
을 즐길 수 있다. 시내 중심가에 있는 탓에 낮은 층은
늦은 밤까지 소음이 크다.

⭐ **지도** p.236-C **구글 맵** 16.469081, 107.594757
주소 17 Phạm Ngũ Lão, Phú Hội
전화 0234-3830-283 **요금** 디럭스 US$45~
홈페이지 asiahotel.com.vn
교통 쯔엉띠엔교에서 도보 8분

빌라 후에 호텔
Villa Hue Hotel

빌라를 개조해 관광 학교의 실습 교육을 겸한 호텔로
운영 중이다. 객실은 다소 낡았지만 청결 상태나 투
숙객을 배려하는 마음이 뛰어나며 직원들의 영어 실
력도 좋은 편이라 편안하게 머물 수 있다.

⭐ **지도** p.236-C **구글 맵** 16.467545, 107.595440
주소 4 Trần Quang Khải Tổ 10, Phú Hội
전화 0234-3831-628 **요금** 스위트룸 US$100~
홈페이지 www.villahue.com
교통 쯔엉띠엔교에서 도보 10분

TIP **저렴한 숙소들이 모여 있는 거리**

42 응우옌꽁쯔(42 Nguyễn Công Trứ)에는 여행자를 위
한 중저가 숙소들이 모여 있어 배낭 여행자들이 많이 찾
아온다. 숙소 컨디션은 좋지 않지만 여행자들끼리 여행
정보를 공유할 수 있는 것이 장점이다. 또한 신투어리스
트 여행사 사무소, 오토바이 대여점, 식당과 카페 등이 가
까워 편리하다.

⭐ **지도** p.236-C **구글 맵** 16.470116, 107.597064

Northern Vietnam

베트남 북부

하노이

HANOI

유구한 역사를 지닌 베트남의 수도 하노이는 베트남의 정치, 문화 중심지로
수많은 유적과 문화재가 거리 곳곳에 남아 있다. 하노이 시민들이 사랑하는
호안끼엠호를 중심으로 옛 모습을 고스란히 간직한 36 거리는 하노이를 빛내는
숨은 보석들이다. 이른 아침 육향 가득한 하노이식 쌀국수로 아침 식사를 한 후
구시가지를 두 발로 거닐며 베트남의 과거와 현재를 떠올려 보자.
복잡한 하노이 도심을 벗어나 세계 7대 경관으로 손꼽히는 명승지 할롱베이와
닌빈, 소수 민족들이 살아가는 사빠 등 주변 여행지로 영역을 넓혀 보자.

⊘ CHECK

여행 포인트 | 관광 ★★★★★ 쇼핑 ★★★★★ 음식 ★★★★★ 나이트라이프 ★★★★

교통 포인트 | 도보 ★★★★★ 택시 ★★★★ 버스 ★★★ 투어 버스 ★

⊘ MUST DO

1 천년의 고도 하노이 관광하기
2 36 거리 산책하기
3 하노이 4대 퍼 맛보기
4 맥주 거리 즐기기
5 하노이 근교 관광지 다녀오기

하노이

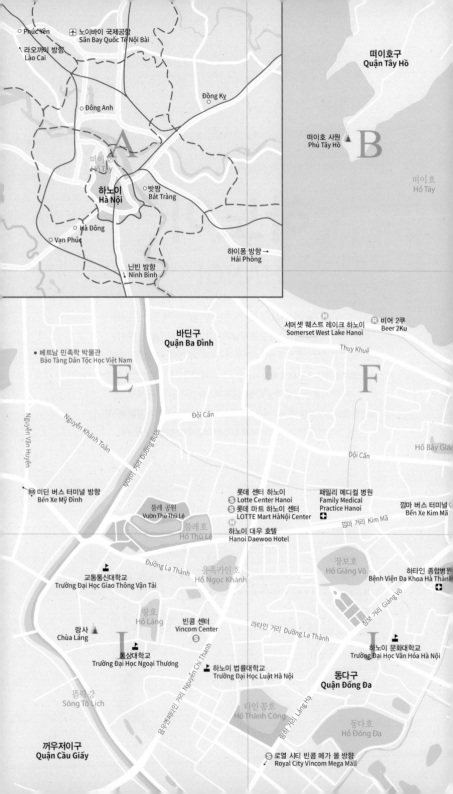

○ 푹옌
Phúc Yên

🏢 노이바이 국제공항
Sân Bay Quốc Tế Nội Bài

← 라오까이 방향
Lào Cai

떠이호구
Quận Tây Hồ

동끼
Đồng Kỵ

○ 동아인
Đông Anh

떠이호 사원 ⛩
Phú Tây Hồ

B

A

떠이호
Hồ Tây

하노이
Hà Nội

○ 빗짱
Bát Tràng

떠이호
Hồ Tây

○ 하동
Hà Đông

○ 반푹
Vạn Phúc

하이퐁 방향 →
Hải Phòng

닌빈 방향
↓ Ninh Bình

바딘구
Quận Ba Đình

서머셋 웨스트 레이크 하노이
Somerset West Lake Hanoi

🅷 비어 2쿠
Beer 2Ku

● 베트남 민족학 박물관
Bảo Tàng Dân Tộc Học Việt Nam

투이쿠에
Thụy Khuê

E

F

도이껀
Đội Cấn

호바이자
Hồ Bảy Gia

도이껀
Đội Cấn

🚌 미딘 버스 터미널 방향
Bến Xe Mỹ Đình

플레 공원
Vườn Thú Thủ Lệ

롯데 센터 하노이
Ⓢ Lotte Center Hanoi

패밀리 메디컬 병원
Family Medical
Practice Hanoi

껌마 버스 터미널
Bến Xe Kim Mã

롯데 마트 하노이 센터
Ⓢ LOTTE Mart HàNội Center

껌마 거리 Kim Mã

투레호
Hồ Thủ Lệ

하노이 대우 호텔
Hanoi Daewoo Hotel

응옥가인호
Hồ Ngọc Khánh

장보호
Hồ Giảng Võ

하타인 종합병원
Bệnh Viện Đa Khoa Hà Thành

교통통신대학교
Trường Đại Học Giao Thông Vận Tải

드엉 라 타인
Đường La Thành

장보 거리 Giảng Võ

랑호
Hồ Láng

빈콤 센터
Vincom Center

라타인 거리 Đường La Thành

하노이 문화대학교
Trường Đại Học Văn Hóa Hà Nội

랑사 ⛩
Chùa Láng

통상대학교
Trường Đại Học Ngoại Thương

하노이 법률대학교
Trường Đại Học Luật Hà Nội

동다구
Quận Đống Đa

또릭강
Sông Tô Lịch

타인 공원
Hồ Thành Công

랑하 거리 Láng Hạ

동다호
Hồ Đống Đa

꺼우저이구
Quận Cầu Giấy

Ⓢ 로열 시티 빈콤 메가 몰 방향
⤢ Royal City Vincom Mega Mall

노이바이 국제공항 방향
Sân Bay Quốc Tế Nội Bài

톤 하노이 호텔
eraton Hanoi Hotel

컨티넨탈 하노이 웨스트레이크
rContinental Hanoi Westlake

N

하노이

0   500m

잘럼구
Quận Gia Lâm

C

D

홍강
Sông Hồng

팬 퍼시픽 하노이
Pan Pacific Hanoi

꾸옥 사원(진국사)
Chùa Trấn Quốc

Hồ Trúc Bạch

하이퐁 방향
Hải Phòng

하노이 중심부 p.262~263

꽌타인 사원(진무관)
Đền Quán Thánh

Thụy Khuê

판딘풍 거리 Phan Đình Phùng

롱비엔 버스 환승 센터
Bến Xe Long Biên

롱비엔교
Cầu Long Biên

롱비엔역
Ga Long Biên

관저
Sân Bắc Bộ

바딘 광장
Quảng Trường Ba Đình

민 묘지
Chủ Tịch
Chí Minh

잘럼 버스 터미널 Bến Xe Gia Lâm,
밧짱 Bát Tràng 방향

쯔엉즈엉교
Cầu Chương Dương

꼿꼿 사원(일주사)
Chùa Một Cột

물관
g Hồ Chí Minh
Trần Phú

탕롱 유적
Hoàng Thành Thăng Long

하노이 깃발 탑
Cột Cờ Hà Nội

베트남 군사 역사박물관
Bảo Tàng Lịch Sử Quân Sự Việt Nam

구시가지

구시가지・호안끼엠호 p.264

G

H

K

L

미술 박물관
Bảo Tàng Mỹ Thuật

레닌 공원
Công Viên Lê Nin

탕롱 수상 인형극장
Nhà Hát Múa Rối Nước Thăng Long

호안끼엠 호
Hồ Hoàn Kiếm

문묘
Văn Miếu

응우옌타이혹 거리
Nguyễn Thái Học

대성당
Nhà Thờ Lớn

루어 탑
Tháp Rùa

짱띠엔
Tràng Tiền

호안끼엠구
Quận Hoàn Kiếm

하노이역
Ga Hà Nội

리트엄끼엣 거리 Lý Thường Kiệt

쩐흥다오 거리 Trần Hưng Đạo

호알로 수용소
Nhà Tù Hỏa Lò

국립 역사박물관
Bảo Tàng Lịch Sử Quốc Gia

하노이 오페라 하우스
Nhà Hát Lớn Hà Nội

하이바쯩구
Quận Hai Bà Trưng

컴티엔 거리 Khâm Thiên

바머우호
Hồ Ba Mẫu

잡밧 버스 터미널 방향
Bến Xe Giáp Bát

통녓 공원
Công Viên Thống Nhất

떠이 호
Hồ Tây

꽌타인 사원(진무관)
Đền Quán Thánh

Quán Thánh

투이쿠에 거리 Thụy Khuê
호앙호아탐 거리 Hoàng Hoa Thám

판딘풍 거리 Phan Đình Phùng

항더우 물
Bốt Nước Hàng

항비우
Vườn Hoa Hàng

몬 리젠시 호텔
Mon Regency Hotel

식물원
Công Viên Bách Thảo

A

바딘구
Quận Ba Đình

호찌민 관저
Nhà Sàn Bác Hồ

바딘 광장
Quảng Trường Ba Đình

B

랭랭 카페
Reng Reng Café

Lý Nam Đế

호찌민 박물관
Bảo Tàng Hồ Chí Minh

호찌민 묘지
Lăng Chủ Tịch Hồ Chí Minh

못꼿 사원(일주사)
Chùa Một Cột

탕롱 유적
Hoàng Thành Thăng Long

탕롱 유적 매표소
Hoàng Thành Thăng Long

하노이 깃발 탑
Cột Cờ Hà Nội

베트남 군사 역사박물관
Bảo Tàng Lịch Sử Quân Sự Việt Nam

껌마 거리 Kim Mã

껌마 버스 터미널
Bến Xe Kim Mã

쩐푸 거리 Trần Phú

레닌 공원
Công Viên Lê Nin

F

응우옌타이혹 거리
Nguyễn Thái Học

세인트폴 종합병원
Bệnh Viện Đa Khoa Xanh Pôn

정부 거리 Giảng Võ

항더이 운동장
Sân Vận Động Hàng Đẩy

미술 박물관
Bảo Tàng Mỹ Thuật

E

철길 마을

깟린 거리 Cát Linh

똔득탕 거리 Tôn Đức Thắng

문묘
Văn Miếu

항봉 거리 Hà

디엔비엔푸 거리 Điện Biên Ph

쩌호
Hồ Giám

라 바디안
La Badiane

꽌안응온
Quán Ăn Ngon

호알로 수용
Nhà Tù Hỏa

머큐어 하노이 라 가르
Mercure Hanoi La Gare

린꽝호
Hồ Linh Quang

하노이역
Ga Hà Nội

익스프레스 86번 버스 출발

꽌스 사원
Chùa Quán Sứ

I

반쯔엉호
Hồ Văn Chương

J

동다구
Quan Đống Đa

라타인 거리
La Thành

컵티엔 거리 Khẩm Thiên

레주언 거리 Lê Duẩn

쩐빈쫑 거리 Trần Bình Trọng

똔득탕 거리 Tôn Đức Thắng

호텔 두 파크 하노이
HÔTEL du PARC HANOÏ

티엔
Hồ Thiê

통일 공
Công Viên Thố

하노이 중심부

0 300m

N

Yên Phụ

롱비엔교
Cầu Long Biên

롱비엔 버스 환승 센터
n Xe Long Biên

C

롱비엔역
a Long Biên

잘럼 버스 터미널 Bến Xe Gia Lâm,
빗짱 Bát Tràng,
이온 몰 Aeon Mall 방향

D

구시가지 · 호안끼엠호 p.264

동쑤언 시장
Chợ Đồng Xuân

쯔엉즈엉교
Cầu Chương Dương

구시가지

박마 사원
Đền Bạch Mã

맥주 거리
Ta Hiện

홍강
Sông Hồng

항박 거리 Hàng Bạc

거리 Hàng Gai

Cầu Gỗ

H

전기 차 승차장
Nhà Hát Múa Rối Nước Thăng Long

G

탕롱 수상 인형극장
Nhà Hát Múa Rối Nước Thăng Long

응옥선 사원
Đền Ngọc Sơn

라이또 거리 Lý Thái Tổ

트엉짜꽌
Thường Trà Quán

호안끼엠 호
Hồ Hoàn Kiếm

대성당
Nhà Thờ Lớn

루어 탑
Tháp Rùa

탕롱 오페라 호텔
Thang Long Opera Hotel

쩐꽝카이 거리 Trần Quang Khải

박당 거리 Bạch Đằng

리타이또 동상
Tượng Đài Lý Thái Tổ Hà Nội

Nhà Chung

우체국
Bưu Điện Hà Nội

짱티 거리 Tràng Thi

소피텔 레전드 메트로폴 하노이 호텔
Sofitel Legend Metropole Hanoi Hotel

안 스토어
aN Store

짱띠엔 플라자
Tràng Tiền Plaza

코니퍼 부티크 호텔
Conifer Boutique Hotel

짱띠엔 거리
Tràng Tiền

국립 역사박물관
Bảo Tàng Lịch Sử Quốc Gia

여성 박물관
Bảo Tàng Phụ Nữ Việt Nam

하이바쯩 거리 Hai Bà Trưng

빈민 재즈 클럽
Binh Minh Jazz Club

리트엉끼엣 거리 Lý Thường Kiệt

루남 비스트로
RuNam Bistro

하노이 오페라 하우스
Nhà Hát Lớn Hà Nội

바찌에우 거리 Bà Triệu

베또 비스트로 & 티라운지
BêTô Bistro & Tealounge

힐튼 하노이 오페라
Hilton Hanoi Opera

찐흥다오 거리 Trần Hưng Đạo

K

L

생물학 박물관
Bảo Tàng Sinh Học

레타인똥 거리 Lê Thanh Tông

쩐카인즈 거리 Trần Khánh Dư

우옌주 거리 Nguyễn Du

분짜 흐엉리엔
Bún Chả Hương Liên

퍼틴
Phở Thìn

하이바쯩구
Quận Hai Bà Trưng

샴 카페
CHARME Cafe

랭랭 카페
Reng Reng Café

하노이 모멘트
Hanoi Moment

흥코아이 거리 Hàng Khoai

동쑤언 시장
Chợ Đồng Xuân

신투어리스트 1

바인미 25
Bánh Mì 25

함찌에우 거리 Hàng Chiều

항꽃 거리 Hàng Cốt

항마 거리 Hàng Mã

항드엉 거리(항차) Hàng Đường

항부엄 거리(한약) Lãn Ông

Hàng Buồm

박마 사원
Đền Bạch Mã

맥주 거리
• Tạ Hiện

항바이 거리 Hàng Vải

세린 부티크 호텔 & 스파
Serene Boutique Hotel & Spa

신투어리스트 2

르엉응옥꾸이엔 거리
Lương Ngọc Quyến

하노이 라 시에스타 호텔 & 스파
Hanoi La Siesta Hotel & Spa

하노이 옛집
• Nhà Cổ Hà Nội

항자 거리 Hàng Gà

하노이 아시장
Chợ Đêm Phố Cổ Hà Nội

항보 거리(수예품) Hàng Bồ

항박 거리(은세공)
Hàng Bạc

놀라 카페
Nola Café

35B 쏘이옌
35B Xôi Yến

퍼쟈쭈옌
Phở Gia Truyền

퍼스엉
Phở Sướng

카페 쟝
Café Giảng

분보남보
Bún Bò Nam Bộ

스파스 하노이
Spas Hanoi

분짜닥낌
Bún Chả Đắc Kim

찌애 핸드메이드
Chie Handmade

카페 퍼꼬
Café Phố Cổ

꽁 카페
Cộng Cà Phê

라 스파
La Spa

미도 스파
Mido Spa

항꽛 거리 Hàng Quạt

항자오 거리(의류) Hàng Đào

항뇨 거리(의류) Hàng Ngang

르엉반깐 거리 Lương Văn Can

항가이 거리(의류) Hàng Gai

항띠엣 거리(항량) Hàng Thiếc

다우꿕스 거리

항봉 거리 Hàng Bông

항자 시장
Chợ Hàng Da

퍼 10 리꾸옥스
Phở 10 Lý Quốc Sư

반쑤언
Vạn Xuân

더 리틀 플랜 카페
The Little Plan cafe

휴대폰 매장
Giới Di Động

탕롱 수상 인형극장
Nhà Hát Múa Rối Nước Thăng Long

전기 차 승차장

하노이 에메랄드 워터스 호텔 & 스파
Hanoi Emerald Waters Hotel & Spa

응옥선 사원
Đền Ngọc Sơn

꺼우고
Cầu Gỗ

싸빠 익스프레스

레타인똥 거리 Lê Thánh Tông

딘띠엔황 거리 Đinh Tiên Hoàng

호안 끼엠 호
Hồ Hoàn Kiếm

비엣득 병원
Bệnh Viện Việt Đức

하노이 소셜 클럽
The Hanoi Social Club

나구
Nagu

대성당
Nhà Thờ Lớn

카페 루남
Café RuNam

컬렉티브 메모리
Collective Memory

더 치 호텔
The Chi Hotel

애프리콧 호텔
Apricot Hotel

루어 탑
Tháp Rùa

꽌스 거리 Quán Sứ

푸도안 거리 Phủ Doãn

베트남 암(癌)병원
Bệnh Viện K

서머싯 그랜드 하노이
Somerset Grand Hanoi

꽁 카페
Cộng Cà Phê

판스 사원
Chùa Quán Sứ

짱티 거리 Tràng Thi

항쫑 화원
Vườn Hoa Hàng Trống

베트남항공
Vietnam Airlines

공항 미니버스, 택시 정류장

세렌더
Cerender

실크 패스 부티크 호텔 하노이
Silk Path Boutique Hotel Hanoi

소피텔 레전드 메트로폴 하노이
Sofitel Legend Metropole Hanoi

리타이또 동상
Tượng Đài Lý Thái Tổ F

우체국

짱띠엔 거리 Tràng Tiền

짱띠엔 플라자
Tràng Tiền Plaza

짱띠엔 아이스크
Cửa Hàng Kem Tràng

하이바쯩 거리 Hai Bà Trưng

호알로 수용소
Nhà Tù Hỏa Lò

꽝쭝 거리 Quang Trung

리트엉끼엣 거리 Lý Thường Kiệt

여성 박물관
Bảo Tàng Phụ Nữ Việt Nam

하이바쯩 거리 Hai Bà Trưng

항바이 거리 Hàng Bài

응오꾸옌 거리 Phố Ngô Quyền

리트엉끼엣 거리 Lý Thường Kiệt

스타벅스
Starbucks

A B C D E F

트란 낫 두엇 거리 Trần Nhật Duật

리남데 거리 Lý Nam Đế

풍흥 거리 Phùng Hưng

풍흥 거리 Phùng Hưng

리태이 거리 Lê Lai

트란응우옌한 Trần Nguyên Hã

0   150m

N

Trần Hưng Đạo

하노이 들어가기

하노이 노이바이 국제공항은 하노이 시내 중심부에서 약 20km 떨어져 있다.
국제선과 국내선 터미널이 있고 시내를 연결하는 공항버스와 택시 등이 잘 마련되어 있다.
장거리 버스는 노선별로 터미널이 다르므로 타는 곳을 미리 알아보아야 한다.

비행기

베트남 북부 거점 도시답게 하노이로 운항하는 국제선과 국내선을 이용할 수 있다. 인천 국제공항에서 하노이 노이바이 국제공항(Sân Bay Quốc Tế Nội Bài)까지 대한항공, 아시아나항공, 베트남항공, 제주항공, 비엣젯항공 등이 직항 편을 운항하며 5시간 정도 소요된다. 호찌민, 다낭, 냐짱 등 베트남 주요 도시에서도 국내선이 매일 발착한다.

공항 코드 HAN **구글 맵** 21.215174, 105.803806 **전화** 024-3886-5047 **홈페이지** www.noibaiairport.vn

열차

베트남 남부의 호찌민 사이공역에서 출발하는 열차 또는 중부의 후에, 다낭 등에서 출발하는 열차를 이용하면 된다. 호찌민과 하노이를 연결하는 통일 철도는 총 1,726km 거리를 자랑한다.

하노이역 Ga Hà Nội

시내 중심가에 위치한 하노이역은 중앙역과 맞은편의 작은 역으로 나뉘는데 열차 티켓은 중앙역에서 구입해야 한다. 하노이역에서는 사빠로 가는 북부 노선이나 호찌민으로 가는 남부 노선 열차가 운항한다. 베트남 북부 사빠로 가는 열차는 밤 10시에 출발해 다음 날 오전 6시에 도착하며, 하노이 근교 여행지인 닌빈까지는 열차가 1일 3~4편 운행한다. 역 주변에 호텔과 레스토랑, 공항버스 승차장이 있고 택시도 상시 대기 중이다. 노이바이 국제공항에서 하노이역까지 86번 공항버스(요금 4만 5,000동)가 운행한다.

버스

하노이와 베트남 전국을 연결하는 장거리 버스는 4곳의 터미널에서 운행한다. 비행기나 철도 노선이 없는 지역으로 갈 때 이용하게 된다. 단, 도로 사정이 좋지 않고 차량의 정비 상태도 좋은 편이 아니어서 여행자들은 여행사 오픈 투어 버스를 주로 이용한다.

●오픈 투어 버스 주요 구간 소요 시간

출발지	도착지	소요 시간
후에	하노이	13시간
호이안	하노이	17시간
사빠	하노이	5시간 30분
할롱	하노이	4시간
호찌민	하노이	30시간 이상

공항에서 시내로 가기

픽업 서비스

호텔이나 여행사에서 제공하는 서비스로 비행기가 심야에 도착해 택시를 이용하기 어렵거나 일행이 많을 경우 이용하면 편리하다. 요금은 택시보다 비싸지만 안전하게 숙소까지 이동할 수 있다. 사전에 호텔이나 여행사를 통해 예약하면 된다. 요금은 픽업 시간과 호텔에 따라 달라지는데 하노이 중심가에 위치한 중급 호텔의 경우 US$22~30 내외다.

택시

시내로 갈 때 주로 이용하는 교통수단. 편리하지만 바가지요금이 심한 편이다. 택시 승차장은 공항 밖으로 나와 왼쪽에 있으며 보통 구시가지까지 요금은 45~50만 동 내외다. 공항에는 여러 회사의 택시가 있는데 일부 택시는 악질적인 행동을 하기도 한다. 그중 비나선 택시, 마일린 택시가 그나마 문제가 적고 평이 좋다. 공항에서 택시를 탈 때는 각각의 택시 회사 직원이 탑승 전에 택시 번호를 적은 카드를 주니 확인 후 탑승한다. 호객 행위를 하거나 택시가 필요하냐며 먼저 접근하는 사람은 피하는 게 상책이다.

그랩

하노이에서는 그랩을 이용하는 여행자도 많이 있다. 단, 이용 전에 현지 전화번호를 통해 애플리케이션을 활성화해야 한다. 공항에서 하노이 시내까지 요금은 35~40만 동 정도로 택시에 비해 저렴한 편이다.

하노이 공항 택시

현지에서 저렴한 비용에 이용할 수 있는 택시로 한국어 통역 및 안내가 가능한 안내원이 상주하고 있다. 예약은 전화 또는 카카오톡으로 가능하며 공항에서 시내까지 35만 동(4인승), 40만 동(7인승)에 이용 가능하다. 심야, 새벽에도 운영되며 사전 예약은 최소 1주 전에 해야 한다(카카오톡 ID-airporttaxihn).

노선버스

최근 새롭게 노선이 추가된 익스프레스 86번 버스를 타면 편리하게 하노이 시내까지 이동할 수 있다. 신식 차량에 차내에서 무선 인터넷도 가능하다. 요금은 4만 5,000동. 버스 정류장은 택시 승차장에서 1블록 떨어진 미니버스 타는 곳 바로 옆에 마련되어 있다. 티켓은 정류장의 매표소에서 구입하거나 버스 승차 후 승무원에게 직접 내면 된다. 승무원에게 목적지를 말하면 가까운 정류장에 내려 준다. 국제선, 국내선 터미널 모두 승하차한다. 첫차는 07:00, 막차는 22:10에 출발하고 45분 간격으로 운행한다.
노선 노이바이 공항 터미널 1 → 노이바이 공항 터미널 2 → 롱비엔 버스 환승 센터 → 하노이 오페라 하우스 → 하노이역

시내버스

국제선 청사에서 택시 승차장을 따라 왼쪽 주차장으로 이동하면 하노이 시내를 오가는 시내버스를 이용할 수 있다. 롱비엔 버스 터미널(올드 쿼터)로 가는 17번 버스를 비롯해 낌마 버스 터미널로 가는 90번 버스, 꺼우저이 버스 정류장으로 가는 7번 버스가 있다. 익스프레스 86번 버스가 운행을 시작한 이후 이용률은 떨어지고 있다. 요금은 9,000동이다.

시내에서 공항으로 가기

택시

시내에서 이용할 수 있는 다양한 택시들이 있지만 보통 터무니없이 비싼 요금을 부르는 경우가 많다. 보통 호텔과 계약된 회사의 택시는 미터기를 켜지 않고 30~35만 동 정도의 금액으로 운행한다. 마이린 택시와 비나선 택시를 타는 것이 일반적이며, 공항으로 가는 경우 흥정을 통해 요금을 조금 깎을 수 있다.

그랩

하노이에서도 그랩을 이용해 시내에서 하노이 공항으로 갈 수 있다. 그랩 차량을 탈 때 차량 번호와 기사의 얼굴 등을 한 번 더 확인하도록 하자. 국제선 터미널과 국내선 터미널을 정확히 설정하자. 요금은 35~40만 동 내외다.

드롭 서비스

공항 픽업 서비스와 마찬가지로 호텔이나 여행사를 통해 요청할 수 있다. 요금은 호텔과 여행사마다 다르지만 하노이 시내 중심가에서 출발하는 경우 US$20~30 내외다.

하노이 공항 택시

현지 택시 업체로 저렴한 비용과 편리한 서비스로 시내에서 공항까지 갈 수 있다. 한국어 통역 및 안내가 가능한 안내원이 응대한다. 예약은 전화 또는 카카오톡으로 가능하며 시내에서 공항까지 25만 동(4인 기준)에 이용 가능하다. 사전 예약은 최소 1주 전에 해야 한다(카카오톡 ID – airporttaxihn).

노선버스

익스프레스 86번 버스가 하노이역, 하노이 우체국, 롱비엔 버스 환승 센터를 거쳐 공항까지 운행한다. 가까운 정류장 어디서든 탑승이 가능하다. 시내 기준 첫차는 05:30, 막차는 20:20이며, 배차 간격은 45분이다.

노선 하노이역 → 하노이 우체국 → 롱비엔 버스 환승 센터 → 노이바이 공항 터미널 1 → 노이바이 공항 터미널 2

MORE INFO. | 조금 더 편리한 하노이 시티 투어를 위한 방법

하노이를 찾는 여행자들이 편리하게 시내 관광을 할 수 있는 하노이 홉온홉오프(Hanoi Hop on-Hop off) 시티 투어 버스를 이용해 보자. 하노이 오페라 하우스, 호찌민 묘지, 국립 역사박물관, 떠이호, 문묘 등 하노이를 대표하는 15개의 관광 명소를 운행한다. 냉방 시설을 갖춘 2층 시티 투어 버스의 탑승 인원은 최대 80명이며, 차내에 무선 인터넷, 다국어 오디오 가이드 서비스를 제공한다. 이용권은 4시간, 24시간, 48시간 단위로 선택할 수 있고 원하는 곳에서 자유롭게 승하차가 가능해 편리하다. 주말에는 호안끼엠호 안쪽으로 운행할 수 없으므로 평일에 이용할 것을 추천한다.

✪ **운행** 09:00~16:30(주말 17:00까지)
요금 4시간 30만 동, 24시간 45만 동, 48시간 65만 동
홈페이지 hopon-hopoff.vn

하노이 시내 교통

호안끼엠호 주변의 구시가지를 비롯해 관광 명소가 넓게 분포되어 있는 하노이는 노선버스,
투어 버스, 택시, 우버, 오토바이 택시, 오토바이, 자전거, 시클로 등 다양한 교통수단을 이용할 수 있다.
시내 이동은 택시가 편리하지만 교통 체증이 심하므로 이동할 때는 여유를 가져야 한다.

택시

하노이에는 시내를 주행하는 영업용 택시가 많고 손을 들어 택시를 잡는다. 기본요
금은 회사마다 다르며 휘발유 가격에 따라 자주 바뀌는데 보통 1만~1만 6,000동 내
외다. 안심하고 탈 수 있는 택시 회사는 마일린 택시와 비나선 택시가 있다. 요금은
시내 중심가 내에서 이동하면 5만 동 정도, 시외 지역으로 이동하면 10만 동 이상은
예상해야 한다.

노선버스

노선버스는 이른 아침부터 저녁까지 운행하며 앞문으로 탑승해 승무원에게 요금을 내면 된다. 저렴한 요금이
장점이지만 노선이 복잡한 데다 목적지의 노선 번호나 버스 정류장 위치를 정확히 알 수 없고 소통이 어렵기
때문에 익숙해지려면 여러 번 타 봐야 한다. 자세한 버스 노선은 홈페이지를 참고하자.

홈페이지 www.tramoc.com.vn

하노이의 주요 버스 터미널

잘럼 버스 터미널 Bến Xe Gia Lâm

호안끼엠호에서 차로 약 15분 거리에 있으며 할롱베이, 하이퐁, 사빠로 가는 버스가 발착한
다. 버스 회사별로 출발 시간과 요금이 다르므로 버스 터미널 내 매표소에서 확인해야 한다.
최종 목적지가 깟바섬이라면 하이퐁의 터미널 중 트엉리(Thượng Lý) 버스 터미널행 버스를
타면 된다. 22번 버스가 잘럼 버스 터미널과 낌마 버스 터미널을 연결한다.

미딘 버스 터미널 Bến Xe Mỹ Đình
하노이 시내 서쪽에 위치한 터미널로 호안끼엠호에서 차로 약 30분 거리에 있다. 라오까이(Lào Cai)나 베트남 북부 하장
(Hà Giang), 뚜옌꽝(Tuyên Quang), 옌바이(Yên Bái), 사빠(Sa Pa) 등으로 가는 버스가 주로 발착한다. 34번 버스가 미딘 버
스 터미널과 잘럼 버스 터미널을 연결한다.

낌마 버스 터미널 Bến Xe Kim Mã
시내 중심부에 위치한 버스 환승 센터로 하노이 시내와 근교를 오가는 버스가 발착한다. 90번 버스가 낌마 버스 터미널과
노이바이 국제공항을 연결한다.

잡밧 버스 터미널 Bến Xe Giáp Bát
하노이 남쪽에 위치하고 있는 버스 터미널로 호안끼엠호에서 차로 약 25분 거리에 있다. 호찌민, 후에 등 중남부 지역으로
가는 버스가 출발한다. 하노이 시내에서 3·31·41번 버스가 잡밧 버스 터미널을 연결한다.

롱비엔 버스 환승 센터 Bến Xe Long Biên

노이바이 국제공항을 비롯해 하노이 시내 주요 지역과 외곽 지역을 오가는 버스가 발착하는
환승 센터로 구시가지 인근에 위치하고 있어 이용이 편리하다. 47A번 버스가 롱비엔과 밧짱
을 연결하며, 86번 버스가 노이바이 국제공항을 오간다.

●시외버스 주요 노선

목적지	밧짱행	하이퐁행	할롱베이행	사빠행
소요 시간	롱비엔 버스 환승 센터에서 47번 버스로 약 40분	잘럼 버스 터미널에서 약 1시간 30분	잘럼 버스 터미널에서 바이짜이까지 약 4시간	잘럼 버스 터미널에서 약 5시간 30분
요금	7,000동	8만 동~	12만 5,000동~	25만 동~

쌔옴(오토바이 택시)
택시만큼이나 이용자가 많지만 미터기가 없기 때문에 외국인이나 여행자가 이용하기에는 무리가 있다. 출발 전에 요금을 확실히 흥정해야 하는데 이 또한 쉽지 않다. 요금은 보통 1km당 1~1만 5,000동 수준이다. 최근에는 우버나 그랩 등 모바일 애플리케이션과 연계해 향상된 서비스를 제공하고 있다.

시클로(씩로)
베트남 현지인들에게는 택시만큼이나 유용한 교통수단이지만 여행자들에게는 바가지요금 등 피해 사례가 빈번히 일어난다. 그래도 시클로를 타 보고 싶다면 체험 승차가 가능한 시내 관광 투어가 제격이다. 요금은 흥정제이며 시내 중심가를 이동하는 데 4만~5만 동 정도 예상해야 한다. 늦은 시간에는 타지 말자.

전기 차
하노이의 주요 관광 명소들을 편안하고 저렴하게 둘러볼 수 있다. 매표소는 호안끼엠호 북쪽에 있으며 요금은 1대당 35분 코스 25만 동, 60분 코스 30만 동이다. 60분 코스는 동쑤언 시장, 구시가지, 대성당, 호안끼엠호를 둘러본다. 최대 7명까지 탑승 가능하다. ※임시 휴업 중

오토바이
여행자들을 위해 오토바이를 대여해 주지만 복잡한 교통 상황 등을 고려하면 추천하지 않는다. 요금은 1일 US$5~10 정도로 오토바이 옵션에 따라 달라지며 보증서로 여권을 요구하는 경우도 있다. 정비가 되지 않은 오토바이를 대여하거나 일방통행, 베트남만의 독특한 운전 방식으로 인해 사고가 잦은 편이니 오토바이 운전에 자신이 없는 여행자라면 가급적 대중교통을 이용하자.

렌터카
요금은 차종에 따라 다르지만 1일 US$50~100 정도이며 운전사의 일당과 연료비, 주차비 등이 포함된다. 호텔이나 여행사에서 알선해 주기도 하고 렌터카 회사에서 바로 빌릴 수도 있다. 가능하면 고객이 원하는 차종을 빌려주며 한국인이 운영하는 렌터카 회사도 많다. 사전 예약은 필수다.

그랩
최근 여행자들이 많이 이용하는 방법으로 스마트폰 애플리케이션을 통해 자신이 있는 곳까지 차량을 호출할 수 있다. 택시에 비해 요금이 저렴하지만 현지 전화번호 사전 등록이 필요하다. 결제는 신용카드나 현금으로 한다.

여행사 오픈 투어 버스
여행자들에게 인기 있는 신투어리스트는 직원들이 영어가 가능하고 친절한 편이며 인터넷 예매도 가능하다. 차량 상태는 목적지와 시간대에 따라 다르며 원하는 좌석을 선택할 수 있다.

● 신투어리스트 오픈 버스 운행 정보(하노이 출발)

목적지	깟바섬행	할롱행	사빠행
운행 시간	1일 2편(07:30, 14:00)	1일 1편(07:45)	1일 3편(07:00, 13:30, 22:00)
요금	29만 9,000동	18만 9,000동	21만 9,000동

효율적인 하노이 근교 여행을 위한 인기 투어

베트남 북부 여행의 중심지답게 하노이에서 시작하는 다양한 투어 프로그램이 있다. 반나절이면 충분한 시내 관광부터 2~3일 정도 소요되는 북부 외곽 지역 투어도 있다. 여행 일정을 고려해 투어 프로그램을 적절하게 선택해 보자. 하노이에서 출발하는 투어들은 하노이 현지 여행사나 호텔 등을 통해 예약하는 것이 편리하다. 신뢰할 수 있는 여행사로는 신투어리스트가 있다. 투어 상품의 요금은 대부분 비슷한 수준이며 식사나 차량 컨디션 등에 따라 조금씩 달라진다. 포함 및 불포함 사항을 확인하고 2~3곳의 여행사를 비교해 결정하면 된다.

하노이 시티 투어
⏱ 4~6시간

호안끼엠호와 호찌민 묘지, 못 꼿 사원, 문묘 등 인기 관광 명소를 관람한다. 직접 찾아다니면서 둘러보는 것도 좋지만 투어에 참가하면 보다 편리하게 관광할 수 있다.

밧짱 마을 투어
⏱ 4~6시간

전통 도자기를 만들어 판매하는 밧짱 마을은 반나절이면 충분히 둘러볼 수 있다. 투어에 참가하지 않고 개별적으로 다녀올 수도 있는데 롱비엔 버스 환승센터에서 47번 버스를 타면 된다.

닌빈 1일 투어
⏱ 8~10시간

닌빈 지역의 땀꼭이나 짱안 계곡을 보트로 둘러보고 호알르(딘 왕조의 수도) 또는 바이딘 사원 중 1곳을 함께 돌아보는 코스다.

할롱베이 1일 투어
🕐 10시간

하노이에서 이른 아침 출발, 점심 무렵 할롱베이에 도착하여 선상에서 점심 식사와 크루즈를 즐기고 저녁에 돌아오는 코스로 구성된다.

할롱베이 크루즈 투어
🕐 1박 2일

숙박 시설을 갖춘 고급 크루즈선에서 1박 2일 머물면서 느긋하게 할롱베이를 돌아보는 코스다. 크루즈선에 따라 투어 요금이 달라지며 하노이에서 오전에 출발해 다음 날 저녁에 도착한다.

사빠 투어
🕐 1박 2일

베트남 북부에 위치한 사빠는 소수 민족을 만날 수 있어 최근 인기가 급상승하고 있는 관광지다. 2014년 고속도로가 개통되어 1박 2일로 관광을 할 수 있게 되었다.

AREA 01 호안끼엠호 주변

하노이의 상징인 호안끼엠호를 중심으로 여행자를 위한 편의 시설이 모여 있고 거리 곳곳에 맛집이 있다. 호수 서쪽에는 대성당과 철길 마을, 동쪽에는 하노이 오페라 하우스와 국립 역사박물관, 북쪽으로는 동쑤언 시장과 구시가지가 있다. 호수를 기준 삼아 돌아보면서 하노이의 정취를 만끽해 보자.

CLOSE UP HANOI

하노이 한눈에 보기

하노이 여행은 랜드마크인 호안끼엠호 주변과 떠이호 주변으로 구분하면 이해가 쉽다. 호안끼엠호 주변에는 여행자를 위한 숙소를 비롯해 상점, 레스토랑, 여행사가 모여 있고 호수 북쪽으로 옛 정취가 남아 있는 구시가지가 연결된다. 반면 떠이호 인근에는 대형 호텔과 하노이의 대표 관광 명소가 띄엄띄엄 펼쳐져 있어 하루 또는 반나절 정도 시간을 투자해 돌아보는 것이 일반적이다.

AREA 02 구시가지 주변

하노이의 예스러움이 물씬 풍기는 곳으로 동쑤언 시장을 비롯해 롱비엔교와 맥주 거리, 36 거리 등이 있어 여행자들로 북적인다. 하노이의 인기 쌀국숫집과 중저가 숙소들이 밀집되어 있다. 구시가지는 걸어서 다니기에 충분하다.

AREA 03 떠이호 주변

떠이호 남쪽으로 호찌민 묘지와 호찌민 박물관, 못꼿 사원, 쩐꾸옥 사원, 베트남 군사 역사박물관, 탕롱 유적 등 굵직굵직한 관광 명소들이 위치하고 있다. 호찌민 묘지에서 여행을 시작하고 문묘는 택시를 타고 이동하는 것이 편리하다.

AREA 03

AREA 02

● 호찌민 묘지

● 동쑤언 시장

꼿 사원

물관

● 탕롱 유적

구시가지

베트남 군사 역사박물관 ●

● 대성당

● 호안끼엠호

국립 역사박물관 ●

하노이 오페라 하우스 ●

AREA 01

하노이 추천 코스

하노이에서는 최소 이틀은 머물러야 한다. 첫날 오전에는 하노이 쌀국수를 먹는 것으로 시작하자. 식사 후 하노이 관광 명소들을 둘러보고 오후에는 호안끼엠호와 구시가지를 둘러본다. 주말이라면 야시장을 구경하고 맥주 거리에 들러 시원한 하노이 맥주를 마음껏 즐겨 보자. 둘째 날은 도자기로 유명한 밧짱 마을에 다녀온 후 수상 인형극을 보거나 근사한 레스토랑에서 저녁 식사를 하며 일정을 마무리한다.

1DAY
1일 차

08:30
하노이의 인기 쌀국수로
아침 식사하기
(퍼자쭈엔)

차로 10분 →

10:00
호찌민 묘지와
관저 방문하기

↓ 도보 5분

13:00
현지식 메뉴로
점심 식사(분짜 닥낌)

← 차로 8분

12:00
세계 문화유산인
탕롱 유적 관람하기

← 차로 5분

11:00
호찌민 박물관과
못꼿 사원 둘러보기

↓ 차로 7분

15:30
문묘
관람하기

차로 7분 →

17:30
정통 베트남 요리로
저녁 식사하기
(짠안응온)

차로 9분 →

19:30
호안끼엠호
산책하기

TIP 일정에 따라 선택하는 하노이 투어

할롱베이와 사빠는 베트남 북부의 인기 관광지다. 다만 당일치기 여행은 시간이 많이 걸려 몸이 피곤할 수 있다. 할롱베이와 사빠를 제대로 여행하려면 최소 이틀은 할애해야 한다. 시간이 부족하다면 당일 여행이 가능한 근교 도시 닌빈을 다녀오는 것이 좋은 선택이다. 개별적으로 이동해도 되고 여행사 투어를 이용해도 된다.

2DAY
2일 차

08:30
베트남식 비빔 쌀국수로
아침 식사하기
(분보남보)

차로 60분 →

09:30
밧짱 마을
방문하기

↓ 차로 70분

15:30
꽁 카페에서
코코넛 커피 마시기

← 도보 5분

14:00
동쑤언 시장
구경하기

← 차로 11분

13:00
하노이의 인기 메뉴로
점심 식사하기
(분짜 흐엉리엔)

↓ 도보 5분

16:00
36 거리
탐방하기

도보 5분 →

18:00
수상 인형극
감상하기

도보 5분 →

20:00
맥주 거리에서
맥주 마시기

SIGHTSEEING 하노이 추천 관광 명소　호안끼엠호 주변

호안끼엠호
Hồ Hoàn Kiếm | Hoan Kiem Lake　　　　　　　　　　　　★★★

전설이 깃든 시민들의 휴식처

하노이 중심에 자리한 호수로 응옥선 사원과 루어 탑이 있고 주변에는 무성한 수림과 산책로가 잘 조성되어 있다. 호수는 예로부터 전해 내려오는 전설이 있는데 그중 하나는 15세기 레(Lê, 黎) 왕조를 세운 레러이에 관한 것이다. 레러이는 이곳에서 건져 올린 검으로 명나라 군사를 물리치고 베트남을 지켰다. 이후 다시 호수를 찾아갔더니 호수 밑에서 거북이 올라와 검을 물고 돌아갔다. 이 전설에 따라 '검을 돌려주었다'는 뜻의 '호안끼엠'이라는 이름으로 부르게 되었다고 한다. 호안끼엠호는 아침에는 시원한 바람이 불고 낮에는 뜨거운 햇볕을 피할 수 있는 나무 그늘이 있으며 밤에는 고즈넉한 호수 주변으로 크고 작은 노점상과 이동식 포장마차들이 모여들어 시민들의 진정한 휴식처로 사랑받고 있다. 여행자들도 호안끼엠호를 중심으로 하노이 여행을 시작한다. 호텔과 여행사, 레스토랑, 전통 시장 등 볼거리, 먹을거리가 다양하며 주말 저녁에는 차량이 통제돼 좀 더 편하게 둘러볼 수 있다.

✪ **지도** p.263–G **구글 맵** 21.029268, 105.852283
주소 Đinh Tiên Hoàng, Hàng Trống, Hoàn Kiếm **개방** 24시간 **교통** 대성당에서 도보 5분

응옥선 사원

Đền Ngọc Sơn
Ngọc Sơn Temple ★

🌀 **지도** p.264-D
구글 맵 21.030779, 105.852413
주소 Đinh Tiên Hoàng, Hàng Trống,
Hoàn Kiếm **전화** 024-3825-5289
개방 08:00~18:00 **요금** 성인 3만 동,
어린이(15세 미만) 무료
교통 대성당에서 도보 10분

호수 북쪽에 위치한 사원으로 호수 위에 지어져 있다. 마치 작은 섬과 같은 사원까지는 붉은색 다리가 연결되어 있으며 들어가려면 별도의 입장권을 구입해야 한다. 다리에서 아름다운 경치를 구경하는 것은 무료. 사원 입구 기둥에는 '복(福)'과 '녹(祿)'이라는 글자가 쓰여 있으며 본당 내부에는 쩐흥다오와 전쟁의 신, 학문의 신, 의학의 신 등이 모셔져 있다. 옆방에는 거대한 거북 박제가 있는데 1968년 호수에서 잡힌 것으로 길이 2m, 무게 250kg에 달한다. 발견 당시 호안끼엠호의 전설 속 거북일지도 모른다고 하여 화제를 불러 모았다. 다리가 드러나는 짧은 반바지나 치마 차림은 입장이 제한된다. 입구에서 별도의 옷을 대여해야 한다.

루어 탑

Tháp Rùa ★

🌀 **지도** p.264-D
구글 맵 21.027790, 105.852221
주소 Đinh Tiên Hoàng, Hàng Trống,
Hoàn Kiếm **개방** 24시간
교통 대성당에서 도보 10분

호안끼엠호의 한자명은 '환검(還劍)호'이며 '검을 돌려준 호수'라는 뜻을 담고 있다. 베트남 현지인들은 호안끼엠호의 전설을 믿고 있지만 실제 거북이 존재했는지는 알 수 없다. 다만 1968년에 이곳에서 거대한 거북이 잡혀 화제가 된 바 있다. 현재 호수 중앙에는 '거북 탑'이라는 뜻의 루어 탑이 서 있으며 밤에는 조명이 들어와 호수를 밝힌다.

하노이 오페라 하우스

Nhà Hát Lớn Hà Nội
Hanoi Opera House ★★

⭐ **지도** p.263-L
구글 맵 21,024305, 105,857456
주소 1 Tràng Tiền, Hoàn Kiếm
전화 024-3933-0113
개방 매표소 08:00~16:00(표가
매진되면 닫음) **휴무** 토 · 일요일
요금 공연마다 다름
홈페이지 hanoioperahouse.org.vn
교통 호안끼엠호 동남쪽, 중앙
우체국에서 도보 8분

하노이 공연 문화 중심지

파리 국립 오페라 하우스를 모방해 지은 것으로 건물의 기둥과 지붕은
유럽 바로크 양식을 띠고 있다. 유명 클래식 콘서트, 오페라, 뮤지컬 등
이 연중 개최되어 하노이 시민들의 문화생활을 책임진다. 건물 외관을
촬영하거나 구경하는 건 상관없지만 극장 내부를 보려면 공연 티켓을
구입해야 한다. 공연 정보는 홈페이지에서 확인할 것.

MORE INFO | 서커스와 뮤지컬이 혼합된 공연

하노이 오페라 하우스에서 베트남의 농촌 문화 이야기를 소재로 한 '랑또이(Lang Toi-My Village)' 쇼를
공연하고 있다. 이 공연은 대나무를 사용해 아크로바틱한 공중 곡예와 같은 다채로운 퍼포먼스를 선보이
며 베트남 전통 악기를 이용한 연주도 라이브로 감상할 수 있다. 2009년 제작되어 300회 이상 상연되었으
며, 요금은 70만 동부터이다. 공연 스케줄은 매달 변경되니 홈페이지를 참고하자.

⭐ **홈페이지** www.luneproduction.com/lang-toi

국립 역사박물관
Bảo Tàng Lịch Sử Quốc Gia
Vietnam National Museum of History
★★★

⭐ 지도 p.263-L
구글 맵 21,024736, 105,859596
주소 214 Trần Quang Khải, Tràng Tiến, Hoàn Kiếm
전화 024-3825-2853
개방 08:00~12:00, 13:30~17:00
휴무 매월 첫째 월요일
요금 4만 동(카메라 소지 시 3만 동, 비디오 소지 시 4만 동 추가)
홈페이지 baotanglichsu.vn
교통 호안끼엠호 동남쪽, 하노이 오페라 하우스에서 도보 5분

베트남 근·현대사를 만나다

베트남의 역사를 두루 살펴볼 수 있는 박물관. 짱띠엔 거리를 사이에 두고 2개의 박물관으로 나뉘어 있는데 입장권 하나로 모두 둘러볼 수 있다. 콜로니얼 양식의 2층 건물을 전시관으로 사용하고 있는 A관은 선사 시대부터 근대(1945년), B관은 구 혁명 박물관으로 근대부터 현재를 전시한다. A관에서 B관 순으로 관람하면 베트남 역사를 시대순으로 돌아볼 수 있다. 이 밖에도 특별전과 상설전을 통해 국내외 중요 문화재 및 전시품들을 연중 둘러볼 수 있다.

A관(선사 시대~근대)	B관(근대~현재)
콜로니얼 양식의 2층 건물로 건축가 에르네스트 에브라르가 설계하였으며 인도차이나(베트남-프랑스) 건축 양식을 띠고 있다. 선사 시대부터 근대에 이르기까지 다양한 전시물을 관람할 수 있으며 B관에 비해 현대적이고 다양한 특별전이 열려 찾는 이가 많다.	프랑스 식민지 시대에 지어진 건물을 개조했다. 식민 통치 당시에는 총독부 관저로, 이후에는 프랑스 고고학 연구소의 본부 겸 박물관으로 사용한 바 있다. 관람은 2층에서 1층으로 시대별 전시장을 따라 이동하면서 둘러보면 된다.

여성 박물관

Bảo Tàng Phụ Nữ Việt Nam
Vietnamese Women's Museum ★★

베트남 여성 생활사의 모든 것

베트남 여성들에 대한 모든 것을 일목요연하게 전시하고 있는 박물관으로 1995년에 문을 열었다. 4층으로 구성된 박물관은 베트남 여성의 과거부터 현재까지의 생활 양식과 문화 등을 테마별로 전시하고 있다. 실제 착용했던 복장과 사진, 모형 등을 살펴볼 수 있으며 여성들의 사회적 지위의 변천 과정도 이해할 수 있다. 최근 한국어 오디오 지원 서비스도 제공하기 시작했다.

★ **지도** p.264-F
구글 맵 21.023114, 105.851929
주소 36 Lý Thường Kiệt, Hàng Bài, Hoàn Kiếm **전화** 024-3825-9936
개방 08:00~17:00 **요금** 4만 동
홈페이지 www.baotangphunu.org.vn
교통 호안끼엠호 남쪽, 하노이 오페라 하우스에서 도보 15분

호알로 수용소

Nhà Tù Hỏa Lò ★★

정치범들의 수용소

베트남 전쟁 당시 인민군을 수용했던 시설로 죄수들의 대부분은 정치범이었다. 독방과 잡방 등의 감옥과 고문 도구 등이 당시의 상황을 생생하게 보여 준다. 북베트남으로 분리된 이후에는 미군 전쟁 포로들을 수용했는데 그중에는 미국 상원 의원을 지낸 존 매케인도 있다.

★ **지도** p.264-E
구글 맵 21.025484, 105.846690
주소 1 Hỏa Lò, Trần Hưng Đạo, Hoàn Kiếm **전화** 024-3934-2253
개방 08:00~17:00
요금 3만 동
홈페이지 www.hoalo.vn
교통 호안끼엠호 서남쪽, 대성당에서 도보 15분

하노이 대성당

Nhà Thờ Lớn
Saint Joseph Cathedral ★★★

노트르담 대성당을 닮은 성당

프랑스 식민지 시대에 네오고딕 양식으로 지은 성당이다. 미사 시간 외에는 성당 안으로 들어갈 수 없으며 밖에서 외관을 구경하거나 사진을 찍는 정도로 만족해야 한다. 미사는 평일 2회, 일요일 7회 열린다. 성당 주변에 크고 작은 여행자 숙소와 식당, 상점 등이 있어 관광객들로 분주하다.

★ **지도** p.264-C
구글 맵 21.028816, 105.849038
주소 40 Nhà Chung, Hàng Trống, Hoàn Kiếm
전화 024-3928-6350
홈페이지 tonggiaophanhanoi.org
교통 호안끼엠호 서쪽

호찌민 묘지

Lăng Chủ Tịch
Hồ Chí Minh
Ho Chi Minh Mausoleum
★★

호찌민의 시신이 잠들어 있는 곳

호찌민이 잠들어 있는 곳으로 1975년 9월 2일 조성했다. 묘소 앞 바딘 광장은 호찌민이 독립선언문을 낭독했던 역사적인 장소로 베트남 현지인은 물론 관광객들도 많이 찾는다. 묘소 안으로 들어가려면 카메라나 가방 등 개인 소지품을 보관소에 맡겨야 하며 반바지와 민소매, 슬리퍼 차림은 입장이 제한되니 복장을 갖추고 방문하자. 시신은 방부 처리되어 유리관 속에 안치되어 있으며 경건한 마음으로 둘러보면 된다. 실내에서 사진 촬영은 금지된다.

🌟 **지도** p.262-A
구글 맵 21.036807, 105.834689
주소 Hùng Vương, Điện Biên, Ba Đình
전화 024-3845-5128
개방 하절기 07:30~10:30, 토~일요일 07:30~23:00, 동절기 08:00~11:00, 토~일요일 08:30~11:30
휴무 월요일, 금요일(10~12월경 시신 방부 처리로 2개월간 휴관)
홈페이지 www.bqllang.gov.vn
교통 대성당에서 차로 13분

호찌민 관저

Nhà Sàn Bác Hồ
Ho Chi Minh's Stilt House
★★

호찌민의 소박하고 검소했던 삶을 엿보다

호찌민이 11년간 살았던 작은 목조 가옥과 노란색 관저로 이루어져 있다. 입구에서 목조 가옥까지는 산책로를 따라 둘러보면 된다. 푸른 초목에 둘러싸인 가옥 앞에는 아담한 인공 연못이 있고 소박한 가옥 안에는 회의실과 침실, 서재가 있다. 침실 안에는 호찌민이 실제 사용하던 시계나 라디오 등이 옛 모습 그대로 보관되어 있다. 연못을 따라 산책하며 가볍게 구경할 수 있다. 점심시간(11:00~12:00)에는 입장이 불가하다.

🌟 **지도** p.262-A
구글 맵 21.038207, 105.833193
주소 Số 1 Ngõ Bách Thảo, Ngọc Hồ, Ba Đình
개방 07:30~11:00, 13:30~16:00
요금 4만 동
홈페이지 ditichhochiminhphuchutich.gov.vn
교통 대성당에서 차로 13분

호찌민 박물관
Bảo Tàng Hồ Chí Minh
Ho Chi Minh Museum
★★

⭐ **지도** p.262-A
구글 맵 21.035282, 105.832834
주소 9 Ngách 158/19 Ngọc Hà, Đội
Cấn, Ba Đình
전화 024-3846-3757
개방 08:00~12:00, 14:00~16:30
휴무 월요일, 금요일 오후 **요금** 4만 동
교통 대성당에서 차로 13분

베트남 전쟁과 독립, 통일에 관한 모든 것

호찌민 탄생 100주년을 기념해 건립한 박물관으로 1985년 8월 31일 착공하여 1990년 5월 19일 개관했다. 외관은 하얀 연꽃을 형상화한 것이며 내부는 3층으로 나뉘어 있다. 전시관에는 호찌민의 유언장, 옥중 일기 등을 비롯해 2만 5,000권 이상의 장서와 호찌민에 관한 자료가 전시되어 있어 그의 생애와 업적, 호찌민 시대의 국민 투쟁, 베트남 독립에 관한 모든 것을 관람할 수 있다. 학생들의 교육장으로도 인기가 있어 단체 관람하는 베트남 학생들을 볼 수 있다. 이 밖에도 각종 세미나가 열리는 400석 규모의 강당과 서점 등이 있다. 영어, 프랑스어, 베트남어 가이드 투어 서비스도 제공한다.

못꼿 사원(일주사)
Chùa Một Cột
One Pillar Pagoda ★

⭐ **지도** p.262-A
구글 맵 21.035846, 105.833613
주소 Chùa Một Cột, Đội Cấn, Ba Đình
개방 07:00~18:00
교통 대성당에서 차로 15분

하나의 기둥 위에 지어진 사원

1049년에 지은 하노이의 고찰로 하나의 기둥 위에 불당을 지어 '일주사'라 부르게 되었다. 이 독특한 건축법은 리 왕조의 2대 황제인 리타이똥(Lý Thái Tông)이 설계한 것인데 그는 관음보살에 대한 감사의 뜻으로 이 사원을 지은 것으로 알려져 있다. 계단을 따라 오르면 사찰 내부를 볼 수 있다. 사찰의 현재 모습은 2015년에 새롭게 단장한 것이며 이웃하고 있는 호찌민 박물관과 함께 관광객들이 즐겨 찾는 명소다. 현지인들에게는 특별한 의미를 지닌 곳이다. 사원 뒤편에는 커다란 신목이 있다.

문묘
Văn Miếu
Temple of Literature
★★★

공자묘로 불리는 베트남 학문의 전당

공자를 모시기 위해 지은 건물로 '공자묘'라고도 불린다. 베트남 최초의 대학이 문을 열었던 곳으로 베트남 학문의 전당이라고 할 수 있다. 조용하고 차분한 분위기의 경내 좌우에는 거대한 비석이 놓여 있는데 1442년부터 약 300년간 시행된 관리 등용 시험 합격자들의 명단이 새겨져 있다. 대학 졸업식이 열리는 기간에는 문묘 곳곳에서 졸업 사진 기념 촬영이 진행된다.

⭐ **지도** p.262-E
구글 맵 21,027638, 105,835513
주소 58 Quốc Tử Giám, Văn Miếu, Đống Đa
전화 024-3747-2566
개방 08:00~17:00 **요금** 3만 동
홈페이지 vanmieu.gov.vn
교통 대성당에서 차로 13분

미술 박물관
Bảo Tàng Mỹ Thuật
Vietnam Fine Art Museum
★

예술적 가치가 돋보이는 미술품을 전시

응우옌타이혹 거리에 자리하고 있으며 폭넓은 장르의 베트남 예술품을 볼 수 있는 곳이다. 3층 규모의 박물관에는 불교 회화와 조각품을 비롯한 근현대 회화, 베트남 전쟁과 관련된 미술품을 전시하고 있다. 입구 좌측 별관에서는 베트남 전통 기법으로 만든 도자기 전시회도 자주 열린다. 문묘 인근에 있으니 미술에 관심 있다면 함께 둘러봐도 좋다.

⭐ **지도** p.262-E
구글 맵 21,030862, 105,837081
주소 66 Nguyễn Thái Học, Điện Bàn, Ba Đình **전화** 024-3733-2131
개방 08:30~17:00 **휴무** 월요일
요금 4만 동 **홈페이지** vnfam.vn
교통 대성당에서 차로 13분

베트남 민족학 박물관
Bảo Tàng Dân Tộc Học Việt Nam
Vietnam Museum of Ethnology
★★

베트남을 구성하는 민족들의 생활상 재현

베트남 54개 민족의 문화와 생활 양식을 소개하는 박물관. 실내 전시관, 동남아시아 국가들의 생활 양식과 문화재를 전시하는 동남아시아관, 베트남 대표 10개 부족들의 전통 가옥을 재현한 야외 전시관, 수상 인형극 공연장, 카페, 레스토랑, 기념품 숍 등으로 구성되어 있다. 수상 인형극 공연장은 야외에 있으며 다소 덥고 공연 수준이 떨어진다.

⭐ **지도** p.260-E
구글 맵 21,040622, 105,798345
주소 Nguyễn Văn Huyên, Nghĩa Đô, Cầu Giấy **전화** 024-3756-2193
개방 08:30~17:30 **휴무** 월요일
요금 4만 동(카메라 소지 시 5만 동 추가), 수상 인형극 관람료 성인 9만 동, 어린이 7만 동
홈페이지 www.vme.org.vn
교통 대성당에서 차로 30분 또는 시내버스 7·12·13·14·38·39번 이용

탕롱 유적

Hoàng Thành Thăng Long
Imperial Citadel of Thang Long ★★

세계 문화유산으로 등재된 유적지

탕롱 유적은 호앙지에우 거리를 사이에 두고 동쪽의 하노이 성과 서쪽의 탕롱 왕궁 터가 포함되어 있다. 하노이 성은 '탕롱 황성'이라고도 불리며 부지가 넓기 때문에 둘러보는 데 1시간 이상 소요된다. 탕롱 왕궁 터는 현재까지 발굴 작업이 진행되고 있다. 유적 내에는 도안몬, 공주와 후궁이 거처하던 허울러우, 유물 전시실, 지하 벙커 등이 있으며 포탄의 흔적과 같은 베트남 전쟁의 잔상들이 남아 있다.

⭐ **지도** p.262-B
구글 맵 21.035249, 105.840434
주소 19C Hoàng Diệu, Điện Biên, Ba Đình **전화** 024-3734-5427
개방 08:00~17:00 **휴무** 월요일
요금 3만 동 **홈페이지**
www.hoangthanhthanglong.com
교통 베트남 군사 역사박물관에서 도보 5분

베트남 군사 역사박물관

Bảo Tàng Lịch Sử Quân Sự Việt Nam
Vietnam Military History Museum ★★

전쟁에 사용된 무기들이 전시

탱크와 전투기, 미사일 등 실제 전쟁에서 사용했던 무기와 전쟁의 잔해가 전시되어 있다. 1954년에 일어난 디엔비엔푸 전투와 1975년 사이공 해방 전투의 '호찌민 작전' 상황을 영화로 보여 주기도 한다. 건물 앞에는 하노이 깃발 탑이 있어 함께 둘러보면 좋다. 박물관 건너편에는 레닌 동상이 서 있는 광장이 있다.

⭐ **지도** p.262-F
구글 맵 21.032381, 105.840321
주소 28A Điện Biên Phủ, Điện Bàn, Ba Đình **전화** 024-6253-1367
개방 08:00~11:30, 13:00~16:30
휴무 월·금요일 **요금** 4만 동(카메라, 비디오 소지 시 3만 동 추가)
홈페이지 btlsqsvn.org.vn
교통 대성당에서 차로 8분

MORE INFO | 하노이의 상징인 깃발 탑

베트남 군사 역사박물관 앞에 하노이 깃발 탑(Flag Tower of Hanoi)이 있다. 1812년 완공되었으며 탑까지의 높이 33.4m, 깃대까지의 높이가 41m를 자랑한다. 나선형 계단을 따라 피라미드 형태를 띠고 있다. 이 탑은 하노이시의 상징이자 2010년 유네스코 세계 문화유산으로 등재된 하노이 성의 일부다. 현재 베트남 국기가 게양되어 있다. 참고로 베트남에서 가장 높은 국기 게양대는 후에에 있다.
⭐ **지도** p.262-F **구글 맵** 21.032661, 105.839742

쩐꾸옥 사원(진국사)
Chùa Trấn Quốc
Tran Quoc Pagoda ★

호수 위에 자리한 아름다운 사원

떠이호의 상징이자 아름다운 불탑이 있는 사원. 멀리서도 눈에 띄는 불탑은 11층으로 6세기에 지어져 17세기에 옮겨졌다고 전해진다. 초기에는 '개국'을 뜻하는 카이꾸옥 사원으로 불렸으나 떠이호로 옮겨 오면서 현재의 이름으로 개명했다. 사원 내 보리수는 인도에서 가져온 것으로 알려져 있어 불자들이 많이 찾는다. 사원 입장 시 반바지, 슬리퍼 차림은 불가하다. 사원 주변에 참배로가 조성되어 있어 산책하기 좋다.

⭐ **지도** p.261-C
구글 맵 21.047951, 105.837028
주소 Thanh Niên, Yên Phụ, Ba Đình
전화 024-3829-3869
개방 07:30~11:30, 13:30~17:30
교통 대성당에서 차로 25분

꽌타인 사원(진무관)
Đền Quán Thánh
Quan Thanh Temple ★

베트남 최대 동상이 모셔진 도교 사원

11세기에 창건된 도교 사원으로 떠이호 초입에 자리하고 있다. 본당에는 높이 3.9m, 무게 4톤에 달하는 현천진무(玄天鎭武)의 동상이 있다. 베트남에서 가장 큰 동상으로 알려져 있으며 동상의 발에 돈을 문지르면 돈을 벌게 해준다는 속설이 있다. 쩐꾸옥 사원으로 가는 길에 잠시 들르기 좋다.

⭐ **지도** p.262-A
구글 맵 21.043013, 105.836431
주소 Ngã 3 Giao Cắt Và, Thanh Niên, Quán Thánh, Ba Đình
전화 024-3716-3201
개방 08:00~16:30
요금 1만 동
교통 대성당에서 차로 15분

MORE INFO | 하노이역 인근의 철길 마을

베트남 서민들의 삶이 고스란히 느껴지는 철길 마을에는 여전히 옛 건물들이 남아 있고 그 안에서 살아가는 사람들이 있다. 빛바랜 나무 문과 화분, 빨래를 널어놓은 빨랫줄 등 평범한 일상의 풍경이 철길을 따라 이어진다. 커피숍과 식당도 있으며, 기차가 지나가는 시간에는 실제로 달리는 기차를 볼 수 있다.

⭐ **지도** p.262-F **구글 맵** 21.030111, 105.844037

동쑤언 시장
Chợ Đồng Xuân
Dong Xuan Market
★★★

하노이 최대 규모를 자랑하는 시장

하노이 구시가지 북단에 위치한 재래시장으로 프랑스 식민지 시대에 조성되었다. 1층은 각종 생활용품과 식료품, 2층은 의류와 신발, 옷감 등을 판매한다. 관광객들에게는 터무니없는 가격을 부르는 경우가 있으니 몇몇 가게에 들러 대략적인 가격을 파악하고 구입하자. 시장 주변에는 포장마차와 노점들이 늘어서 있어 서민들의 활기찬 분위기가 느껴진다.

✪ **지도** p.264-A
구글 맵 21.038175, 105.849521
주소 Đồng Xuân, Hoàn Kiếm
전화 024-3829-5006
영업 07:00~18:00(가게마다 다름)
교통 대성당에서 차로 15분

하노이 옛집
Nhà Cổ Hà Nội
Hanoi Ancient House
★

구시가지에 남아 있는 전통 가옥

하노이에 남아 있는 5채의 전통 가옥 중 하나. 19세기 말에 지어졌으며 주인은 1945년에 이 집을 구입해 약방으로 운영하며 1999년까지 거주했다. 이후 정부는 과거 양식을 살려 지금의 모습으로 재건했다. 총 3동의 건물에 기념품 숍, 마당, 주방, 테라스, 욕실 등이 자리하고 있으며 2층으로 올라가면 조상을 모시는 제단과 거실, 서재, 침실을 볼 수 있다.

✪ **지도** p.264-B
구글 맵 21.034404, 105.853588
주소 87 Mã Mây, Hàng Buồm, Hoàn Kiếm
개방 08:00~18:00
요금 1만 동
교통 동쑤언 시장에서 도보 10분

박마 사원
Đền Bạch Mã
Bach Ma Temple
★

백마상이 자리한 사원

리 왕조의 시조인 리타이또의 전설에서 유래된 사원이다. 리타이또가 성벽을 건축하면서 어려움을 겪을 때 백마(白馬)의 꿈을 꾼 뒤 그 흔적을 따라 성벽을 짓자 외적의 침입과 홍수로부터 도시를 지킬 수 있었다고 한다. 사원 내부에는 전설 속 하얀 말을 형상화한 조형물이 있다. 입장료가 없으니 오가는 길에 잠시 들러 보자.

✪ **지도** p.264-B
구글 맵 21.035797, 105.851064
주소 76 Hàng Buồm, Hoàn Kiếm
전화 024-3860-0963
개방 09:00~11:30, 13:30~17:30
요금 무료
교통 동쑤언 시장에서 도보 6분

하노이 여행의 백미, '36 거리' 탐방

호안끼엠호 북쪽에 있는 구시가지를 '36 거리'라고도 부른다. 이정표처럼 표시된 '항(Hang)'이라는 단어는 '가게'를 뜻한다. 이른 아침부터 늦은 저녁까지 각기 다른 매력을 뽐내는 옛 거리를 걸으면서 하노이의 활기를 느껴 보자.

항꽛 거리
Hàng Quạt
불교용품을 판매하는 가게들이 모여 있는 이 거리로 상점 번창과 행사에 관련된 품목들을 취급한다.
구글 맵 21.032672, 105.849237

불교용품

항다오 거리
Hàng Đào
여성과 아이 옷을 판매하는 의류점이 많다. 과거 이 거리에는 염색업자가 많았다고 알려져 있다.
구글 맵 21.034913, 105.850214

의류

항보 거리
Hàng Bồ
수예품을 판매하는 가게가 모여 있다. 가게마다 실, 단추, 지퍼 등 수예에 필요한 부속품을 취급한다.
구글 맵 21.033918, 105.849349

수예품

르엉반깐 거리
Lương Văn Can
곰 인형, 로봇, 자동차, 레고 등 장난감을 파는 상점들이 밀집해 있다.
구글 맵 21.033719, 105.850005

완구

란옹 거리
Lãn Ông
한약재를 판매하는 상점이 주를 이룬다. 젊은 층에서 노인 세대까지 폭넓은 인기를 누리는 거리다.
구글 맵 21.035312, 105.849200

한약

항티엑 거리
Hàng Thiếc
일상생활에서 자주 쓰이는 양철 제품이 많다. 양철 제품은 쓰임새에 따라 가격과 크기가 다양하다.
구글 맵 21.033148, 105.847786

양철

항드엉 거리
Hàng Đường
맛있는 수제 과자부터 대량으로 유통되는 과자까지 다양한 과자를 판다. 여성과 아이들이 주 고객이다.
구글 맵 21.035490, 105.849948

과자

> **TIP** 랜드마크를 정해서 둘러볼 것!
>
> 구시가지는 거리도 복잡하고 사람도 많아 헤매기 쉽다. 가능하다면 탕롱 수상 인형극장을 출발점으로 해서 북쪽으로 향하는 코스를 추천한다. 그곳에서 하노이 옛
>
>
>
> 집을 관람하고 박마 사원을 거쳐 동쑤언 시장으로 가면 된다. 시장을 기점으로 이번에는 남쪽으로 발길을 돌려 보자. 불교용품을 판매하는 가게들이 모여 있는 항꽛 거리를 둘러보고 항가이 거리로 되돌아온다. 이렇게 돌아보는 데 2시간 정도 소요된다.

분짜 흐엉리엔
Bún Chả Hương Liên

미국 전 대통령 오바마가 재임 당시 다녀간 이후 더욱 유명해진 곳이다. 현지인들을 물론 하노이를 찾는 여행자에게도 인기가 높다. 이곳의 인기 메뉴는 '오바마 콤보'. 맛있게 구워진 하노이식 분짜와 스프링 롤, 맥주가 포함된 세트 구성이다. 분짜는 그냥 먹어도 맛있지만 마늘과 고추, 느억맘 소스 등을 곁들여서 먹으면 더욱 깊은 맛을 느낄 수 있다. 분짜만큼이나 유명한 넴하이산(해산물 스프링 롤)은 다진 게살, 새우와 같은 해산물, 갖은 야채 등을 듬뿍 넣어 맛이 풍부하다. 평상시에도 손님이 많지만 점심시간에는 대기 줄을 서야할 정도로 많은 사람들이 몰리니, 이 시간을 피해서 방문하면 조금 더 편하게 식사를 할 수 있다. 시내 중심가에서 약간 떨어져 있는 게 아쉬운 점.

⭐ **지도** p.263-K
구글 맵 21.018051, 105.853991
주소 24 Lê Văn Huu, Phạm Đình Hồ, Hai Bà Trưng **전화** 024-3943-4106
영업 08:00~20:30
요금 오바마 콤보 12만 동, 분짜(소) 5만 동~, 넴하이산 3만 5,000동
교통 호안끼엠호 남쪽, 하노이 오페라 하우스에서 도보 15분

분보남보
Bún Bò Nam Bộ

우리나라의 비빔국수와 비슷한 베트남 면 요리인 분보남보를 메인으로 내놓는 유명한 식당이다. 호엠끼엠호에서 멀지 않으며 중심가에 자리하고 있어 여행자들이 찾아가기 편리하다는 장점이 있다. 현지인들에게 인기 있는 식당이지만 여행자를 위한 사진 메뉴를 갖추고 있어 주문도 쉽고 간단히 할 수 있다. 분보남보는 일반 쌀국수 면에 비해 조금 더 굵은 면을 사용하는데 면 위에 잘 구워진 양념 고기와 신선한 채소, 튀긴 마늘, 땅콩 등이 고명으로 올려져 나온다. 개인 취향에 따라 간장과 식초, 해선장 소스 등을 더해 잘 비벼 먹으면 맛있는 분보남보가 완성된다. 그냥 먹는 것도 좋지만 베트남식 소시지로 불리는 냄쭈어, 바인바오를 곁들여 먹기도 한다.

⭐ **지도** p.264-C
구글 맵 21.032259, 105.846914
주소 76 Hàng Điếu, Cửa Đông, Hoàn Kiếm **전화** 024-3923-0701
영업 07:30~22:30
요금 분보남보 6만 5,000동~, 바인바오 6,000동
홈페이지 www.bunbonambo.com
교통 호안끼엠호 서북쪽, 대성당에서 도보 7분

꽌안응온
Quán Ăn Ngon

베트남 전통 요리를 한자리에서 맛볼 수 있는 레스토랑으로 각 지역의 대표 메뉴를 간편하게 주문할 수 있어 관광객들에게 인기. 중부식 바인쌔오, 쌀국수 등이 인기 메뉴이며 메인 메뉴만큼이나 다양한 디저트와 음료를 갖추고 있다. 혼자보다는 여럿이서 함께 식사하기 좋다. 하노이 외에도 여러 곳에 지점이 있다.

⭐ **지도** p.262-F **구글 맵** 21.026380, 105.843445
주소 18 Phan Bội Châu, Cửa Nam, Hoàn Kiếm **전화** 090-212-6963
영업 09:00~22:00 **요금** 식사 6만 5,000동~, 음료 2만 5,000동~
홈페이지 quananngon.com.vn **교통** 호안끼엠호 서쪽, 하노이역에서 도보 7분

분짜닥낌
Bún Chả Đắc Kim

하노이의 인기 분짜 전문점. 분짜는 숯불에 구운 고기와 쌀국수를 새콤 달콤한 소스에 비비거나 찍어 먹는 요리다. 여행자를 위해 분짜와 스프링 롤을 함께 제공하는 세트 메뉴와 단품 메뉴가 있다. 저녁에는 동이 나는 경우가 많으니 서둘러야 한다.

⭐ **지도** p.264-C **구글 맵** 21.032342, 105.848117
주소 1 Hàng Mành, Hàng Gai, Hoàn Kiếm **전화** 024-3828-7060
영업 09:30~21:00 **요금** 분짜 7만 동, 분짜·스프링 롤 콤보 11만 동
홈페이지 bunchahangmanh.vn
교통 호안끼엠호 서북쪽, 대성당에서 도보 10분

라 바디안
La Badiane

우아한 프랑스 요리를 콜로니얼 양식의 주택에서 맛볼 수 있다. 블랙과 화이트 톤으로 모던하게 꾸민 인테리어와 고풍스러운 외관이 무척 잘 어울린다. 런치 세트를 이용하면 비교적 합리적인 가격에 3코스 메뉴를 경험할 수 있는데 기본적인 애피타이저와 메인 요리, 디저트가 제공된다. 잘 구워 낸 농어 스테이크와 새우를 이용한 메인 메뉴가 평이 좋다.

⭐ **지도** p.262-F **구글 맵** 21.026639, 105.843218
주소 10 Nam Ngư, Cửa Nam, Hoàn Kiếm **전화** 024-3942-4509
영업 11:30~14:00, 18:00~22:00 **휴무** 일요일 **요금** 런치 세트 69만 5,000동~
교통 호안끼엠호 서쪽, 하노이역에서 도보 7분

35B 쏘이옌
35B Xôi Yến

원하는 밥과 토핑을 선택해 먹는 덮밥 전문점. 여행자를 위한 사진 메뉴를 제공하며 주문 방법은 먼저 밥을 고른 뒤 원하는 토핑을 고르면 된다. 복잡한 1층보다는 2층에서 주문하고 식사를 하자. 밥 종류는 크게 3가지(옥수수찰밥, 땅콩찰밥, 기본 찰밥)인데 옥수수찰밥이 인기가 좋다. 토핑은 닭고기, 돼지고기, 차슈, 소시지, 달걀, 파테, 마른 양파 등이다.

⭐ **지도** p.264-B **구글 맵** 21.033714, 105.854490
주소 35B Nguyễn Hữu Huân, Lý Thái Tổ, Hoàn Kiếm **전화** 024-6259-3818
영업 06:00~23:30 **요금** 찹쌀밥 2만 동~, 토핑 1만 동~
교통 호안끼엠호 동북쪽, 하노이 옛집에서 도보 2분

베또 비스트로 & 티라운지
BêTô Bistro & Tealounge

젊은 층이 좋아할 만한 메뉴들로 무장한 캐주얼한 레스토랑이다. 대로변 건물 2층에 위치해 그냥 지나치기 쉬우니 잘 살펴야 한다. 베트남 요리와 서양식 요리를 선보이며 우리 돈으로 1만 원에 두툼한 스테이크를 푸짐하게 맛볼 수 있다. 심플한 메뉴 구성이지만 고기를 좋아하는 여행자라면 한 번쯤 방문해도 좋을 것이다.

⭐ **지도** p.263-K **구글 맵** 21.022803, 105.857253
주소 1B Hai Bà Trưng, Tràng Tiền, Hoàn Kiếm **전화** 091-464-6644
영업 10:00~22:00 **요금** 애피타이저 5만 동~, 스테이크(180g 기준) 17만 9,000동~ **교통** 호안끼엠호 동남쪽, 하노이 오페라 하우스에서 도보 3분

퍼스엉
Phở Sướng

복잡한 거리 안쪽 골목에 위치하고 있어 쉽게 발견할 수 없지만 현지인들에게는 무척 유명한 쌀국수 맛집이다. 5만 동이라는 저렴한 가격에 비해 국수 양이 푸짐하며 특히 고기를 듬뿍 얹어 준다. 기본 국수인 찐(Chín)은 담백한 육수 맛이 특징으로 조금 더 독특하게 즐기고 싶다면 달걀을 추가해(5,000동) 먹어도 좋다. 관광객이 적다는 것도 장점이다.

⭐ **지도** p.264-B **구글 맵** 21.033513, 105.852133
주소 24B Ngõ Trung Yên, Hàng Bạc, Hoàn Kiếm **전화** 091-619-7686
영업 05:30~11:30, 16:30~21:30 **요금** 쌀국수 5만 5,000동~
교통 호안끼엠호 북쪽, 하노이 옛집에서 도보 3분

퍼 10 리꾸옥스
Phở 10 Lý Quốc Sư

한국인이 좋아할 만한 쌀국수 맛을 갖춘 곳이다. 적당하게 우린 육수에 고기, 파, 고수, 양파 등을 올려 낸다. 기본 쌀국수를 주문해도 좋고 매콤한 소스나 알싸한 고추를 넣어서 얼큰하게 먹어도 그만이다. 현지 쌀국숫집치고 내부 위생 상태도 좋은 편이다. 같은 이름의 쌀국숫집이 곳곳에 있지만 대성당 근처 매장이 여행자들에게 인기가 좋다.

⭐ **지도** p.264-C **구글 맵** 21.030468, 105.848785
주소 10 Lý Quốc Sư, Hàng Trống, Hoàn Kiếm **전화** 024-3825-7338
영업 06:00~22:00 **요금** 쌀국수 7만 5,000동~
홈페이지 www.pho10lyquocsu.com **교통** 호안끼엠호 서쪽, 대성당에서 도보 3분

바인미 25
Banh Mì 25

여행자들이 직접 순위를 정하는 트립어드바이저에서 인기가 높은 바인미 맛집이다. 가게는 작지만 이 집의 바인미 맛을 보려는 이들로 항상 북새통을 이룬다. 닭고기, 돼지고기, 채소 바인미가 있으며 재료에 따라 가격이 달라진다. 서비스가 친절하고 영어가 통하는 직원이 있다.

⭐ **지도** p.264-A **구글 맵** 21.036127, 105.848615
주소 25 Hàng Cá, Hàng Bồ, Hoàn Kiếm **전화** 097-766-8895
영업 07:00~21:00 **요금** 바인미 3만 동~
교통 호안끼엠호 북쪽, 동쑤언 시장에서 도보 5분

퍼틴
Phở Thìn

여행자들이 즐겨 찾는 거리에서 다소 벗어난 곳에 위치하지만 쌀국수 마니아들 사이에서는 이미 유명한 맛집이다. 진한 육수와 부드러운 국수를 기본으로 은은한 불향이 나는 고기와 쪽파가 듬뿍 올라가는 것이 이곳만의 특징이다. 하노이 퍼보의 진수를 맛보고 싶다면 찾아가 보자.

⭐ 지도 p.263-K 구글 맵 21.018184, 105.855294
주소 13 Lò Đúc, Ngô Thì Nhậm, Hai Bà Trưng 전화 033-894-3359
영업 06:00~21:00 요금 쌀국수 7만 동~
교통 호안끼엠호 남쪽, 하노이 오페라 하우스에서 도보 10분

퍼자쭈옌
Phở Gia Truyền

하노이 구시가지에서 가장 손님이 많은 쌀국수 가게 중 한 곳이다. 3대째 대를 이어 운영하는 맛집으로 한국인 여행자들에게는 '백종원 쌀국수'라는 이름으로 유명하다. 이른 아침부터 늦은 밤까지 빈자리가 없을 정도로 손님이 많다. 대표 메뉴는 하노이식 쌀국수로 잘게 다진 파가 들어가며 입에서 살살 녹을 정도로 부드러운 고기와 진한 육수가 특징.

⭐ 지도 p.264-A 구글 맵 21.033621, 105.846598
주소 49 Bát Đàn, Cửa Đông, Hoàn Kiếm 전화 024-6683-3535
영업 06:00~10:00, 18:00~20:30 요금 쌀국수 5만 동~
교통 호안끼엠호 서북쪽, 대성당에서 도보 9분

하노이 카페 산책

하노이에는 개성 넘치는 카페들이 많다. 커피 하나만으로도 충분히 즐거운 여행이 될 수 있는 만큼 특색 있는 카페를 찾아 하노이 커피 순례를 떠나 보자. 하노이를 대표하는 커피는 베트남식 핀 커피와 에그 커피, 코코넛 커피 등이 있다.

Walking on the Cafe Streets of
Hanoi

하노이 커피 마니아들의 성지
갱갱 카페

구시가지

미로처럼 숨겨진 비밀스러운 카페
놀라 카페

베트남식, 코코넛 커피의 대명사
꽁 카페

에그 커피로 유명한 카페
카페 장

호안끼엠코 풍겨 한 모금, 에그 커피 한 잔
카페 퍼끄

대성당 옆 려셔리 카페
카페 루남

대성당

코즈니한 책방 분위기 카페
더 리틀 플랜 카페

호안끼엠코

달잔달잔 밀크리로 유명한 카페
샴 카페

꽁 카페 Cộng Cà Phê

베트남에서 가장 사랑받는 카페로 특유의 카키색으로 꾸며져 있다. 대표 메뉴인 코코넛 커피는 달콤하면서도 부드러운 코코넛 특유의 풍미를 느낄 수 있어 인기다.

⭐ **지도** p.264-D **구글 맵** 21.032225, 105.852044
주소 116 Cầu Gỗ, Hàng Đào, Hoàn Kiếm
전화 091-181-1149 **영업** 07:00~23:30
요금 코코넛 밀크 커피 4만 5,000동~
홈페이지 congcaphe.com
교통 호안끼엠호 북쪽, 수상 인형극장에서 도보 3분

카페 장 Café Giảng

에그 커피가 유명한 카페. 바로 옆에 같은 이름의 카페가 있으니 헷갈리지 않도록 유의하자. 이곳의 커피는 품질 좋은 달걀을 사용하기 때문에 풍미가 깊고 고소하다. 처음에는 크림처럼 떠먹다가 조금씩 저어 가면서 마시면 된다.

⭐ **지도** p.264-D **구글 맵** 21.033404, 105.854461
주소 39 Nguyễn Hữu Huân, Hàng Bạc, Hoàn Kiếm
전화 098-9892-298 **영업** 07:00~22:00
요금 에그 커피 3만 5,000동~
홈페이지 www.giangcafehanoi.com
교통 호안끼엠호 동북쪽, 하노이 옛집에서 도보 3분

놀라 카페 Nola Café

좁은 통로를 따라 계단을 올라가면 비밀스러운 공간이 나타난다. 하노이 정취가 물씬 풍기는 카페 겸 바로 베트남 커피와 음료, 식사 등을 판매한다.

⭐ **지도** p.264-B **구글 맵** 21.034373, 105.853476
주소 91 P. MãMây, Hàng Buồm, Hoàn Kiếm
전화 024-3926-4669 **영업** 08:00~23:00
요금 커피 3만 5,000동~
교통 동쑤언 시장에서 도보 10분, 하노이 옛집에서 도보 1분

샴 카페 CHARME Cafe

인테리어가 예쁜 카페로 주 메뉴는 밀크티와 커피. 특히 밀크티 종류가 다양한데 밀크티에 짭조름한 크림치즈를 올린 '오션 솔트 치즈 티'가 이 집의 시그너처다.

⭐ **지도** p.263-K **구글 맵** 21.016674, 105.855964
주소 50 Lò Đúc, Phạm Đình Hồ, Hai Bà Trưng
전화 0168-568-7641 **영업** 07:00~22:00
요금 커피 3만 5,000동~, 스페셜 티 4만 5,000동~
교통 호안끼엠호 남쪽, 하노이 오페라 하우스에서 도보 13분

랭랭 카페 Reng Reng Café

주택을 개조해 만든 카페로 좁은 골목 안에 있다. 하노이 커피 마니아들이 즐겨 찾는다. 메뉴는 그날그날 달라지지만 보통 2가지 원두 중 하나를 골라 주문한다. 달랏 지역에서 공수하는 아라비카종과 로부스타종을 취급한다.

⭐ **지도** p.262-B **구글 맵** 21.038513, 105.845064
주소 17 Ngõ, 12B Lý Nam Đế, Quán Thánh, Hoàn Kiếm
전화 093-365-3101 **영업** 08:00~14:00, 토 · 일요일
08:00~17:00 **휴무** 월요일 **요금** 베트남 커피 4만 5,000동
홈페이지 rengrengcafe.com
교통 롱비엔역에서 도보 10분, 국방부 건물 골목에 위치

카페 퍼꼬 Café Phố Cổ

예전만큼은 아니지만 여전히 이곳을 찾는 여행자들이 있다. 베트남 전통 가옥 양식의 건물 옥상으로 올라가면 호안끼엠호가 한눈에 들어온다. 인기 메뉴는 에그 커피다.

⭐ **지도** p.264-D **구글 맵** 21.032261, 105.851095
주소 11 Hàng Gai, Hàng Trống, Hoàn Kiếm
전화 024-3928-8153
영업 08:00~23:00
요금 베트남 커피 4만 5,000동~
교통 호안끼엠호 북쪽, 수상 인형극장에서 도보 3분

더 리틀 플랜 카페 The Little Plan cafe

대성당 인근 좁은 골목에 위치한 카페로 빈티지한 분위기로 꾸며져 있다. 2층에는 작지만 분위기 있는 야외 테라스가 있다. 에스프레소와 같은 일반 커피 메뉴와 베트남 커피 메뉴를 모두 갖추고 있다. 조용히 시간을 보내기 좋은 카페.

⭐ **지도** p.264-C **구글 맵** 21.029864, 105.847808
주소 11 PhúDoãn, Hàng Trống, Hoàn Kiếm
전화 083-4741-988 **영업** 08:00~22:00
요금 라테 5만 5,000동~, 베트남 커피 3만 동~
교통 호안끼엠호 서쪽, 대성당에서 도보 2분

카페 루남 Càfê RuNam

고급스러운 분위기의 카페로 인근 카페보다 가격대는 조금 높은 편이다. 식사와 커피, 디저트 모든 것이 가능하며 베트남식 드롭 커피는 뜨겁게 마시거나 차갑게 아이스로 마실 수 있어 좋다.

⭐ **지도** p.264-C **구글 맵** 21.028989, 105.850118
주소 13 Nhà Thờ, Hàng Trống, Hoàn Kiếm
전화 024-3928-6697 **영업** 07:00~23:00
요금 카페스어다 9만 동, 카페 구르망(Café Gourmand) 11만 동
홈페이지 www.caferunam.com
교통 호안끼엠호 서쪽, 대성당에서 도보 1분

세렌더
Cerender

⭐ 지도 p.264-F
구글 맵 21.026179, 105.850833
주소 11 Tràng Thi, Tràng Tiền, Hoàn
Kiếm 전화 093-863-2481
영업 09:00~21:00
홈페이지 www.cerender.com
교통 호안끼엠호 동남쪽, 대성당에서
도보 5분

하노이 스타일의 도자기와 직접 만든 핸드메이드 그릇을 합리적인 가격에 판매한다. 밧짱 인근에 자체 작업실을 운영하고 있으며 매장은 작지만 다른 곳에서 쉽게 볼 수 없는 독특한 아이템이 많아 구매 욕구를 자극한다. 티포트, 접시, 찻잔, 머그잔, 화병 등이 인기 아이템이다.

컬렉티브 메모리
Collective Memory

⭐ 지도 p.264-C
구글 맵 21.028045, 105.849862
주소 20 Nhà Chung, Hàng Trống,
Hoàn Kiếm 전화 098-647-4243
영업 09:30~19:00
홈페이지 collectivememory.vn
교통 호안끼엠호 서쪽, 대성당에서
도보 1분

프랑스 스타일의 편집 숍으로 하노이의 핫 플레이스. 베트남을 테마로 한 팬시상품 외에 프랑스 디자인을 접목한 오리엔탈 분위기의 인테리어 소품을 판다. 가격은 다른 매장에 비해 조금 비싸지만 상품이 고급스러워 만족도가 높다. 에코 백 18만 동, 도장 6만 5,000동 수준.

나구
Nagu

⭐ 지도 p.264-C
구글 맵 21.029012, 105.849706
주소 20 Nhà Thờ, Hàng Trống, Hoàn
Kiếm 전화 024-3928-8020
영업 09:00~21:00
홈페이지 www.zantoc.com
교통 호안끼엠호 서쪽, 대성당에서
도보 1분

하노이의 인기 쇼핑 매장으로 오랫동안 한자리를 지켜 오고 있다. 1층은 귀여운 곰 인형(22만 동), 에코 백(60만 동), 여권 케이스 등과 같은 라이프스타일 제품, 2층은 키즈 용품과 홈 인테리어 소품을 판매한다. 선물용으로 구입하기 좋은 상품이 많으며 품질도 좋은 편이다.

안 스토어
aN Store

가죽 공방 겸 편집 숍으로 주인이 직접 만든 가죽 공예 제품들이 가득하다. 매장은 2층 규모이며, 2층에서는 할인 제품도 상당수 판매하고 있다. 가죽 여권 케이스, 키홀더, 벨트 등의 소품부터 톤 다운된 컬러의 의류, 가방, 구두 등 고급 제품까지 다양하다.

⭐ **지도** p.263-G
구글 맵 21.025367, 105.857277
주소 8 Lý Đạo Thành, Tràng Tiền,
Hoàn Kiếm **전화** 091-510-7676
영업 09:00~20:00(토 · 일요일
09:00~18:00) **교통** 호안끼엠호 동쪽,
하노이 프레스 클럽에서 도보 1분

롯데 마트 하노이 센터
LOTTE Mart HàNội Center

호안끼엠호에서 약 4.5km 정도 떨어져 있어 여행자들이 이용하기엔 다소 불편하지만 믿을 수 있는 한국계 대형 마트로 상품군이 다양하다. 말린 과일, 베트남 커피, 견과류, 인스턴트 라면, 소스 등 여행자들이 주로 구입하는 상품이 많아 귀국 전 쇼핑을 즐기기 좋다.

⭐ **지도** p.260-E
구글 맵 21.032130, 105.812460
주소 54 P. Liễu Giai, Cống Vị, Ba
Đình **전화** 0243-7247-501
영업 08:00~22:00
홈페이지 www.lottemart.com.vn
교통 호안끼엠호 서쪽, 대성당에서
차로 15분

짱띠엔 플라자
Tràng Tiền Plaza

모던한 분위기의 쇼핑몰로 오랜 역사를 자랑하는 곳이다. 1901년 문을 연 이래 레노베이션을 거듭하여 지금의 모습을 갖추었다. 쇼핑몰 안에는 각종 화장품, 주얼리, 명품 브랜드가 입점해 있으며 6층에는 글로벌 푸드 코트 체인인 푸드리퍼블릭(Food Republic)이 입점해 있다.

⭐ **지도** p.264-F
구글 맵 21.024913, 105.853270
주소 24 Hai Bà Trưng, Tràng Tiền,
Hoàn Kiếm **전화** 024-3937-8599
영업 09:30~21:30
홈페이지 trangtienplaza.vn
교통 호안끼엠호 동남쪽, 중앙
우체국에서 도보 2분

로열 시티 빈콤 메가 몰
Royal City Vincom Mega Mall

다양한 브랜드를 갖춘 대형 복합 쇼핑센터로 중심가에서 약간 벗어나 있으며 현지에 거주하는 한국인들이 많이 찾는다. 의류 브랜드를 비롯해 슈퍼마켓, 레스토랑, 카페 등의 편의 시설이 폭넓게 입점해 있다. 지하에는 아이스 링크와 극장, 워터파크 등의 시설이 있어 아이를 동반한 가족 여행자들이 많이 찾는다.

⭐ **지도** p.260-J **구글 맵** 21.003901, 105.815605 **주소** Ngách 190/7, Thượng Đình, Thanh Xuân **전화** 024-6664-9999 **영업** 10:00~22:00(토 · 일요일 09:30~) **홈페이지** www.vincom.com.vn **교통** 호안끼엠호에서 차로 30분

이온 몰
Aeon Mall

롱비엔 지역에 새롭게 문을 연 대형 쇼핑몰로 일본계 이온 백화점을 비롯해 다국적 브랜드 숍과 라이프스타일 시설이 모여 있는 메가 몰이다. 쇼핑몰에는 영화관, 백화점, 슈퍼마켓, 레스토랑, 푸드 코트(3층) 등 다양한 시설들이 입점해 있다. 쾌적한 환경에서 쇼핑을 즐길 수 있는 데다 이온 슈퍼마켓에서는 기념품을 구입할 수 있어 여행자들에게 인기가 있다. 하노이 시내를 연결하는 무료 셔틀버스를 운행한다.

⭐ **지도** p.263-D **구글 맵** 21.027410, 105.899125 **주소** 27 Cổ Linh, Long Biên **전화** 024-3269-3000 **영업** 10:00~22:00 **홈페이지** aeonmall-long-bien.com.vn **교통** 이온 몰 셔틀버스 또는 택시 이용. 시내에서 차로 15분

하노이 야시장
Chợ Đêm Phố Cổ Hà Nội

구시가지에서 매주 금~일요일 저녁에 열리는 야시장. 생필품을 주로 판매하며 간단한 기념품을 파는 노점도 있어 저렴한 기념품을 구입하기 좋다. 가볍게 먹을 수 있는 음식과 음료를 파는 노점도 있어 야식을 즐기기에도 부족함이 없다. 동쑤언 시장까지 이어지니 산책하듯 걸으며 구경해 보자.

⭐ **지도** p.264-B **구글 맵** 21.033456, 105.850925 **주소** Hàng Đào, Hoàn Kiếm **전화** 086-8216-240 **영업** 금~일요일 18:00~24:00 **휴무** 월~목요일 **교통** 호안끼엠호 북쪽, 대성당에서 도보 9분

스파스 하노이
Spas Hanoi

발 마사지, 보디마사지, 페이셜, 네일 등의 서비스를 제공하며 깔끔한 시설을 갖추고 있다. 세러피스트들의 실력은 보통 수준으로 가벼운 발 마사지 코스가 무난하다. 시내 중심가에 위치하고 있어 여행 중 잠시 들르기 좋다.

⭐ **지도** p.264-C **구글 맵** 21.031920, 105.848408
주소 18 Hàng Mành, Hàng Gai, Hoàn Kiếm
전화 097-623-2322
영업 10:00~22:00(마지막 입장은 문 닫기 1시간 전)
요금 발마사지(90분) 45만 동, 시그니처(180분) 110만 동
홈페이지 www.spashanoi.com
교통 호안끼엠호 서쪽, 대성당에서 도보 5분

미도 스파
Mido Spa

페이셜, 스킨케어, 보디마사지, 타이 마사지, 스위디시 마사지 등을 선보인다. 중저가치고는 시설이 깔끔하고 친절하며 가볍게 발 마사지를 받기 좋다. 짧은 족욕 후에 마사지가 시작된다. 호안끼엠호를 중심으로 2곳의 지점을 운영한다.

⭐ **지도** p.264-C **구글 맵** 21.031773, 105.848346
주소 11 Hàng Mành, Hàng Gai, Hoàn Kiếm
전화 049-8569-4900
영업 09:00~23:00(마지막 입장은 문 닫기 1시간 전)
요금 발 마사지(30분) 16만 동, 아로마세러피 마사지(60분) 43만 동
교통 호안끼엠호 서쪽, 대성당에서 도보 5분

반쑤언
Vạn Xuân

저렴한 발 마사지 전문점으로 하노이에만 3곳의 지점이 있다. 발 마사지, 뭉친 어깨나 목을 풀어 주는 넥 앤드 숄더(Neck and Shoulder) 마사지 정도가 무난하다. 전반적으로 마사지 요금이 저렴한 편이지만 마사지 후 노골적으로 팁을 요구하기도 한다. 큰 기대는 금물.

⭐ **지도** p.264-C **구글 맵** 21.030206, 105.848883
주소 24c P. LýQuốc Sư, Hàng Trống, Hoàn Kiếm
전화 098-294-5628 **영업** 09:00~23:30
요금 발 마사지(70분) 15만 동, 보디마사지(70분) 19만 동
홈페이지 www.vanxuanfootmassage.com
교통 호안끼엠호 서쪽, 대성당에서 도보 2분

라 스파
La Spa

가격대는 조금 높아도 고급스러운 시설과 수준 높은 마사지를 즐기고 싶은 이들에게 추천. 간단한 발 마사지부터 4시간에 달하는 풀코스 스파까지 다양하다. 3개의 매장 중 이곳 항베(Hàng Bè)점이 여행자들이 찾아가기 쉽다. 오전 9시부터 낮 12시까지는 해피 아워로 30% 할인을 받을 수 있다.

⭐ **지도** p.264-D **구글 맵** 21.033091, 105.853816
주소 27 Hàng Bè, Hoàn Kiếm
전화 024-3929-0011 **영업** 09:00~21:00
요금 발 마사지(60분) 67만 5,000동, 보디마사지(60분) 75만 동 (팁 포함)
교통 호안끼엠호 동북쪽, 하노이 옛집에서 도보 2분

소피텔 레전드 메트로폴 하노이 호텔
Sofitel Legend Metropole Hanoi Hotel

클래식한 분위기의 호텔로 100여 년의 역사를 자랑
한다. 1901년에 문을 열었고 찰리 채플린 부부가 신혼
여행 때 머문 호텔로 알려져 있다. 구관과 신관으로
운영되고 있는데 구관이 더욱 클래식하고 가격대가
높다. 아담한 풀장과 정원도 잘 관리되고 있다.

⭐ **지도** p.264-F **구글 맵** 21.025487, 105.856068
주소 15 Ngô Quyền, Tràng Tiền, Hoàn Kiếm
전화 024-3826-6919
요금 오페라 윙 US$330~
홈페이지 www.all.accor.com
교통 호안끼엠호 동쪽, 하노이 오페라 하우스에서 도보 2분

힐튼 하노이 오페라
Hilton Hanoi Opera

아름다운 콜로니얼 양식으로 지어진 5성급 호텔. 우
아하고 화려하며 외관만큼이나 내부도 호화롭다. 모
든 객실에 샤워 부스와 욕실이 마련되어 있고 수준
높은 서비스를 제공한다. 테라스를 갖춘 객실에서는
하노이의 멋진 야경을 감상할 수 있다.

⭐ **지도** p.263-L **구글 맵** 21.023197, 105.857555
주소 1 Lê Thánh Tông, Phan Chu Trinh, Hoàn Kiếm
전화 024-3933-0500
요금 힐튼 이그제큐티브 US$250~
홈페이지 www.hilton.com
교통 호안끼엠호 동쪽, 하노이 오페라 하우스에서 도보 2분

인터컨티넨탈 하노이 웨스트레이크
InterContinental Hanoi Westlake

떠이호 위에 지어진 하노이 최고급 호텔 중 하나로 본
관과 호수에 떠 있는 파빌리온으로 나뉘어 있다. 해변
리조트를 연상시키는 분위기로 꾸며져 있으며 전 객
실에 떠이호를 조망할 수 있는 발코니가 있다. 베트남,
프랑스 퀴진 등 호텔 내 레스토랑도 수준 높다.

⭐ **지도** p.261-C **구글 맵** 21.058606, 105.831837
주소 5 Từ Hoa Công Chúa, Quảng An, Tây Hồ
전화 024-6270-8888
요금 디럭스 파노라믹 뷰 US$220~
홈페이지 www.ihg.com
교통 떠이호 인근, 호안끼엠호에서 차로 20분

쉐라톤 하노이 호텔
Sheraton Hanoi Hotel

전통과 격식을 갖춘 5성급 호 텔로 쾌적하면서도 부대시설 또한 부족함이 없다. 시내에서 약간 떨어져 있지만 조용하게 지낼 수 있다는 장점이 있다. 하노이 시내까지 셔틀 버스 서비스를 제공한다.

🌀 **지도** p.261-C **구글 맵** 21.059887, 105.831656
주소 K5 Nghi Tam, 11 Xuân Diệu, Quảng An, Tây Hồ
전화 024-3719-9000 **요금** 디럭스 US$180~
홈페이지 www.marriott.com
교통 떠이호 인근, 호안끼엠호에서 차로 20분

호텔 두 파크 하노이
HÔTEL du PARC HANOÏ

기존의 호텔 닛코 하노이를 리모델링해 2019년 새롭 게 문을 열었다. 총 256개의 객실은 깔끔함이 돋보이 며 넓은 풀장과 비즈니스 센터, 사우나, 피트니스 센 터 등 부대시설도 충실하다. 일본 요리를 제공하는 일식당(AZABU)도 평이 좋다.

🌀 **지도** p.262-J **구글 맵** 21.017730, 105.841884
주소 84 Trần Nhân Tông, Nguyễn Du, Hai Bà Trưng
전화 024-3822-3535 **요금** 디럭스 US$150~
홈페이지 hotelduparchanoi.com
교통 호안끼엠호 서남쪽, 하노이역에서 차로 3분

코니퍼 부티크 호텔
Conifer Boutique Hotel

중급 호텔로 하노이 시내 중심 에 자리하고 있다. 42실의 객 실은 베트남 분위기가 나면서 도 현대적인 편리함을 가미했 다. 할롱베이, 사빠 지역 투어도 직접 진행하며 호텔 주변에 카페, 베이커리, 편의점 등이 있어 편리하다.

🌀 **지도** p.263-K **구글 맵** 21.025229, 105.857097
주소 9 Lý Đạo Thành, Tràng Tiền, Hoàn Kiếm
전화 024-3266-9999 **요금** 다다미 룸 US$80~
홈페이지 www.coniferhotel.com
교통 호안끼엠호 동쪽, 하노이 오페라 하우스에서 도보 2분

애프리콧 호텔
Apricot Hotel

호안끼엠호 가장자리에 위치 한 네오클래식 양식의 호텔로 모던하고 고급스러운 분위기 가 흐른다. 루프톱에 마련된 수영장에서는 아름다운 호수가 내려다보인다. 부대 시설도 충실한 편이다.

🌀 **지도** p.264-D **구글 맵** 21.028259, 105.850898
주소 136 Hàng Trống, Hoàn Kiếm
전화 024-3828-9595 **요금** 디럭스 US$150~
홈페이지 www.apricothotels.com
교통 호안끼엠호 서쪽, 대성당에서 도보 4분

머큐어 하노이 라 가르
Mercure Hanoi La Gare

하노이역 인근에 있는 4성급 인기 호텔로 2009년에 문을 열었다. 호텔 내부에 작은 안 뜰이 있어 마치 딴 세상에 온 듯하다. 깔끔한 객실은 지내기 에 불편함이 없다. 모든 객실에서 무선 인터넷 사용이 가능하다.

⭐ **지도** p.262-F **구글 맵** 21.026107, 105.841678
주소 94 Lý Thường Kiệt, Hoàn Kiếm
전화 024-3944-7766 **요금** 디럭스 US$120~
홈페이지 www.all.accor.com
교통 호안끼엠호 서쪽, 하노이역에서 도보 3분

실크 패스 부티크 호텔 하노이
Silk Path Boutique Hotel Hanoi

호안끼엠호 인근에 위치한 호 텔로 가격 대비 서비스와 만족 도가 높다. 고급스러운 분위 기로 꾸며진 객실은 공간 활 용이 잘되어 있고 어메니티도 충실히 갖추고 있다. 비즈니스 센터와 투어 데스크도 운영하고 있다.

⭐ **지도** p.264-F **구글 맵** 21.025623, 105.852461
주소 21 Hàng Khay, Tràng Tiền, Hoàn Kiếm
전화 024-3938-5555 **요금** 스탠더드 US$80~
홈페이지 www.silkpathhotel.com
교통 호안끼엠호 남쪽, 중앙 우체국에서 도보 3분

더 치 호텔
The Chi Hotel

대성당과 가까운 대로변에 위 치하고 있으며 주변에 레스토 랑과 상점 등 여행자들이 즐 겨 찾는 스폿들이 즐비하다. 세련된 인테리어와 합리적인 가격대로 투숙객의 만 족도가 높은 편이다. 홈페이지를 통해 다양한 패키지 프로그램과 할인 이벤트를 진행한다.

⭐ **지도** p.264-C **구글 맵** 21.028374, 105.849804
주소 13 Nhà Chung, Hàng Trống, Hoàn Kiếm
전화 024-3719-2939 **요금** 스탠더드 US$70~
홈페이지 www.thechihotel.com
교통 호안끼엠호 서쪽, 대성당에서 도보 1분

하노이 라 시에스타 호텔 & 스파
Hanoi La Siesta Hotel & Spa

세련되고 화려한 레스토랑과 스파는 호텔의 자랑거리. 3인 이 이용할 수 있는 트리플 룸 이 있어 선택의 폭이 넓다. 홈 페이지를 통해 예약하면 스파 가 포함된 패키지 등의 상품을 합리적인 가격에 이용 할 수 있다.

⭐ **지도** p.264-B **구글 맵** 21.034276, 105.853394
주소 94 Mã Mây, Hàng Buồm, Hoàn Kiếm
전화 024-3926-3641 **요금** 디럭스 US$150~
홈페이지 www.lasiestahotels.vn
교통 호안끼엠호 북쪽, 하노이 옛집에서 도보 1분

몬 리젠시 호텔
Mon Regency Hotel

콜로니얼 양식의 건물을 호텔로 이용하고 있어 예스러운 멋이 넘쳐흐른다. 디럭스 룸은 욕조가 딸린 욕실과 티 테이블이 마련되어 있다. 하노이 투어와 숙박을 연계한 상품을 갖추고 있으며 동쑤언 시장과도 가깝다. 카페, 레스토랑, 스파 등의 부대시설이 있다.

⭐ **지도** p.262-B **구글 맵** 21.039710, 105.846886
주소 1 Phan Đình Phùng, Quán Thánh, Hoàn Kiếm
전화 024-3828-2888 **요금** 디럭스 US$85~
홈페이지 www.monregencyhotel.com
교통 호안끼엠호 서북쪽, 동쑤언 시장에서 도보 7분

서린 부티크 호텔 & 스파
Serene Boutique Hotel & Spa

총 20실의 객실을 보유한 중급 부티크 호텔. 하노이 구시가지와 후에 지역에 다른 호텔도 운영하고 있다. 호텔 투숙 시 스파 할인 바우처(20만 동)를 제공한다. 객실은 강렬한 레드 톤으로 꾸며져 있다.

⭐ **지도** p.264-A **구글 맵** 21.035011, 105.847461
주소 16-18 Bát Sứ, Hàng Bồ, Hoàn Kiếm
전화 024-3923-4277 **요금** 디럭스 US$120~
홈페이지 www.sereneboutiquehotel.com
교통 호안끼엠호 서북쪽, 동쑤언 시장에서 도보 5분

탕롱 오페라 호텔
Thang Long Opera Hotel

호안끼엠호 주변에 위치한 7층 규모의 호텔. 총 101실의 객실을 보유하고 있으며 2016년에 레노베이션해 객실이 깔끔하다. 5성급 호텔이지만 가격이 합리적이다. 호텔 주변으로 관광 명소와 레스토랑이 많이 모여 있다.

⭐ **지도** p.263-G **구글 맵** 21.028499, 105.857221
주소 1C Tông Đản, Lý Thái Tổ, Hoàn Kiếm
전화 024-3824-4775 **요금** 슈피리어 US$80~
홈페이지 www.opera.thanglonghanoihotels.com
교통 호안끼엠호 동쪽, 하노이 오페라 하우스에서 도보 6분

하노이 에메랄드 워터스 호텔 & 스파
Hanoi Emerald Waters Hotel & Spa

중급 호텔로 화사하고 깔끔한 객실을 보유하고 있다. 가짓수는 적지만 알찬 조식도 여행자들 사이에서 평이 좋다. 호텔에서 공항까지 픽업과 드롭 서비스를 유료로 제공한다.

⭐ **지도** p.264-D **구글 맵** 21.031351, 105.855121
주소 47 Lò Sũ, Lý Thái Tổ, Hoàn Kiếm
전화 024-3978-2222 **요금** 디럭스 US$80~
홈페이지 www.hanoiemeraldwatershotel.com
교통 호안끼엠호 동쪽, 하노이 옛집에서 도보 8분

닌빈

Ninh Binh

하노이에서 남쪽으로 약 100km 떨어진 닌빈 지역은 딘 왕조의 도읍지였던 호알르와 베트남 북부 3대 절경으로 손꼽히는 짱안, 땀꼭, 항무어 등이 자리한 아름다운 도시. 기암괴석과 석회암 동굴로 둘러싸인 강을 따라 작은 나룻배(삼판선)에 몸을 싣고 즐기는 뱃놀이는 닌빈 여행에서 놓쳐서는 안 될 즐거움이다. 복잡한 도심을 벗어나 수려한 자연의 경치를 느끼며 사색의 시간을 만끽해 보자.

⊘ CHECK

여행 포인트	관광 ★★★★ 쇼핑 ★ 음식 ★ 나이트라이프 ★

교통 포인트	도보 ★ 택시 ★★★★ 오토바이 ★★★★ 투어 버스 ★★★★

⊘ MUST DO

1 신비로운 짱안 또는 땀꼭 계곡 탐방하기
2 베트남의 옛 도읍 호알르 방문하기
3 전통 배를 타고 둘러보는 명승지 유람하기
4 항무어에 올라 닌빈 풍경 감상하기

닌빈

닌빈 들어가기

하노이 중심부에서 닌빈 지역까지는 열차나 버스, 여행사 투어 프로그램 등을 이용할 수 있다.
짱안, 땀꼭 등 관광지를 둘러보는 경우라면 1일 투어를 통해 다녀오거나 열차에 몸을 싣고 닌빈역까지
짧지만 추억에 남을 기차 여행을 계획해도 좋다. 버스는 버스 터미널까지 이동해야 하는
번거로움이 있어 여행자에게는 추천하지 않는다.

열차

하노이에서 닌빈까지 열차가 1일 3~4편 운행하며 2시간 30분 정도 소요된다. 요금은 8만 7,000동(소프트 시트)부터다. 닌빈에서 하노이로 돌아갈 때는 마지막 열차 시간을 고려해 출발 10분 전까지 닌빈역에 도착하도록 하자. 주말이나 성수기에는 티켓이 빠르게 매진되므로 하노이에서 출발할 때 왕복 티켓을 사 두는 것이 안전하다.

전화 닌빈역 0229-881-385

● 하노이-닌빈 열차 운행 정보

출발지	출발 시각	도착 시각	출발지	출발 시각	도착 시각
하노이	06:10	08:27	닌빈	03:27(새벽)	05:45(새벽)
	15:30	17:48		16:35	19:12

※2023년 상반기 기준. 스케줄은 변동될 수 있으니 출발 전 홈페이지(dsvn.vn)에서 확인할 것

버스

하노이 미딘(Mỹ Đình), 잡밧(Giáp Bát) 버스 터미널에서 출발하는 버스가 있으며 3시간 정도 소요된다. 하노이 시내에서 버스 터미널까지 이동하는 시간이 길고, 닌빈 버스 터미널에서 관광지까지 개별적으로 이동해야 하는 어려움이 있어 이용자는 적다.

전화 닌빈 버스 터미널 0229-387-1069

여행사 투어

하노이와 닌빈을 연결하는 열차나 버스를 타고 개별적으로 닌빈을 다녀올 수 있지만 티켓을 미리 예약해야 하는 등 번거로움이 있다. 일정이 짧거나 당일치기로 다녀올 계획이라면 교통편과 점심 식사 등이 포함된 투어 프로그램을 이용하는 것이 여러모로 효율적이다. 과거에는 주로 땀꼭과 호알르 또는 바이딘 사원을 둘러보는 식이었지만 짱안이 세계 문화유산으로 등재된 이후에는 짱안과 인근 관광지를 묶은 코스의 투어 상품이 많아지고 있다.

닌빈 시내 교통

닌빈 시내에는 버스와 택시, 오토바이 등이 운행하지만 주요 관광지가 시내 중심에서
조금 떨어져 있고 이들을 연결하는 대중교통은 거의 없다. 여행자들은 대부분 하노이에서 출발하는
여행사 투어를 이용하니 별도의 교통수단을 이용할 일은 없다. 개별적으로 닌빈을 여행하는 경우
닌빈역 앞에 상주하는 택시나 투어 차량, 오토바이 등을 이용한다.

택시

닌빈에는 시내를 주행하는 영업용 택시가 많고 주변 관광지를 둘
러볼 수 있도록 대여하기도 한다. 기본요금은 회사마다 다르며 휘
발유 가격에 따라 자주 바뀌는데 보통 1만 1,000동~1만 6,000동
내외다. 택시를 대절하면 닌빈의 주요 명소들을 보다 편하게 둘러
볼 수 있으며 요금은 30만~35만 동 수준이다. 안심하고 탈 수 있
는 마일린 택시가 닌빈역 주변에서 대기하고 있다.

오토바이

여행자들을 위해 오토바이를 대여해 준다. 관광지로 가는 길은 복잡하지 않지만 오토바이 운전에 자신이 없는
여행자라면 가급적 대중교통을 이용하도록 한다. 요금은 1일 9만~15만 동 수준으로 오토바이 옵션에 따라 달
라진다. 기사를 포함하여 오토바이를 대절해 주요 명소들을 둘러볼 경우 1인 25만~30만 동 정도 예상하면 된
다. 대여할 때 보증서로 여권을 요구하는 경우도 있다.

렌터카

요금은 1인당 30만~35만 동 정도이며 운전사의 일당과 연료비, 주차비 등이 포함된다. 차종에 따라 요금이 다
르며 닌빈역 주변에 있는 투어 업체에서 쉽게 대여할 수 있다.

TIP 배 이용 시 팁 문화

개별적으로 닌빈을 여행하는 경우 짱안이나 땀꼭을 둘러보
기 위해서는 배를 타게 되는데 관람 후 뱃사공에게 팁을 주
는 것이 매너다. 뱃사공에게 지불하는 팁 요금이 정해져 있
지 않지만 일반적으로 탑승자 1명당 성인 기준 US$1(약 2만
3,000동)이 적당하다.

MORE INFO | 닌빈역은 닌빈 여행의 시작점

닌빈 지역의 대표 관광지인 짱안 경관 단지와 땀꼭을 여행할 경우
닌빈역(Ga Ninh Binh)을 이용하게 된다. 기차역으로서의 역할도 하
지만 닌빈 여행의 출발점이 되기 때문이다. 닌빈역 앞에는 지역 택시
와 오토바이 기사들이 상시 대기하고 있다. 개별 여행자의 경우 대
부분 닌빈역에서 택시나 오토바이, 기사가 딸린 렌터카 등을 대절해
닌빈 여행을 시작한다. 역 맞은편에는 크고 작은 식당들이 모여 있
어 간단히 끼니를 해결하기 좋다. 식당에서도 투어 차량이나 오토바이 대여 업무를 대행해 준다.

짱안 Tràng An ★★★

석회암 카르스트 지형이 매력

하노이에서 약 100km 떨어진 닌빈 지역에 위치한 짱안 경관 단지는 2014년 6월 유네스코 세계 문화유산으로 등재되었으며 규모가 2,178ha에 달한다. 아름다운 풍경에 지형학적, 고고학적 가치가 더해져 베트남 북부를 대표하는 명승지로 손꼽힌다. 짱안 관광은 배를 타고 둘러보게 되는데 매표소에서 보트 승선권(20만 동)을 구입한 뒤 나루터에서 출발하는 배를 타면 된다. 나루터에 상주하고 있는 직원에게 보트 승선권을 보여 주면 자리를 배정해 준다. 나루터를 출발한 배는 2개의 코스 중 하나로 운행을 시작한다. 코스의 하이라이트는 320m의 석회 동굴을 통과하고 기암괴석으로 둘러싸인 자연 풍광을 감상하는 것이다. 모든 나룻배는 동굴을 통과할 수 있도록 전통 방식으로 설계되어 있으며 최대 6명까지 승선 가능하다. 관광객들은 나룻배 1대당 4명씩 승선하는데 혼자서 타고 싶다면 4명분(80만 동) 승선권을 구입해야 한다. 보트 유람이 끝난 뒤에는 적당한 팁(2만~5만 동)을 주는 것도 좋다. 개별적으로 짱안을 둘러본다면 배 타는 시간대를 고를 수 있지만 1일 투어에 참가할 경우 보통 점심 식사 후에 배를 타게 된다. 날씨가 더운 날에는 상점에서 판매하는 농라(2만 동)를 구입하거나 긴팔 옷과 선크림을 준비해 가자. 날씨가 흐린 날에는 비가 올 것을 대비해 우산이나 우비를 챙겨야 한다. 동굴 내부에서는 머리를 부딪칠 수 있으니 각별히 조심하자.

✪ **주소** Tràng An, Ninh Xuân, Hoa Lư, Ninh Bình **구글 맵** 20.252663, 105.918410 **개방** 07:00~16:00 **요금** 보트 1인 25만 동~

땀꼭
Tam Cốc ★★

✪ **주소** Ninh Hải, Hoa Lư, Ninh Bình
구글 맵 20.215898, 105.937108
개방 07:30~19:00
요금 보트 1인 19만 5,000동~

육지의 할롱베이

할롱베이, 짱안과 더불어 베트남을 대표하는 명승지로 닌빈 시내에서 남서쪽으로 약 8km 떨어져 있다. '땀꼭'이란 '3개의 동굴'이라는 뜻이다. 넓은 평야 곳곳에 석회암 괴석들이 늘어서 있고 그 사이로 강이 흐른다. '육지의 할롱베이'라 불리며 영화 〈인도차이나〉의 촬영지로 등장했다. 짱안과 마찬가지로 2~4명이 한 팀을 이루어 나룻배에 승선한 뒤 주변 경관을 돌아본다. 푸른빛의 논과 응오동강(Sông Ngô Đồng)이 한 폭의 그림처럼 펼쳐진다. 짱안에 비해 상업적인 분위기여서 최근에는 짱안을 방문하는 여행자가 늘고 있다. 인근에 땀꼭 절경이 내려다보이는 항무어가 있으니 함께 둘러보는 것도 좋다.

항무어
Hang Múa ★

✪ **주소** Khê Hạ, Ninh Xuân, Hoa Lư, Ninh Bình
구글 맵 20.229283, 105.935476
개방 06:00~18:00
요금 10만 동

500개의 절벽 위에서 만나는 멋진 뷰포인트

정상으로 올라가는 중간중간 볼거리가 가득하며 특히 불교문화를 나타낸 조형물이 곳곳에 배치되어 있다. 관음보살상이 세워져 있는 정상에 오르면 땀꼭을 비롯한 닌빈 일대의 풍경이 그림처럼 펼쳐진다. 간단한 음료와 간식거리를 준비해 올라가자. 단, 계단이 가파르고 경사가 심해 노약자나 체력이 약한 여행자들에게는 추천하지 않는다. 항무어 에코로지(Hang Múa Ecolodge) 리조트가 있어 숙박도 가능하다.

호알르
Hoa Lư ★★

⊛ **주소** Trường Yên, Hoa Lư,
Ninh Bình
구글 맵 20.284489, 105.907924
개방 06:00~18:00
요금 2만 동

베트남 최초의 통일 왕조의 수도

닌빈에서 북서쪽으로 약 12km 떨어져 있는 호알르는 베트남 최초의 황
제 딘띠엔호앙(Đinh Tiên Hoàng)이 986년부터 1010년까지 24년간 도
읍으로 삼고 다스렸던 곳이다. 이후 1036년까지 29년간은 레다이하인
(Lê Đại Hành) 왕으로 시작된 레 왕조가 베트남을 다스렸다. 두 왕조를
기리는 딘띠엔호앙 사원과 레다이하인 사원이 호알르 왕궁 내에 그대로
보존되어 있다. 왕궁은 성채와 궁전, 사원으로 구성되어 있었으나 현재
는 왕궁의 옛터와 사원만이 남아 있다. 베트남의 옛 도읍 정도로 기억되
는 호알르이지만 왕궁의 지리적 위치와 규모를 보고 있으면 당시의 위
용을 느낄 수 있다. 일부 조각상들은 11세기에 만들어진 것으로 알려져
있으며 하노이 천도 후에는 국가 중요 문화재로 지정 관리되고 있다. 매
년 3월 10일부터 축제가 열린다.

사빠

Sa Pa

베트남의 알프스라 불리는 판씨빵(Phan Xi Păng, 해발 3,143m)산 아래 위치한
고원 도시로 과거 프랑스 식민지 시대에 프랑스 관료들이 휴가를 즐기던 곳이다.
영국 일간 신문사 텔레그래프(The Telegraph)가 '세계에서 가장 아름다운 계단식 논
11곳' 중 하나로 선정한 사빠는 형형색색의 민족의상을 입은 몽족과 여러 소수 민족들을
만날 수 있다. 또한 산을 깎아 만든 계단식 논과 안개 속에 파묻힌 몽환적인 마을 풍경을
감상할 수 있다. 함롱(Ham Rong)산에 올라 아름다운 사빠의 전경을 구경하거나
몽족과 함께하는 홈스테이를 체험해 보는 것도 사빠를 즐기는 좋은 방법이다.

⊘ CHECK

여행 포인트 | 산책 ★★★★★ 쇼핑 ★★★★ 음식 ★★★

교통 포인트 | 도보 ★★★ 오토바이 ★★ 투어 버스 ★★

⊘ MUST DO

1 함롱산에 올라 사빠 전경 바라보기
2 고산족 마을 트레킹하기
3 사빠 마을 산책하기
4 계단식 논 뷰 감상하기

사빠

사빠

0   100m

N

Thác Bạc

Đường Sô Thê

Thác Bạc

Hồ Sa

사빠 오짜우
Sapa O'C

Thạch Sơn

Xuân Viên

빅토리아 사빠 리조트 & 스파
Victoria Sapa Resort & Spa

사빠 공원
Công Viên Sapa

사빠 광장
Sa Pa Town Square

사빠 박물관
Sapa Museum

여행자 정보 센터

사빠 하일랜드 리조트 & 스파
Sa Pa Highland Resort & Spa

뮤지엄 숍
Museum Shop

BB 호텔 사빠
BB Hotel Sapa

버스 정류장

사빠 대성당
Nhà Thờ Đá Sa Pa

사빠 야시장

Lên Núi Hàm Rồng

Núi Hàm

Hoàng Liên

A

B

피스타치오 호텔 사빠
Pistachio Hotel Sapa

나항꼴릭
Nhà Hàng Cô Lich

Cầu Mây

꾸잉 안 레스토랑
Quynh Anh Restaurant

리틀 사빠
Little Sapa

란릉 와일드 오키드
Lan Rừng Wild Orchid

인디고 캣
Indigo Cat

Tuệ Tĩnh

찌울롱 사빠 호텔
Chau Long Sapa Hotel

헴프 & 임브로이더리
Hemp & Embroidery

Fansipan

Violet

Đồng Lợi

어메이징 사빠 호텔
Amazing Sapa Hotel

리틀 베트남
Little Vietnam

사빠 마운틴 호텔
Sapa Mountain Hotel

깟깟 마을 방향
Bản Cát Cát

야미 레스토랑
Yummy Restaurant

사빠 들어가기

사빠로 가는 방법은 크게 3가지다. 첫째는 버스나 차량을 이용해 가는 방법,
두 번째는 열차를 타는 방법, 세 번째는 여행사 투어에 참여하는 방법이다.
각각의 장단점이 있으니 원하는 방법을 선택해 사빠로 떠나 보자.

리무진 버스 · 직통버스

하노이에서 사빠까지는 버스를 이용하는 것이 가장 일반적이다. 사빠 숙소까지 한 번에 이동할 수 있어서 무척 편리하다. 여행자들이 많이 이용하는 업체는 에코 사빠 리무진, 사빠 익스프레스, 굿모닝 사빠 등이 있으며 요금은 버스 옵션과 상태에 따라 달라진다. 보통 하노이에서 오전과 오후 2회 출발하며 사빠에서 하노이로 돌아오는 경우에도 오전과 오후에 출발한다. 돌아오는 버스 편은 사빠에서 하루 전에 버스 사무소를 방문하거나 여행사, 숙소를 통해 예약할 수 있다. 현지인들이 이용하는 버스의 경우 하노이에 내려 주는 지점이 버스마다 다르니 주의하자.

●버스 업체 정보

버스 종류	에코 사빠 리무진 Eco Sapa Limousine	사빠 익스프레스 Sapa Express	굿모닝 사빠 Good Morning Sapa
특징	여행자가 머무는 호텔에서 픽업해 사빠의 숙소까지 이동한다. 버스는 VIP 밴 타입으로 요금이 비싸지만 쾌적하다. 가족 여행자나 편안하게 이동하려는 여행자들이 이용한다.	여행자가 머무는 호텔에서 미니버스로 픽업한 뒤 하노이 사빠 익스프레스 사무소에 모여 사빠행 고속버스로 갈아탄다. 버스 승차 인원과 상태에 따라 요금이 달라진다.	사빠 익스프레스와 비슷한 컨디션의 슬리핑 버스로 하노이에서는 오전에 출발, 사빠에서는 오후에 출발한다. 차량 상태와 서비스도 괜찮은 편이다. ※ 임시 휴업 중
요금	US$24~	US$19~22	편도 US$17~20
출발 시간	하노이 08:00(운행 중지) 사빠 15:00	하노이 07:00, 22:00 사빠 14:00, 15:00	하노이 06:45 사빠 15:30
소요 시간	5시간 30분	5시간 30분~6시간	5시간 30분~6시간
홈페이지	www.ecosapa.com	www.sapaexpress.com	www.goodmorningsapa.com

열차

하노이에서 사빠까지 열차를 이용해 이동할 수 있다. 티켓은 라오까이역까지 끊으면 되며, 라오까이역에서 사빠 시내까지는 오토바이 택시(쌔옴), 택시, 버스, 그랩 등을 이용하면 된다. 보통 하노이역에서 밤 10시에 출발해 다음 날 오전 6시에 라오까이역에 도착하는 스케줄이다. 야간열차를 타는 재미와 숙박비를 아낄 수 있다는 장점이 있지만 사빠 시내에 일찍 도착하는 경우 호텔 체크인을 할 수 없다는 단점이 있다. 요금은 33

만 동부터이며 열차종류와 좌석에 따라 달라진다. 자세한 스케줄과 요금은 홈페이지(dsvn.vn)를 참고하자. 열차 도착 시간에 맞춰 역 앞에 기사들과 택시들이 대기하고 있다. 시내까지 1시간~1시간 30분 정도 소요되며 요금은 버스는 7만 동부터, 택시는 50만 동 수준이다.

여행사 투어

여행사 투어를 이용해 사빠에 다녀올 수도 있다. 여행사에서 운영하는 사빠 투어의 경우 왕복 교통편과 숙소가 포함되어 있어 편리하다. 신투어리스트의 사빠 상품이 가장 인기가 높다.

TIP 사빠에서 하노이로 돌아가기

사빠에서 하노이로 돌아가는 방법 역시 3가지다. 일반적으로 리무진 버스 또는 직통버스를 많이 이용한다. 여행자들이 선호하는 에코 사빠 리무진, 사빠 익스프레스, 굿모닝 사빠 외에도 목적지와 출발 시간에 따라 이용할 수 있는 여러 버스 회사가 있다. 사빠-하노이 구간의 편도 요금은 US$17부터이며 대부분 오후에 출발한다. 현지인들이 애용하는 버스의 경우 하노이 외곽 지역에 정차한 후 미니버스나 택시로 연결해 주니 티켓을 예약하기 전 최종 목적지까지 운행하는지 미리 확인하자. 머무는 호텔에 문의하는 것도 방법이다. 최종 목적지가 하노이 국제공항이라면 공항에서 내려 줄 수 있는지도 문의해 보자.

TRANSPORTATION

사빠 시내 교통

사빠 시내에는 택시, 버스, 오토바이 택시, 전기 차 등이 운행한다. 주요 관광 명소는 대부분 도보로 돌아볼 수 있으며 근교의 고산족 마을 등은 여행사 투어나 택시를 이용해 다녀올 수 있다. 오토바이 대여도 가능한데 가장 저렴한 모델의 경우 1일 10만 동 수준이다.

택시

숙소나 라오까이역, 거리가 먼 고산족 마을로 이동할 때 이용한다. 요금은 2만 5,000동부터이다. 사빠 중심가의 경우 4만~5만 동 정도 든다.

버스

사빠 중심가와 라오까이역을 오갈 때 이용할 수 있다. 사빠 지역을 운행하는 시내버스 요금은 3만 5,000동부터. 일부 노선은 운영하지 않고 있다.

오토바이 택시(쌔옴)

시내 곳곳에 요금표가 세워져 있어 바가지요금 걱정이 없으며 택시보다 저렴하게 이용할 수 있다. 도보로 다니기 애매한 곳으로 갈 때 이용하면 좋다.

알아 두면 유용한 사빠 여행 정보

해발 1,600m 고산 지대에 위치한 사빠 지역은 안개의 도시라고도 불릴 만큼 종잡을 수 없는 날씨와 기온의 변화로 여행 시 자칫 어려움을 겪을 수 있다. 주말에는 하노이에서 많은 여행자가 방문하게 되므로 숙소, 교통편, 트레킹 예약 등은 조기에 하는 편이 좋다. 이외에도 몇 가지 알아 두면 유용한 정보들을 살펴보자.

✦ 사빠 트레킹 가이드

가까운 깟깟 마을과 함롱산은 개별적으로 다녀오고 거리가 먼 고산족 마을은 트레킹 투어에 참여하자. 고산족 가이드와 함께 마을 구석구석을 둘러보는 투어로 방문하는 마을 수와 옵션에 따라 요금과 소요 시간이 달라진다. 보통 오전에 출발해 오후에 돌아오는 일정이며 시간이 없는 경우 3〜4시간 정도 소요되는 반일 투어를 선택할 수 있다. 여러 마을 중에서 1〜2곳만 돌아봐도 사빠의 매력을 충분히 만끽할 수 있다. 고산족의 생활을 체험할 수 있는 홈스테이 프로그램도 있는데 여행사를 통해 예약하면 된다.

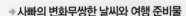

➜ 사빠의 변화무쌍한 날씨와 여행 준비물

날씨가 변덕스러운 사빠를 여행하는 것은 말 그대로 운에 맡기는 수밖에 없다. 일반적으로 3〜5월, 9〜10월에 비가 적게 내리는 편이다. 11월부터는 추수가 끝나 논이 비어 있기 때문에 계단식 논을 구경하기에는 그리 좋지 않다. 겨울에 해당하는 12〜2월은 안개가 자주 끼고 아침저녁으로 기온이 낮아지므로(평균 기온 15℃) 점퍼와 긴 바지를 준비해야 한다. 마을 인근에 방한용 아웃도어 의류를 판매하는 상점이 있어 현지에서 구입할 수도 있다. 우산이나 우비는 현지에서 구입하거나 챙겨 가도록 하자.

✦ 은행과 ATM

호수와 사빠 광장 주변에 은행과 ATM 기기가 많이 있으며 환전도 가능해 큰 불편함은 없다. 은행 영업시간은 보통 08:00〜11:30, 13:30〜16:30이다.

✦ 여행자 정보 센터

사빠 여행 정보를 얻을 수 있는 곳으로 영어를 구사할 수 있는 직원이 상주하지만 만족도는 떨어진다. 운영시간은 07:45〜17:30, 주말은 휴무다.

사빠 광장
Sa Pa Town Square ★

사람들로 붐비는 사빠의 랜드마크

마을 중심에 위치한 광장으로 낮에는 현지인과 여행자들의 쉼터 역할을 하다가 저녁이 되면 광장을 중심으로 야시장이 들어선다. 매일 저녁에는 작은 야시장이 열리며 주말에는 큰 규모의 시장과 각종 지역 행사들이 열린다. 거리는 생필품과 기념품을 판매하는 사람들과 시장 구경을 나온 여행자들로 가득 찬다. 전통 복장을 하고 거리로 나온 몽족 아이들의 사진을 찍는 경우 별도의 돈을 내야 한다.

⚙ **지도** p.316-B **구글 맵** 22,335068, 103,841391 **주소** Thị Trấn Sa Pa, Huyện Sa Pa, Lào Cai **개방** 야시장 19:00~22:00 **교통** 사빠호에서 도보 5분

MORE INFO | 사빠 야시장에서 즐기는 쇼핑

저녁이 되면 광장 주변으로 몽족의 기념품을 판매하는 노점이 들어선다. 평일보다는 주말에 열리는 야시장이 볼만한데 성당 인근에서부터 시작해 광장을 거쳐 촘촘하게 연결된다. 대부분 각 부족들의 문양이나 패턴을 상품화한 것을 판다. 가격도 저렴하며 많이 구매할수록 흥정이 가능하다. 사빠의 기념품은 베트남 전역에서 아주 비싸게 판매되니 야시장에서 즐거운 쇼핑을 해 보자.

사빠호
Hồ Sa Pa
Sa Pa Lake ★

유럽의 호수를 연상시키는 인공호

'리틀 할슈타트'라는 이름처럼 오스트리아의 호수를 닮았다. 자연호가 아닌 인공 호수로 주변에는 여행자를 위한 레스토랑과 호텔, 여행사, 은행 등의 편의 시설이 모여 있다. 특별한 볼거리는 없으며 날씨가 좋은 날이면 호수 주변을 산책하거나 커피 또는 차를 마시고 기념사진을 찍는 정도다.

⭐ **지도** p.316-B
구글 맵 22,338284, 103,846058
주소 Thị Trấn Sa Pa, Huyện Sa Pa, Lào Cai
개방 24시간
교통 사빠 광장에서 도보 5분

사빠 대성당
Nhà Thờ Đá Sa Pa
Notre Dame Cathedral ★

사빠 광장에 자리한 아담한 가톨릭 성당

1895년 프랑스인들에 의해 건립된 로마 고딕 양식의 교회로 사빠 광장의 중심에 자리하고 있다. 성당 주변에는 언제나 많은 관광객과 현지인들이 모여 있으며 사빠 내 모든 교통수단들이 이 근처에 집결된다. 미사가 있는 날 개방한다.

⭐ **지도** p.316-B
구글 맵 22,335312, 103,842208
주소 Nhà Thờ Sa Pa, Thị Trấn Sa Pa, Huyện Sa Pa, Lào Cai
전화 091-2234-500
개방 미사 시간 평일 19:00, 일요일 09:00, 19:00
홈페이지 www.sapachurch.org
교통 사빠 광장에서 도보 1분

사빠 박물관
Sa Pa Museum ★

소수 민족들의 생활사 전시

사빠의 역사를 일목요연하게 정리해 두고 있지만 베트남어와 불어, 영어로만 설명이 되어 있다. 작은 규모의 박물관은 2층에 자리하고 있으며 사빠의 예전 모습과 주변에 거주하는 민족들의 생활상을 볼 수 있다. 1층에는 전통 문양이 들어간 다양한 공예품들을 판매하는 상점이 있다. 길거리에서 판매하지 않는 커다란 테이블보나 침구 등도 있는데 가격이 합리적이고 품질도 좋다.

⭐ **지도** p.316-B
구글 맵 22,335611, 103,840128
주소 Thị Trấn Sa Pa, Huyện Sa Pa, Lào Cai
전화 0214-3871-975
개방 07:30~11:30, 13:30~17:00
요금 무료
교통 사빠 광장에서 도보 3분

깟깟 마을

Bản Cát Cát
Cat Cat Village ★★★

⭐ **지도** p.316-A
구글 맵 22.330941, 103.834035
주소 Xã San Sả Hồ, Huyện Sa Pa,
Lào Cai **개방** 09:00~18:00
요금 성인 9만 동,
어린이(130cm 이하) 5만 동
교통 사빠 광장에서 도보 25분,
오토바이로 5분

인기 트레킹 코스 중 하나

사빠 광장에서 15~20분 거리에 있는 마을. 입장권을 구입한 후 산책로를 따라 걸으면서 구경하면 된다. 입장권과 함께 제공하는 지도를 참고하면 어렵지 않게 마을을 둘러볼 수 있다. 마을 아래로 이어지는 계단을 따라 걷다 보면 전통 가옥과 기념품을 판매하는 상점들이 나온다. 인기 있는 볼거리로는 계단식 논과 폭포, 물레방아, 몽족 공연 등이 있다. 입장권에 마을 내 전통 공연 관람이 포함되어 있으니 놓치지 말 것. 또한 현지 아이들에게 돈이나 먹을거리를 주지 않도록 하자. 오토바이를 타고 오는 경우 매표소 인근 주차장에 주차해야 한다(주차비 1만 동).

깟깟 마을의
대표 볼거리와
추천 코스

10:00
전통 가옥과 뷰포인트
계단식 논

→

10:30
마을 내리막길 끝에 있는
물레방아 구경하기

↓

13:00
다리를 통과하여
돌아오기

←

11:00
전통 공연
감상하기

←

10:45
일명 흔들다리를 건너
폭포 구경하기

TIP **돌아오는 길은 오르막길**

깟깟 마을로 가는 길은 내리막길이라 산책 겸 걷기 좋다. 가는 길에 카페에 들러 차나 커피를 마셔도 좋다. 하지만 돌아오는 길은 갈 때와는 반대로 오르막길이다. 체력적으로 자신이 없다면 오토바이 택시를 이용하자. 사빠 광장까지 4만~5만 동 수준이다.

함롱산
Núi Hàm Rồng
Ham Rong Mount ★★★

아름다운 사빠 풍경을 한눈에

함롱산은 해발 1,850m로 산 정상이 용의 턱처럼 갈라져 있다고 해서
그 이름이 붙여졌다. 정상으로 가는 길목에는 작은 전통 공연장을 비롯
해 200여 종이 넘는 식물들이 자라고 있는 인공 정원이 조성되어 있다.
정상 전망대에 오르면 아름다운 사빠 풍경이 한눈에 들어온다. 사빠의
날씨가 변화무쌍한 만큼 가급적 낮 시간에 가야 맑은 하늘을 볼 가능성
이 높다.

⭐ **지도** p.316-B **구글 맵** 22,334469, 103,847405 **전화** 0214-3861-228
개방 08:00~18:00 **요금** 7만 동 **교통** 사빠 대성당을 바라보고 왼쪽 길로 100m쯤
가다가 베트남 트레이드 유니언 호텔(Vietnam Trade Union Hotel)이 보이면
좌회전한다. 함롱산 입구를 따라 도보 30분

함롱산의
대표 볼거리와
추천 코스

10:00
산책로를 따라 사빠
기념품 구경하기

→

10:30
아름답게 꾸며진 정원을
배경으로 기념 사진 찍기

↓

12:30
전통 문양이 들어간
몽족 아이템 쇼핑하기

←

11:30
전망대에 올라
사빠 풍경 감상하기

←

11:00
정상으로 가는 좁은
돌기둥 통과하기

리틀 사빠
Little Sapa

사빠 광장 인근에 자리한 레스토랑으로 식사는 물론 저녁에 술 한잔하기 좋다. 사빠 현지의 식재료를 이용한 요리들은 가격대가 조금 높은 편이지만 맛있다. 쌀국수와 바삭하게 구워 낸 스프링 롤, 수프, 두부 요리 등이 무난하다. 직원들은 영어를 구사할 수 있고 점심시간 이후 브레이크 타임이 있다.

⭐ **지도** p.316-B
구글 맵 22.333705, 103.841654
주소 5 Đồng Lợi, Thị Trấn Sa Pa, Sa Pa, Lào Cai
전화 038-8063-526
영업 10:00~15:00, 17:00~22:00
요금 쌀국수 5만 동~, 볶음밥 6만 9,000동~
교통 사빠 광장에서 도보 1분

냐항꼬릭
Nhà Hàng Cô Lịch

현지인들이 좋아하는 꼬치구이를 맛볼 수 있는 식당으로 가격도 저렴하고 가짓수도 많아 인기가 많다. 이른 아침부터 늦은 밤까지 영업하는데 특히 어둑해지는 저녁 무렵이면 직화로 구워 내는 각종 꼬치구이를 맛보기 위해 손님들이 몰려온다. 직화 구이 꼬치는 1개당 1만 동 정도이며 시원한 맥주를 곁들이면 좋다. 현지인들에게는 생연어가 인기다.

⭐ **지도** p.316-B
구글 맵 22.334474, 103.840848
주소 1 Phanxipăng, Thị Trấn Sa Pa, Huyện Sa Pa, Lào Cai
전화 091-282-8260
영업 08:00~23:00
요금 꼬치 1개당 2만~40만 동
교통 사빠 광장에서 도보 1분

리틀 베트남
Little Vietnam

베트남 요리와 이탈리아 요리를 맛볼 수 있으며 커피 메뉴도 갖추고 있다. 뛰어난 맛은 아니지만 깔끔하고 부담 없는 가격에 식사를 할 수 있는 곳이다. 분짜에 볶음밥이나 채소볶음 등을 곁들이면 좋다. 무선 인터넷도 가능하다.

✪ **지도** p.316-B **구글 맵** 22,332605, 103,843528
주소 14 Mường Hoa, Thị Trấn Sa Pa, Sa Pa, Lào Cai **전화** 097-222-7755
영업 09:00~23:00 **요금** 식사 메뉴 8만~15만 동, 생선 요리 15만~30만 동
교통 사빠 광장에서 도보 4분

꾸잉 안 레스토랑
Quynh Anh Restaurant

사빠 중심가에 위치한 소박한 규모의 식당으로 베트남 요리와 각종 꼬치를 구워먹을 수 있는 곳이다. 부담 없는 가격에 식사를 할 수 있어 현지인들은 물론 여행자들에게도 인기가 있다. 따뜻한 요리인 핫 포트(Hot Pot)나 돼지고기, 해산물, 채소 구이 등을 주로 주문한다.

✪ **지도** p.316-B **구글 맵** 22,334562, 103,840889
주소 5 Fansipan, TT. Sa Pa **전화** 098-6613-107 **영업** 06:00~02:00
요금 꼬치 1개 당 1만 동~ **교통** 사빠 광장에서 도보 1분

야미 레스토랑
Yummy Restaurant

소박한 레스토랑으로 아침부터 저녁까지 운영된다. 멋진 경치를 구경하면서 식사를 할 수 있는 발코니 좌석도 마련되어 있다. 현지인들에게 인기가 있는 닭이나 연어 요리는 한국인 입맛에 다소 맞지 않을 수 있다. 여행자들에게는 볶음밥, 반미, 햄버거, 피자 정도의 메뉴가 무난하다.

✪ **지도** p.316-B **구글 맵** 22,330240, 103,845659
주소 41B Mường Hoa, TT. Sa Pa **전화** 091-2157-232 **영업** 08:00~22:00
요금 버거 7만 동~, 커피 3만 동~ **교통** 사빠 광장에서 도보 8분

인디고 캣
Indigo Cat

프랑스 오너가 운영하는 공정 무역 상점으로 몽족의 바틱, 바느질 제품을 판다. 대부분의 제품들은 직접 만든 수공예품이며 정찰제이다. 여행 중 가지고 다니기에 편리한 작은 동전 지갑부터 화장품이나 소품을 넣을 수 있는 파우치, 필통, 에코 백, 스카프까지 여성들이 좋아할 만한 아이템이 많다.

⭐ **지도** p.316-A
구글 맵 22.332829, 103.839799
주소 34 Phanxipăng, Thị Trấn Sa Pa, Huyện Sa Pa, Lào Cai
전화 098-240-3647
영업 09:00~19:00
교통 사빠 광장에서 도보 6분

헴프 & 임브로이더리
Hemp & Embroidery

사빠 소수 민족의 전통 문양과 패브릭을 이용해 만든 개성 넘치는 아이템을 판다. 이국적이고 독특한 제품들은 여행자들 사이에서 인기가 높다. 노점에서 파는 저렴한 상품과 비교해 퀄리티가 좋고 디자인도 독창적이다. 가장 인기가 많은 제품은 가방인데 패브릭 소재에 다채로운 컬러와 패턴으로 포인트를 줘서 여성들에게 특히 인기다.

⭐ **지도** p.316-B
구글 맵 22.332676, 103.843479
주소 14 Mường Hoa, Thị Trấn Sa Pa, Huyện Sa Pa, Lào Cai
전화 0165-552-3850
영업 09:00~22:00
교통 사빠 광장에서 도보 6분

란릉 와일드 오키드
Lan Rừng Wild Orchid

소수 민족의 장인들과 협력하여 만든 다양한 제품들을 선보인다. 전통 문양을 이용해 제작한 브로케이드가 유명하며 동양적이면서도 강렬한 컬러와 패턴의 아이템이 많아서 흔치 않은 디자인을 찾는 이들에게 추천한다. 젓가락 5만 5,000동, 컵 받침 4만 동, 테이블 매트 19만 동, 스카프 65만 동 수준.

⭐ **지도** p.316-B
구글 맵 22.333999, 103.842077
주소 29A Phố Cầu Mây, Thị Trấn Sa Pa, Huyện Sa Pa, Lào Cai
전화 097-644-9796
영업 09:00~23:30
홈페이지 www.thocamlanrung.com
교통 사빠 광장에서 도보 2분

뮤지엄 숍
Museum Shop

사빠 박물관 1층에 있는 상점으로 소수 민족의 전통 문양과 패턴이 들어간 다양한 공예품과 테이블웨어, 침구 등을 판매한다. 상점 한쪽에는 찻잎을 비롯한 입욕제, 약재를 팔고 있어 기념 삼아 구입하는 이들이 많다. 가격은 정찰제이며, 박물관 관람 후 들러 보자.

⭐ **지도** p.316-B
구글 맵 22.335611, 103.840128
주소 Thị Trấn Sa Pa, Huyện Sa Pa, Lào Cai
전화 0214-3871-975
영업 09:30~17:00
교통 사빠 광장에서 도보 3분

▰ MORE INFO ▰ │ 사빠 여행 정보를 제공하는 사회적 기업

사빠 오짜우(Sapa O'Chau)는 사회적 기업으로 여행자를 위한 사빠 여행 정보를 제공하며 현지 소수 민족 홈스테이와 다채로운 트레킹 프로그램을 진행한다. 2018년 여행자를 위한 숙소 시설을 추가해 사빠호 중심가로 이전했다. 몽족이 제작한 소품들을 직접 판매하기도 하는데 전통 의상, 가방, 파우치 등이 주를 이룬다. 작은 사이즈의 파우치나 가방은 실용적인 기념품으로 구입하기 좋다. 상점 옆에는 커피를 마실 수 있는 카페도 있다.

⭐ **지도** p.316-B **구글 맵** 22.340100, 103.840787 **주소** 689B Đường Điện Biên Phủ, Sa Pa
전화 088-6861-269 **영업** 06:30~23:00 **홈페이지** www.sapaochau.org **교통** 사빠 광장에서 도보 9분

빅토리아 사빠 리조트 & 스파
Victoria Sapa Resort & Spa

사빠에서 유일한 4성급 호텔. 넓은 객실은 리조트 분위기로 꾸며져 있으며 레스토랑과 야외 수영장, 피트니스 센터, 스파 등의 부대시설을 갖추고 있다. 리조트만큼이나 스파 서비스도 일품이다. 사빠 외에 호이안과 라오스 루앙프라방에도 지점이 있다.

✪ **지도** p.316-B **구글 맵** 22.336838, 103.843092
주소 Xuân Viên, Thị Trấn Sa Pa, Huyện Sa Pa, Lào Cai
전화 0214-3871-522 **요금** 디럭스 US$150~
홈페이지 www.victoriahotels.asia
교통 사빠호에서 도보 3분

BB 호텔 사빠
BB Hotel Sapa

사빠 시내 중심에 위치한 중급 호텔로 접근성이 좋다. 4층 규모의 호텔은 총 57실의 객실이 있으며 오픈한 지 얼마 되지 않아 시설이 깔끔한 편이다. 객실은 넓은 편이며, 특히 디럭스 룸과 패밀리 룸이 인기가 많다. 레스토랑과 바 등의 부대시설도 충실하다.

✪ **지도** p.316-B **구글 맵** 22.334945, 103.841017
주소 8 Phố Cầu Mây, Thị Trấn Sa Pa, Huyện Sa Pa, Lào Cai
전화 0214-3871-996 **요금** 디럭스 US$70~
홈페이지 bbhotels-resorts.com
교통 사빠 광장에서 도보 1분

피스타치오 호텔 사빠
Pistachio Hotel Sapa

멋진 풍경이 유명한 호텔로 프랑스와 사빠 스타일을 접목한 디자인으로 꾸며졌다. 야외 수영장, 피트니스 센터, 레스토랑, 스파 등의 부대시설을 갖추고 있으며 총 106개의 객실을 운영 중이다. 객실은 일반 호텔에 비해 넓은 편으로 객실 내의 대형 창문을 통해 사빠의 멋진 풍경을 조망할 수 있다. 12층에 위치한 야외 풀장의 뷰가 매력적이다.

✪ **지도** p.316-B **구글 맵** 22.333210, 103.840617 **주소** Tổ 5 Đường Thác Bạc, TT. Sa Pa **전화** 0214-3566-666 **요금** 디럭스 마운틴 뷰 US$80~ **홈페이지** www.pistachiohotel.com
교통 사빠 광장에서 도보 13분

사빠 마운틴 호텔
Sapa Mountain(Dang Nguyen) Hotel

깟깟 마을로 가는 길목에 있으며 사빠 광장과도 멀지 않아 관광에 편리하다. 중급 숙소이지만 사빠 마을을 구경할 수 있는 작은 발코니가 딸린 객실도 있다. 체크인할 때 이왕이면 발코니가 있는 객실로 요청하자.

🌀 **지도** p.316-B **구글 맵** 22.333325, 103.840694
주소 35 Phanxipăng, Thị Trấn Sa Pa, Huyện Sa Pa, Lào Cai
전화 091-333-8877 **요금** 슈피리어 US$35~
교통 사빠 광장에서 도보 3분

어메이징 사빠 호텔
Amazing Sapa Hotel

사빠 지역의 고급 호텔 중 하나로 루프톱 라운지와 실내 수영장, 레스토랑, 스파 등의 시설을 갖추고 있다. 직원들의 응 대도 만족스러운 편이며 사빠 중심가에 있어 이동이 편리하다. 산이 바라보이는 전망 좋은 객실이 인기가 좋다.

🌀 **지도** p.316-B **구글 맵** 22.332765, 103.842382
주소 Đông Lợi, Thị Trấn Sa Pa, Huyện Sa Pa, Lào Cai
전화 0214-3865-888 **요금** 슈피리어 US$60~
홈페이지 www.amazinghotel.com.vn
교통 사빠 광장에서 도보 5분

쩌울롱 사빠 호텔
Chau Long Sapa Hotel

독특한 외관이 눈길을 끄는 호텔로 오랜 역사만큼 이곳을 찾는 여행자들도 많다. 구관과 신관으로 이루어져 있으며 객실 컨디션은 신관이 나은 편이다. 객실은 미니 냉장고와 커피포트, TV 정도의 기본적인 어메니티를 갖추고 있다. 가족 여행자를 위한 패밀리 룸도 있다.

🌀 **지도** p.316-B **구글 맵** 22.332781, 103.842268
주소 24 Đông Lợi, Thị Trấn Sa Pa, Huyện Sa Pa, Lào Cai
전화 0214-3871-245 **요금** 슈피리어 US$68~
홈페이지 www.chaulonghotel.com
교통 사빠 광장에서 도보 5분

TIP 　**사빠 숙소 선택 시 고려할 사항**

사빠 호텔들은 평지와 언덕에 자리하고 있다. 레스토랑, 카페, 여행사 등 편의 시설이 즐비한 평지에 위치한 호텔은 접근성이 좋고 편리하지만 사빠의 풍경을 즐길 수 없다. 반면 언덕 위에 자리한 호텔은 사빠의 풍경을 감상할 수 있는 전망 좋은 객실을 보유하고 있으나 이동이 다소 불편하다. 또한 사빠는 날씨가 변덕스러워 아침저녁으로는 기온이 떨어진다. 추울 수 있으니 이왕이면 전기장판을 갖춘 숙소를 알아보자.

할롱베이

Ha Long Bay

베트남 북동부 하노이에서 동쪽으로 약 170km 위치에 있는 할롱베이는
베트남은 물론 세계 8대 비경에 꼽히는 명승지다. 비취색의 고요한 바다와
수면 위로 솟아오른 3,000여 개의 기암괴석들이 만들어 내는 환상적인 해안 절경은
중국의 계림과 비교되어 '바다의 계림'이라고 불린다. 1994년 유네스코
세계 문화유산으로 등재되기도 했다. 자연이 만든 최고의 걸작이라고도 평가되는
할롱베이에는 크고 작은 섬들과 석회 동굴이 남아 있으며
낭만적인 크루즈를 타고 멋진 경관을 즐길 수 있다.

⊘ CHECK

할롱베이 효율적으로 즐기는 방법
신비로운 분위기를 연출하는 할롱베이를 즐기는 방법은 다양하다.
하노이에 머물며 1일 투어 또는 숙박이 포함된 크루즈에 참여하거나
할롱시에 머물며 명승지들을 둘러보는 방법도 있다.
최근에는 하노이–할롱베이를 잇는 왕복 교통편과 배편이 포함된
1박 2일 또는 2박 3일 형태의 할롱베이 크루즈가 대세로 떠오르고 있다.

할롱베이

할롱베이로 가는 방법

투어 프로그램 이용

당일 투어는 물론 1박 2일, 2박 3일 등 다양한 투어 프로그램이 마련되어 있다. 당일 투어의 경우 숙박을 하는 프로그램에 비해 비용이 적게 들지만 할롱베이의 일부만 경험하고 돌아오게 되어 아쉬움이 남는다. 최근에는 1박 2일 또는 2박 3일 프로그램이 인기를 끌고 있다. 하노이 거리에서 쉽게 예약 가능하며 요금은 방문하는 관광 명소와 옵션, 액티비티 등에 따라 달라진다. 300여 개가 넘는 다양한 업체마다 방문하는 명소들이 조금씩 다르니 사전에 미리 후기나 프로그램을 비교한 후 선택하자.

투어 프로그램 선택 시 체크리스트

☑ 크루즈 선박은 이용 후기나 다양한 자료를 검색하여 선박의 상태를 미리 파악하자.
☑ 혼자서 투어를 하는 경우 추가 요금이 발생하는지, 싱글 룸이 있는 선박인지 확인한다.
☑ 티톱섬 포함 여부(당일 투어는 섬에 들르지 않는 경우가 많음)를 알아보고 원치 않는 액티비티는 과감히 뺀다.
☑ 식사, 음료, 주류 요금과 더불어 할롱베이 내 관광지 입장료가 포함인지 불포함인지 확인한다.

개별적으로 이동

할롱베이까지 가려면 하노이 또는 지역 버스 터미널에서 바이짜이(Bãi Cháy)까지 버스를 타고 이동한 후 다시 택시나 오토바이 등 다른 교통수단으로 갈아타고 할롱베이행 배를 탈 수 있는 바이짜이 선착장으로 가야 한다. 하노이의 잘림 버스 터미널, 르엉옌 버스 터미널에서 바이짜이 터미널까지는 3~3시간 30분 정도 소요되며 요금은 15만~20만 동이다.

> **TIP**
>
> 배낭 여행자나 장기 여행자의 경우 버스를 이용해 개별적으로 할롱베이를 둘러볼 수 있다. 이럴 경우 각각의 버스 터미널에서 할롱베이행 버스를 타고 이동한다. 현지에 도착해서는 할롱베이를 둘러볼 수 있는 선박을 선택해야 하는데 워낙 다양한 옵션 때문에 고르기가 쉽지 않다. 개별적인 방법보다는 왕복 교통편과 식사, 선박 등 할롱베이를 둘러보는데 필요한 요소들이 포함된 1일 투어로 둘러보는 것이 효과적이다.

데이 크루즈 VS 1박 2일 크루즈, 어떤 걸 선택할까?

투어 프로그램에 따라 할롱베이를 당일로 둘러볼 수도 있고 선상
에서 1박 이상 숙박하면서 즐기는 방법도 있는데, 최근에는 단연
숙박 크루즈가 인기다. 쾌적한 선실을 갖춘 크루즈선은 대부분 범
선이라 부르는 전통적인 스타일이며 최근에는 현대적인 럭셔리 선
박도 등장했다. 하노이에서 할롱베이까지 왕복 이동 시간을 고려
한다면 데이 크루즈로는 할롱베이를 제대로 만끽하기 어렵다.

1박 2일 크루즈 투어를 선택할 때 고려해야 할 것은?

할롱베이 크루즈는 1박 2일 프로그램이 가장 인기 있다. 일반적으로 티톱섬
과 승솟 동굴 또는 주변 동굴을 둘러보고 수상 마을과 해양 액티비티를 즐기
는 프로그램으로 구성된다. 여행자들이 주로 하노이의 호텔에 머물기 때문
에 픽업 서비스를 제공하며 왕복 교통비가 포함되는 경우가 일반적이다. 선
실 요금은 2인 기준이며 혼자 이용할 경우 싱글 차지(Single Charge)가 있다.

크루즈 요금에 따라 선실의 컨디션이나 식사 수준이 달라지는데 저렴한 크루즈의 경우 선상 또는 투어 프로그
램이 부실하고 추가 요금을 요구하는 경우가 많다. 또 오래된 선박을 이용하면 안전상의 문제도 일어날 수 있
다. 너무 저렴한 투어보다는 US$150~250 정도의 투어가 적당하며 US$400 이상의 호화 크루즈도 인기가 많
다. 예약 전에 홈페이지를 통해 프로그램 일정을 파악해 보자. 스파나 밤낚시 같은 유료 프로그램도 있으니 꼼
꼼히 살펴보자.

이것이 궁금하다. 할롱베이 크루즈 Q&A

Q. 숙박 크루즈 예약 시 세면도구를 챙겨 가야 하나요?
A. 할롱베이 크루즈에는 치약, 칫솔, 샴푸, 컨디셔너, 휴지, 수건 등 기본적인 세면도구들이 갖추어져 있습니다. 호
텔의 등급처럼 크루즈 등급에 따라 퀄리티와 종류가 달라집니다.

Q. 크루즈 동안 수영도 가능한가요?
A. 기온이 높은 4월부터 10월까지는 수영이 가능하고, 기온이 낮은 11월부터 3월까지는 수영이 불가능합니다.
4~10월 중에 크루즈를 탄다면 수영복과 물안경 등 수영 장비를 준비해 가면 좋아요.

Q. 개인적으로 먹을 음식과 음료 등을 챙겨 가도 될까요?
A. 컵라면이나 물, 음료 등은 챙겨 가도 괜찮습니다. 단, 사전에 크루즈 직원에게 이야기를 해야 합니다. 크루즈 업
체마다 허용하는 범위가 다르므로 예약 시 문의하는 것이 좋습니다.

Q. 캐리어를 가져가도 되나요?
A. 당연히 가능합니다. 데이 크루즈를 이용한다면 선박 내에, 1박 2일 크루즈를 이용한다면 배정받은 개인 선실에
보관 가능합니다.

Q. 꼭 챙겨 가야 할 것과 가져가면 좋을 준비물을 추천해 주세요.
A. 크루즈에서 저녁 식사를 할 때 입을 정장 차림의 옷가지를 준비하세요. 반바지에 슬리퍼 차림보다는 세미 캐주
얼 정장 차림이 좋습니다. 선크림, 선글라스, 모자 등 자외선을 차단하고 피부를 보호할 수 있는 아이템은 필수입
니다. 그 밖에 차량 안에서 사용할 목베개가 있으면 편합니다. 동굴이나 섬 정상으로 가야 하니 슬리퍼 외에 간편
한 운동화를 준비하는 것이 좋습니다.

선상에서 보내는 할롱베이 1박 2일 크루즈 여행

한 폭의 동양화를 떠올리게 하는 할롱베이에서 석양을 감상하고 고요함 속에서 하룻밤을 보내 보자. 바위제비 소리에 잠에서 깨어나 선실 창문 밖으로 펼쳐진 풍경을 보고 있으면 지친 몸과 마음이 저절로 힐링됨을 느낄 수 있다.

※아래 코스는 파라다이스 크루즈의 1박 2일 일정을 예시로 소개함.

12:30
숙박 크루즈 승선

이른 아침 호텔까지 마중 온 픽업 차량을 타고 하노이를 출발해 할롱베이로 향한다. 보통 픽업 차량에는 크루즈를 함께할 다양한 국적의 사람들이 탑승해 있다. 픽업 차량과 크루즈 업체에 따라 차이가 있지만 11시~11시 30분 쯤 할롱베이에 도착한다. 선박에 짐을 싣고 보딩 패스를 받은 후 선실을 배정받는다.

13:00
선상에서 맛보는 런치 뷔페

크루즈선에 승선해 배정된 선실에 짐을 놓고 나오면 간단한 오리엔테이션이 진행된다. 크루즈를 함께할 선원(캐빈 크루)의 소개가 끝나면 점심 식사가 시작된다. 점심은 보통 뷔페식으로 각종 해산물과 단품 요리가 제공된다. 주류를 제외한 1박 2일 동안의 모든 식사가 크루즈 요금에 포함되어 있다.

19:30
근사한 코스로 즐기는 디너

저녁 식사 시간이 되면 선박은 정박지에 닻을 내린다. 사람들이 멋지게 차려입은 뒤 시간에 맞춰 레스토랑으로 이동한다. 선박 내 레스토랑은 근사한 분위기로 변신해 있다. 디너 메뉴는 고급 레스토랑에서나 맛볼 수 있는 코스 요리가 제공된다. 맛도 훌륭하지만 로맨틱한 분위기가 가득하다. 식사와 함께 와인 한잔을 곁들여도 좋다. 식사 후 바에 들러 라이브 공연을 감상하자.

21:00
아늑한 선실에서 취침

고급 호텔 못지않은 선실에서 보내는 하룻밤 역시 잊지 못할 추억을 선사한다. 선실은 발코니와 침실, 욕실로 구분되며 하루 종일 불편함 없이 지낼 수 있을 만큼 완벽한 시설을 갖추고 있다. 할롱베이의 경우 배가 흔들리는 롤링 현상도 적어 마치 육지에 있는 듯한 착각이 들 정도다. 특히 파라다이스 크루즈의 선실은 다른 크루즈에 비해 고급스럽기로 유명하다.

14:00
수상 마을 구경과
바다 카약

점심 식사가 끝나면 선상에서 시간을 보내고 준비된 액티비티로 할롱베이를 만끽한다. 업체에 따라 방문하는 관광 명소와 액티비티는 달라지지만 대략 비슷하게 진행된다. 크루즈에서 내려 작은 배로 갈아타고 수상 마을에 방문해 현지인들의 생활을 구경한 후 동굴을 둘러보거나 카약 타기를 즐기면서 신나는 시간을 보낸다.

17:00
할롱베이의 멋진 풍경과
석양 감상 후 요리 시연

저녁 식사를 하기 전까지 각자 휴식을 취하거나 갑판으로 나와 그림 같은 할롱베이의 풍경을 즐긴다. 풍경 감상이 지루해질 때쯤 크루즈 선원들이 나타나 베트남 요리 강습을 시작한다. 그날그날 재료에 따라 메인 메뉴를 정하고 재료 손질에서부터 마지막 플레이팅까지 시연한다. 시연 후에는 칵테일 또는 전통주와 함께 시식한다.

다음 날 06:00
선상에서 맞이하는
할롱베이의 아침

할롱베이 크루즈의 하이라이트는 바로 선상에서 맞이하는 아침이다. 전날 석양을 보지 못했더라도 상관없다. 갑판, 선상, 선실 어디서라도 좋으니 할롱베이의 이른 아침 일출 풍경을 감상해 보자. 따뜻한 커피나 차를 마시면서 간단히 조식을 먹고 몽환적인 분위기에 흠뻑 빠져 보자. 선원들과 함께 태극권 체조를 해 보는 것도 재미있는 경험이 된다.

다음 날 07:30
티톱섬에서
할롱베이의 절경 바라보기

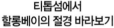

작은 해변과 전망대가 있는 티톱섬과 동굴을 방문해 자유 시간을 가지면서 오전 시간을 보낸다. 티톱섬의 전망대까지는 가파른 계단을 따라 10여 분 이상 올라야 하는데 정상에서 바라보는 할롱베이 풍경이 정말 아름답다. 선상으로 돌아와 여유롭게 아침 식사를 즐기고 신비로운 할롱베이의 기암괴석들을 구경하며 전날 출발했던 선착장으로 향한다.

할롱베이 인기 크루즈선

크루즈 여행의 만족도는 승선하는 배에 따라 달라진다. 특히 1박 이상의 크루즈 투어를 선택한다면 어떤 크루즈선을 이용하게 되는지 더 꼼꼼히 따져 봐야 한다. 선상 크루즈 역시 호텔처럼 등급이 나뉘는데 2~3성급 저가 크루즈는 요금이 저렴한 대신 선박의 컨디션은 다소 떨어진다. 4성급 이상은 되어야 만족스러운 할롱베이 투어를 경험할 수 있다. 특별한 경험을 하고 싶다면 5성급 크루즈를 타 보자.

파라다이스 크루즈
Paradise Cruise

5성급 초대형 크루즈 선박. 발코니가 딸린 스위트룸은 물론 스파, 피트니스 센터까지 다채로운 부대시설을 갖추고 있다. 총 4척의 크루즈선을 운영하고 있으며 가격에 따라 클래식, 모던, 럭셔리 등으로 구분된다. 최근에 모던한 분위기의 파라다이스 엘레강스 선박을 론칭했다.

☎ **전화** 024-3941-6666
(하노이 사무소)
요금 1박 2일 크루즈 US$155~
선실 수 8~31실(선박에 따라 다름)
홈페이지 www.paradisecruise.com

어우꺼 크루즈
The Au Co Cruise

럭셔리 크루즈 중 하나로 2박 3일 프로그램을 운영하며 신혼부부들에게 인기 있다. 원목으로 꾸며 놓은 객실은 무선 인터넷, 미니바, 욕실 등이 마련되어 있다. 베트남 요리 강습과 각종 해양 액티비티를 즐길 수 있도록 프로그램을 구성했다.

☎ **전화** 024-3944-6777
(하노이 사무소)
요금 2박 3일 크루즈 US$456~
선실 수 32실
홈페이지 www.aucocruises.com

펠리컨 크루즈
Pelican Cruise

오리엔탈 느낌의 갈색 돛이 상징인 펠리컨 크루즈는 신혼부부와 가족 여행자를 위한 1박 2일, 2박 3일 크루즈 프로그램을 운영하고 있다. 식사와 해양 레포츠, 요리 강습, 오징어 낚시 등의 액티비티가 포함되어 있으며 최근에 데이 크루즈도 운항을 시작했다.

☎ **전화** 024-3759-3098
(하노이 사무소)
요금 1박 2일 크루즈 US$320~
선실 수 28실
홈페이지 www.pelicancruise.com

바야 크루즈
Bhaya Cruises

동양적인 분위기로 꾸며진 4
성급 크루즈. 4종류의 선박
과 당일 크루즈, 1박 2일 크
루즈, 2박 3일 크루즈, 베지
테리언 크루즈 등 다양한 프로그램의 크루즈를 선택할
수 있다. 크루즈선은 기본적으로 깔끔한 선실과 레스
토랑, 스파 등을 보유하고 있다.

⭐ **전화** 024-3944-6777(하노이 사무소)
요금 1박 2일 크루즈 US$252~
선실 수 15~20실
홈페이지 www.bhayacruises.com

시레나 크루즈
Syrena Cruises

베트남 전통 스타일로 건조
된 4층 구조의 선박으로 선
상 레스토랑과 선 덱이 있고
데이 크루즈와 1박 2일 프
로그램을 운영하고 있다. 일반 선실과 발코니가 딸린
선실, 스위트룸을 갖추고 있다.

⭐ **전화** 024-3719-7214(하노이 사무소)
요금 1박 2일 크루즈 US$280~
선실 수 34실
홈페이지 www.syrenacruises.com

라 벨라 크루즈
La Vela Cruises

할롱베이 대표 명소인 승솟
동굴과 티톱섬을 방문한다.
클래식 선박과 프리미엄 선
박 중 선택할 수 있으며 모
든 선실에서 무선 인터넷 사용이 가능하다. 홈페이지
를 통해 다채로운 프로모션을 진행하고 있다. 호텔
픽업은 별도의 비용이 추가된다.

⭐ **전화** 024-3939-2929(하노이 사무소)
요금 1박 2일 크루즈 US$150~
선실 수 24실
홈페이지 www.halonglavelacruises.com

비올라 크루즈
Viola Cruise

2014년에 건조된 크루즈선
을 운영하고 있으며 총 16
실의 선실과 선 덱, 레스토
랑을 갖추고 있다. 다른 크
루즈선에 비해 선실이 넓은 편이고 붉은 톤의 베트남
원목을 사용해 전통적인 느낌을 더했다. 홈페이지에
서 할인 이벤트를 진행한다.

⭐ **전화** 091-381-5659(하노이 사무소)
요금 1박 2일 크루즈 US$200~
선실 수 16실
홈페이지 www.violacruisehalong.com

Good Start

베트남
여행의 시작

베트남 여행 기본 정보

베트남을 이해하는 데 꼭 필요한 정보를 미리 꼼꼼히 살펴보고 기억해 두면
더욱 알차고 편안한 여행을 즐길 수 있다.

국명
베트남 사회주의 공화국(Cộng Hòa Xã Hội Chủ Nghĩa Việt Nam, Socialist Republic of Vietnam)

국기

베트남 국기는 금성홍기(金星紅旗)로서 '베트남 민주 공화국'으로 독립할 때 처음
만들어졌다. 제차 인도차이나 전쟁 후인 1955년, 이전 기에서 별의 각을 더욱 날
카롭게 수정하여 북(北)베트남의 국기로 지정하였고, 베트남 전쟁 후인 1976년 통
일 국가의 국기가 되었다. 빨간색은 혁명의 피와 조국의 정신을, 노란색 별 5개의
모서리는 노동자·농민·지식인·청년·군인의 단결을 의미한다.

수도
하노이(Hà Nội)

행정 구역
5개의 중앙 직할시(하노이, 호찌민, 다낭, 하이퐁, 껀터)와 58개의 성으로 구성

면적
33만 1,210km²(한반도 면적의 1.5배)

인구
약 9,895만 명(2023년 기준)

지리
인도차이나반도 동쪽에 위치하며 남북으로 길게 뻗어 있다. 북부는 중국, 북서부는 라오스, 남서부는 캄보디
아와 국경을 마주한다. 국토의 약 75%가 산악 지대이며 해안선의 총길이는 3,200km다. 서쪽에는 쯔엉선산맥
(Dãy Núi Trường Sơn)이 있고 동쪽은 남중국해와 접해 있다.

민족

전체 인구의 90% 가량이 비엣족(낀족)으로 주로 평야에 거주한다. 나머지는 따이
족과 타이족, 크메르족 등 54개의 소수 민족으로 산지나 고원 지대에 거주한다.

종교
베트남은 전 국민의 80%가 불교도이며 유교, 도교, 토착 신앙도 믿는다. 불교는 4~5세기 중국에서 전해진 대
승 불교로 10세기 이후 국교로 자리 잡았으며 각 왕조는 불교를 받들고 발전시켰다. 불교에 이어 신도가 많은
종교는 16세기 무렵 선교사에 의해 전해진 가톨릭교다. 가톨릭교는 응우옌 왕조 시대에 극심한 탄압을 받았지
만 프랑스가 인도차이나반도를 지배하면서 보호받게 된다. 베트남에는 신흥 종교가 몇 가지 있는데 대표적인

것이 불교 · 유교 · 가톨릭교 등을 융합한 까오다이교로 신흥 종교 중 신도 수가 가장
많다. 이외에도 메콩 델타의 안장 지방을 중심으로 퍼져 있는 호아하오교와 짬족이
믿는 이슬람교, 힌두교도 여전히 남아 있다.

베트남 사람들의 기질

베트남 사람들은 근면하고 성실한 국민으로 알려져 있다. 여성들은 미의식이 높고 멋
을 부리는 데 신경을 쓰는 사람도 많다. 베트남 사회를 일컬어 '완고한 촌락 사회'라고
하는데 독립성과 폐쇄성을 띤 과거 촌락 성격이 안과 밖을 분명히 구분 짓는 베트남
인의 기질을 형성했다고 할 수 있다. 유교적인 남존여비 사상도 여전히 남아 있지만
여성들의 기질이 강한 것도 사실이다. 이것은 오랜 역사를 지나면서 남성들이 전쟁터로 나가는 일이 많아 여자
들에게 사회를 맡겨야 했던 데서 기인한다. 지역별로도 기질이 조금씩 다른데 베트남 남부 사람들은 대범하고
호탕하며, 북부 사람들은 총명하고 스마트하다. 중부 사람들은 성실한 노력가형이 많다고 한다.

정치

베트남은 사회주의 공화제 및 공산당 일당 체제의 국가다. 따라서 대통령이 없고 5년마다 개최되는 공산당 전
당 대회를 통해 권력 서열 1위의 서기장을 뽑는다. 응우옌푸쫑(Nguyễn Phú Trọng) 서기장이 2011, 2016년에 이
어 2021년 전당 대회 인선까지 3연임에 성공했다. 당은 국가 · 국회 · 정부의 활동을 지도하고 있으며 국회와 정
부(총리)의 힘은 과거에 비해 강화되는 추세이다.

경제

베트남은 시장 경제를 도입한 사회주의 국가이다. 베트남 전쟁 후 호찌민이 이끈 북베트남의 주도하에 베트남
사회주의 공화국으로 통일되었으나 중국과의 분쟁, 난민 유출, 경제 파국 등 여러 문제가 나타났다. 이를 개혁
하기 위해 1986년 '도이머이(Đổi Mới)' 정책으로 시장 경제를 도입하고 아시아태평양경제협력체(APEC)에 가
입했다. 2015년에는 독립 70주년, 종전 40주년을 맞이해 아세안(ASEAN) 경제 공동체를 발족시키는 등 새로운
시대를 열어 가고 있다.

언어

공용어는 베트남어이며 지방에 따라 발음에서 약간의 차이가 있다. 여행자들이 많은 호찌민, 하노이, 호이안 등
의 호텔, 여행사, 레스토랑에서는 영어 사용이 가능하며 프랑스어와 중국어도 어느 정도 통용된다.

기후

국토의 길이가 남북으로 1,700km에 이르기 때문에 지방에 따라 기후가 크게 다르다. 북부 지방은 사계절이 뚜
렷해 여름에는 30℃ 이상, 겨울에는 10℃ 이하를 기록한다. 중부 지방은 3~8월이 건기, 8~10월이 우기로 강
수량이 많은 편이다. 남부 지방의 경우 크게 5~10월의 우기와 11~4월의 건기로 나뉘며 기온은 연중 26~28℃
정도. 주요 지역별 기온과 강수량 정보는 p.345 참고.

비자

대한민국 국민은 베트남 비자 면제 프로그램에 따라 관광 목적일 경우 비자 없이 15일 미만까지 체류가 가능하
다. 15일 이상 체류 시 별도의 비자(e-visa)를 받거나 현지에서 연장을 해야 한다. 2015년 1월 1일부터 시행되고
있는 무사증 제도(무비자 15일 체류 가능)를 이용해 입국하는 한국 국적자는 복수여권 유효기간(이하 일반여
권)이 6개월 이상이어야 한다. 단, 기업 관계자가 보유하고 있는 APEC 카드를 소지한 경우 비자 역할을 할 수
있어 90일 이내 베트남 체류가 가능하다.

통화

베트남 통화 단위는 동(Vietnamese Dong, VND로 표기)이다. 미화 1달러는 약 2만 3,207동이고, 한화 1,000원은 1만 8,000동 정도다. 지폐는 500동, 1,000동, 2,000동, 5,000동, 1만 동, 2만 동, 5만 동, 10만 동, 20만 동, 50만 동의 총 10종류가 있다. 동전은 현재 거의 쓰이지 않는다.

환율 : 1만 동≒약 525원(2023년 2월 기준)

시차

한국보다 2시간 느리다. 한국이 오전 10시면 베트남은 오전 8시다.

한국과의 거리

한국에서 직선거리로 약 3,600km 떨어져 있으며 호찌민과 하노이 모두 직항 항공편으로 5시간 10~15분 소요된다.

화장실

호찌민, 하노이, 다낭 등 대도시에 있는 호텔이나 레스토랑 등에서는 크게 불편을 느끼지 못하지만 일단 외곽 지역이나 소도시로 나가면 화장실을 쉽게 찾을 수 없다. 또 대도시에는 관광지나 버스 터미널, 공원 등에 공중화장실이 있지만 지방 도시는 그마저도 드물다. 공중화장실은 유료와 무료가 있다. 유료인 경우 휴지 값과 서비스료로 500~2,000동 정도를 내야 사용할 수 있다. 화장실을 찾을 수 없을 때는 근처의 호텔이나 레스토랑에 있는 화장실을 이용하는 게 가장 좋다. 화장실에 휴지는 없다고 생각하고 여행 시 챙겨 다니자.

> **TIP**
> 베트남 화장실에는 물이 담긴 수조나 양동이, 바가지, 플라스틱 쓰레기통이 있다. 휴지는 변기에 버리거나 쓰레기통에 버리면 되는데 하수 처리 사정이 좋지 않으니 가급적 쓰레기통에 버리도록 하자.

음료수

수돗물을 그냥 마시는 것은 절대 피하고 생수를 사서 마시도록 한다. 편의점이나 상점 등에서 쉽게 구입할 수 있다. 생수를 구입할 때는 마개 개봉 여부를 확인하자. 거리에서 판매하는 생수의 경우 끓인 물을 담아 팔기도 한다. 식당에서는 차를 내어 주는데 끓인 것이라 괜찮다. 길거리에서 파는 주스나 커피에 들어 있는 얼음, 북부 산간 지역 등에서 파는 생수나 음료수도 위험하니 주문할 때 얼음을 빼 달라고 하자.

전압과 플러그

현재는 220V를 많이 사용한다. 플러그 모양은 2구멍(A, C 타입)과 3구멍(SE 타입) 등 여러 종류가 있다. 구멍이 2개인 플러그는 우리나라의 가전제품도 호환되어 별도의 플러그 없이 사용 가능하다. 그러나 일부 숙소는 220V를 사용하지 않는 곳도 있다. 미리 준비해 가거나 필요한 경우 호텔 프런트에 멀티플러그를 요청하도록 하자.

● 베트남 공휴일(2023년 기준)

공휴일	신정	구정	흥브엉 왕 추모기념일	베트남 해방기념일	노동절	건승기념일
2023	1월 1일	1월 21~27일	4월 29일	4월 30일	5월 1일	9월 2일
2024	1월 1일	2월 9~14일	4월 18일	4월 30일	5월 1일	9월 2일

팁과 에티켓

해외여행을 하면서 그 나라의 관습과 에티켓을 중시하는 것은 여행자의 기본 수칙이다.
베트남의 경우 정해진 금액은 없지만 적당한 선에서 팁을 준다면 서로가 기분 상할 일이 없다.
팁과 관련된 사항과 베트남에서 지켜야 할 에티켓을 살펴보자.

팁은 얼마나 줘야 할까?

고급 레스토랑은 부가가치세(VAT, 10%)와 서비스 차지(SC, 5%)가 가산되는 경우가 있다. 레스토랑에 따라 둘 중 하나에만 붙기도 한다. 표시된 요금에 세금이 포함된 것인지 여부를 메뉴판에서 확인하자. 요금 뒤에 '++' 라고 표시되어 있으면 표시 금액에 부가가치세와 서비스 차지가 더해진 것이므로 별도의 팁을 주지 않아도 상관없다. 음식 값에 서비스 차지가 가산되지 않거나 남은 음식을 테이크아웃하는 등 특별한 서비스를 받았을 경우 소액의 거스름돈을 그대로 팁으로 주거나 1만~2만 동 정도 덧붙여 주면 된다. 호텔에서는 숙박료에 자동적으로 서비스 차지가 청구되어 팁을 줄 필요는 없지만 간혹 요구하는 경우도 있다. 택시나 시클로 기사가 팁을 요구할 때는 주지 않아도 되지만 상황에 따라 1만~2만 동 정도 줄 수 있다. 마사지 숍에서 3만~5만 동 정도의 팁은 필수다.

레스토랑에서의 매너

레스토랑에서 계산을 할 경우 테이블에서 하는 것이 원칙이다. 쌀국수나 면 요리를 먹을 때 그릇을 들어 입에 대고 국물을 마시는 것은 자칫 매너 없는 행동으로 보일 수 있으니 주의하자. 식당에서 제공되는 물수건은 유료인데 사용하지 않으면 계산에서 제외된다. 물이나 음료수는 주문해야 가져다주며 일부 식당은 식사 후 뜨거운 차를 무료로 제공하기도 한다.

호텔에서의 매너

신규 호텔일수록 도난 방지를 위한 1회용 카드 키를 사용한다. 카드 키는 외출 시 프런트에 맡길 필요가 없고 방에 있을 때는 지정된 자리에 꽂으면 메인 전기 스위치가 된다. 체크아웃 시간이 지나면 자동적으로 카드 키는 사용할 수 없게 된다. 체크아웃 시간을 늦출 경우 미리 프런트에 연락해 카드 키의 사용 시간도 연장하자. 객실 안에서 도난 사고가 일어나도 호텔에서는 책임지지 않으니 귀중품을 두고 외출할 때는 금고에 넣거나 직접 관리하자.

종교적 장소에서의 매너

베트남은 불교 국가이지만 태국처럼 계율이 엄격한 나라는 아니다. 사원에 입장할 때도 옷차림에 특별히 신경 쓸 필요는 없지만 노출이 심한 옷은 삼가자. 겉에 걸칠 옷을 무료 또는 유료로 빌려주기도 한다. 금지 사항을 표시한 안내판이 있으니 참고하고 사원 내에서 사진을 찍는 행동도 일부 사원에서는 금지하고 있으니 주의한다.

기후와 옷차림

베트남은 남북으로 기다란 S자 형태를 띠고 있으며 연간 평균 기온이 22℃ 이상인 열대 몬순 기후다. 같은 시기라고 해도 북부와 중부, 남부 등 지역의 특성에 따라 기온 차가 있으므로 복장에 신경을 써야 한다. 지역별 기후와 특징을 알아보자.

북부의 기후

하노이를 중심으로 한 북부 지방은 평균 기온 23℃를 유지하며 우리나라와 비슷한 사계절의 기후를 보인다. 여름에 해당하는 5월부터 10월은 습도가 높고 무더운데 특히 6월과 7월은 더위가 절정에 이른다. 또 5월에서 9월까지는 우기로 비가 많이 내린다. 여행을 하기 가장 좋은 시기는 10월 중순에서 12월 초순이다. 12월부터 4월까지는 겨울 기온으로 이슬비가 많이 내리고 기온도 상당히 낮아 쌀쌀하다.

중부의 기후

후에를 중심으로 한 중부 지방은 평균 기온이 25℃ 내외로 대체적으로 1년 내내 따뜻한 편이다. 쯔엉선산맥, 후에와 다낭 사이에 위치한 하이번 고개의 영향으로 우기인 9월부터 1월까지는 비가 많이 내린다. 또 8월과 9월에는 태풍이 발생하는 빈도가 잦아 홍수 피해를 입기도 한다. 여행을 하기 가장 좋은 시기는 건기에 해당하는 3월부터 8월까지다. 5월 이후는 후텁지근한 더위가 이어진다.

남부의 기후

호찌민을 중심으로 한 남부 지방은 평균 기온이 26℃ 내외로 1년 내내 기온이 높은 편이다. 1년 중 가장 더운 시기는 4월과 5월로 습도까지 높아 가만히 있어도 땀이 난다. 5월에서 10월까지는 우기에 속하며 '망고 샤워'라고 불리는 스콜이 매일 1시간 정도 내린다. 11월부터 4월까지는 건기로 기온은 높지만 습도가 낮아 남부 여행의 최적기라 할 수 있다.

● 도시별 날씨표

지역명		1월	2월	3월	4월	5월	6월	7월	8월	9월	10월	11월	12월
북부	하노이	☀	☀	☀	☁	☁	☂	☂	☂	☂	☁	☁	☁
	할롱베이	☀	☀	☀	☀	☀	☂	☂	☂	☂	☀	☀	☁
	사빠	❄	❄	☀	☀	☀	☂	☂	☂	☀	☀	☀	❄
중부	다낭	☀	☀	☀	☀	☀	☀	☁	☁	☂	☂	☂	☂
	후에	☁	☀	☀	☀	☀	☀	☂	☂	☂	☂	☂	☂
남부	호찌민	☀	☀	☀	☁	☂	☂	☂	☂	☂	☂	☁	☀
	달랏	☀	☀	☀	☀	☂	☂	☂	☂	☂	☂	☀	☀
	나짱	☀	☀	☀	☀	☀	☀	☀	☁	☂	☂	☂	☂

기후에 맞는 옷차림

기본적으로 시원한 복장이면 충분하지만 햇볕이 강하므로 얇은 긴소매 옷과 모자를 챙기고, 핫팬츠나 미니스커트, 탱크톱 등 과도한 노출은 삼가도록 한다. 사원 등에 입장할 때 복장 제한이 있다. 겨울철에 북부 지방이나 산악 지대를 여행한다면 두꺼운 옷이나 외투 등의 방한복을 준비한다. 메콩강 크루즈나 트레킹을 할 예정이라면 운동화를, 다낭과 나짱 등 해변에서 시간을 보낼 계획이라면 래시 가드나 아쿠아 슈즈, 수영복 등을 준비해 가자. 우기에는 우산이나 우비를 챙긴다.

주요 지역별 평균 기온과 강수량

호찌민 기온
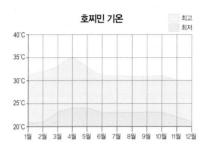

호찌민 강수량
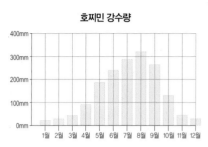

냐짱 기온
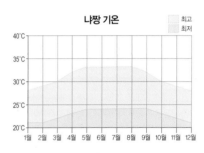

냐짱 강수량
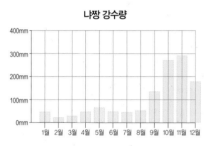

다낭 기온
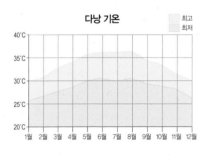

다낭 강수량
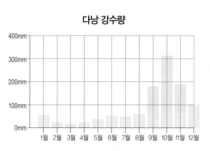

하노이 기온
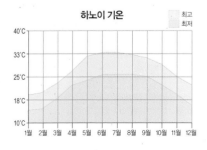

하노이 강수량
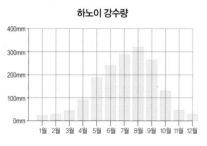

베트남의 역사

베트남 역사는 주변국들의 침략과 전쟁의 연속이었다. 1,000년에 걸친 중국의 지배 뒤에 베트남 왕조가
출현했지만 오래가지 못하고 다시금 프랑스의 지배를 받았다. 식민지 지배가 끝난 후에는
미국과 베트남 전쟁을 치렀고 20세기 후반에서야 비로소 독립을 이루게 됐다.

베트남 역사를
이해하는
6가지 키워드

1. 중국의 지배

기원전 111년 전한의 무제가 남월을 멸망시킨 후 이로부
터 약 1,000년 동안 중국의 지배하에 있었다. 한편 베트
남 남부 메콩 델타에서는 2세기경 크메르인이 부남(扶
南)을 세웠고 7세기 중엽에는 진랍이 건국됐다. 베트남
중부는 후에 지방 부근에서 일어난 짬족이 192년 짬파
왕국을 건국했다.

2. 베트남 최후의 왕조, 응우옌 왕조

오랜 중국의 지배 끝에 베트남은 독립을 쟁취했다.
1789년 떠이선의 응우옌후에가 베트남 남북을 통일하
고, 1802년에는 응우옌푹아인(가륭제)이 베트남 최후
왕조인 응우옌 왕조를 세웠다. 현재 후에에 남아 있는
응우옌 왕궁은 가륭제 시대부터 30년에 걸쳐 지어진 역
사의 산물이다. 응우옌 왕조 초기에 가륭제는 중국, 프
랑스와의 협력을 통해 안정된 정치를 펼쳤지만 2대 민
망 황제는 중앙 집권 정치와 외세 배척 정책을 강행했
고 이를 구실로 프랑스는 불월 전쟁을 일으켰다. 응우
옌 왕조는 이름뿐인 왕조로 전락해 1945년까지 이어지
다 8월 혁명 이후 완전히 붕괴했다.

3. 호찌민과 독립 선언

호찌민은 1890년에 출생한 베트남 공산당의 지도자 겸 혁명가
이다. 1930년 베트남 공산당을 결성하고 1945년 9월 2일 '8월 혁
명' 성공 후 베트남의 초대 대통령으로 호찌민 바딘 광장에서 독
립 선언문을 낭독했다. 이는 한 세기 동안 베트남을 지배하던 프
랑스로부터 독립을 의미하는 것이었다. 이후 그는 인도차이나
전쟁과 베트남 전쟁을 이끌었으나 1969년 전쟁 도중에 사망했
다. 폐타이어로 만든 샌들을 신고 긴 턱수염을 길렀으며 소박한
생활로 생을 마친 그는 베트남 국민들로부터 사랑과 존경을 받
는 인물로 베트남의 '아버지'로 불린다.

4. 베트남 전쟁

1954년부터 1975년까지 이어진 베트남 전쟁은 베트남의 남북통일을 위해 일어난 전쟁이다. 인도차이나 전쟁이
끝난 후 체결된 제네바 협정에 의해 베트남은 북위 17도선을 경계로 남과 북으로 분단되었다. 이후 남베트남의
탄압 정치에 저항하는 남베트남 민족해방전선(베트콩)이 탄생해 전국에서 게릴라 전투를 치렀다. 그 무렵 동서
냉전 중에 있던 미국은 베트남을 동남아시아에서 '자유주의의 보루'로 간주해 북베트남에 폭격을 시작, 장기간
에 걸친 지상전을 펼쳤다.

5. 베트남 사회주의 공화국

베트남 전쟁이 끝나고 남북통일 선거와 신헌법 제정을 거쳐 1976년 베트남 사회주의 공화국이 탄생했다. 그러
나 베트남 공산당의 사회주의화 정책과 화교에 대한 민족적 차별이 심해지면서 발생한 중월 전쟁 등으로 국제
사회로부터 고립됐고 베트남의 경제와 국민들의 생활은 기아 직전의 위기 상황까지 악화됐다.

6. 도이머이 정책

1986년에 선언된 도이머이(쇄신) 정책은 베트남 전반의 위기 상황을 타개하기 위해 채택한 것으로 정치, 경제,
사회, 사상 등 모든 분야를 새롭게 바꾸는 '쇄신'을 국가 목표로 삼고 시장 경제 도입 등 새로운 경제 정책을 채
택했다. 이에 따라 1980년대 후반부터 급격한 발전을 하게 되었고 2015년에는 아세안(ASEAN) 경제 공동체 출
범으로 더욱 눈부신 성장을 기대하고 있다.

	기원전 8,000년경	동남아시아에 호아빈 문화 개화
중국 지배기를 거쳐 베트남 왕조 출현	기원전 111년	중국 한나라, 남월을 병합하고 3군 설치
	40년	쯩 자매의 봉기
	192년	중부 연안 지방에 짬파 왕국 건국
	938년	중국으로부터 독립(응오꾸옌이 한나라의 군대를 물리침)
	966년	중국으로부터 완전 독립(딘보린이 딘 왕조 세움)
	1009년	리타이또가 리 왕조를 일으킴(~1225)
	1175년	송나라의 침공
	1258년	원나라의 침공(~1287)
	1407년	명나라에게 점령당함
	1789년	떠이선의 응우옌후에가 베트남 통일
	1802년	응우옌 왕조 성립, 후에를 수도로 정함
	1858년	프랑스군이 베트남 침공(불월 전쟁)
	1873년	가르니에 사건, 프랑스군이 하노이 점령
	1883년	후에 조약, 프랑스가 베트남 보호령 선포
	1887년	프랑스령 인도차이나 연방 성립
베트남 전쟁	1919년	파리 평화회의에서 인도차이나의 민주적 자치권 요구
	1930년	베트남 공산당 결성
	1940년	일본군이 인도차이나 침공
	1945년	9월, 호찌민이 베트남 민주 공화국 독립 선언
	1946년	인도차이나 전쟁 발발(~1954)
	1954년	제네바 협정에 따라 북위 17도선을 군사 경계선으로 해 남북으로 분단
	1955년	남부에 베트남 공화국 성립, 응오딘지엠 대통령 취임
	1960년	남베트남 민족해방전선(베트콩) 결성
	1963년	응오딘지엠 대통령 암살
	1964년	통킹만 사건, 미국이 북베트남 폭격 시작
	1968년	뗏 공세, 선미 마을 사건
	1969년	호찌민 사망
	1973년	파리 평화협정 조인
	1975년	4월 사이공 함락, 베트남 전쟁 종결
도이머이 정책과 베트남	1976년	베트남 사회주의 공화국 수립
	1978년	캄보디아로 침공
	1979년	베트남군이 프놈펜 제압, 중월 전쟁 발발
	1986년	제6회 전당대회, 도이머이 정책 공식 채택
	1989년	캄보디아에서 완전 철수
	1991년	제7회 전당대회, 도므어이 서기장 선출
	1992년	신헌법 공포
	1994년	미국의 경제 제재 조치 해제
	1995년	미국과 국교 정상화, 동남아시아 국가 연합(ASEAN) 정식 가입
	1996년	제8회 전당대회, 경제 발전 계획 발표
	1998년	아시아 태평양 경제 협력체(APEC) 정식 가입
	2001년	제9회 전당대회, 농득마인 서기장 선출
	2007년	세계무역기구(WTO) 정식 가입
	2015년	ASEAN 경제공동체(APEC) 출범
	2016년	미국 오바마 대통령 공식 방문
	2017년	제25차 APEC 정상회의 개최(다낭)

베트남 입국하기

인천 국제공항에서 직항 편을 이용해 베트남에 입국하는 경우 호찌민이나 하노이, 다낭, 냐짱(나트랑) 중 한 곳을 이용하게 된다. 위 도시들의 국제공항은 규모나 시설은 조금씩 다르지만 입국 절차는 모두 동일하다.

입국 순서	공항 도착	입국 심사	수하물 찾기	세관 통과	목적지 이동

입국 심사

비행기에서 내려 'Immigration'이라고 쓰여 있는 안내 표지판을 따라 입국 심사대로 간다. 베트남은 별도의 입국 신고서와 세관 신고서를 작성할 필요 없이 직원에게 여권만 제출하면 된다. 여권 확인 후 비자 스탬프를 찍고 돌려준다. 15일 이상 체류할 예정이라면 별도의 비자 신청이 필요하다. 비자 신청(Visa Application)은 한국에서 미리 발급받거나 입국 심사장 내 위치한 발급 신청소를 통해 신청할 수 있다.

수하물 찾기

입국 심사가 끝나면 수하물을 찾으러 간다. 전광판에서 자신이 타고 온 항공 편명과 컨베이어 벨트 번호를 확인한 후 이동한다. 비슷하게 생긴 짐을 가져가는 일이 없도록 수하물 확인증(클레임 태그)을 한 번 더 확인하자.

세관 검사

짐을 찾은 후 세관 검사대(Customs)로 이동한다. 신고할 물품이 있다면 빨간색 카운터로, 신고할 물품이 없다면 녹색 카운터로 나간다. 녹색 카운터에 줄을 섰어도 X선 검사를 요청하는 경우가 있으니 당황하지 말자. 위탁 수하물과 기내 수하물 모두 X선 검색대를 통과해야 한다.

> **TIP 베트남 입국 시 면세 허용 범위**
>
> **담배** 200개피(1보루) **주류** 1.5리터(알코올 도수 22% 이상), 2리터(알코올 도수 22% 미만), 3리터(와인, 기타 알코올 음료) **차** 최대 5kg **커피** 최대 3kg **현금** 1,500만 동 또는 미화 5,000달러를 초과하는 경우 신고 필요

시내로 이동

세관 검색대를 통과해 입국장을 빠져나오면 환전소와 통신사, 택시 카운터 등이 보인다. 환전이 필요한 경우 환전소나 ATM기를 이용하고 유심 카드를 구입하려면 통신사 카운터로 간다. 시내 또는 숙소로 이동할 때는 믿을 수 있는 마일린 택시, 비나선 택시를 이용하거나 셔틀버스에 탑승하자.

베트남 출국하기

베트남 여행을 마치고 한국으로 돌아가는 날에는 비행기 출발 시간에 따라
호텔에 짐을 맡겨 놓고 시내를 둘러보거나 택시, 드롭 서비스 등을 이용해 공항으로 가면 된다.

짐 꾸리기

기내 수하물과 위탁 수하물로 나누어 짐을 꾸린다. 항공사마다 수하물의 허용 무게와 규정이 상이하니 출국 전 정확한 규정을 인지하고 짐을 싸도록 하자. 액체류나 깨지기 쉬운 물품은 포장에 신경을 써 위탁 수하물에 넣도록 하자. 기내 수하물에 액체류를 넣을 경우 100mL 이하만 가능하며 지퍼 백에 담아야 한다.

호텔 체크아웃하기

호텔마다 체크아웃 시간이 조금씩 다르지만 보통 11:00~12:00이다. 체크아웃한 후 공항까지 가는 가장 편한 방법은 호텔 측에 드롭 서비스를 요청하는 것이다. 국제선의 경우 비행기 탑승 시각 최소 2시간 전에는 공항에 도착할 수 있도록 하고 이른 아침에 출발하는 경우에는 미리 호텔 측에 예약해 두자. 호텔 미니바를 이용했을 경우 요금을 정산해야 하며 프런트에 여권이나 귀중품을 맡겼다면 잊지 말고 돌려받도록 하자.

탑승 · 출국 수속

공항에 도착했다면 체크인을 해야 한다. 해당 항공사 카운터로 이동해 위탁 수하물을 부치고 탑승권과 수하물 보관증을 받는다. 체크인은 가능한 서둘러 마치자. 체크인을 마쳤다면 여권과 탑승권을 챙겨 출국 심사를 받도록 한다. 출국 카운터에서는 여권과 탑승권을 제시하고 도장을 받는다. 수하물 검사 후 정해진 게이트로 이동해 탑승을 기다리면 된다.

베트남 국내 교통편

국토가 긴 베트남에서 장거리 이동은 비행기를 이용하는 것이 좋고, 시간 여유가 있다면 육로를 이용해도 무방하다. 육로 이동 시 여행자들은 주로 오픈 투어 버스(슬리핑 버스)나 기차를 타고 이동한다.

비행기

베트남 주요 도시는 베트남항공, 비엣젯항공, 젯스타퍼시픽항공 등의 국내선 항공편이 연결한다. 육로로 이동하기에 거리가 멀거나 일정이 짧은 여행자라면 항공편을 이용하는 것이 효율적이다. 베트남 국내선의 경우 기상 조건에 따라 일정이 변경, 취소되는 경우가 종종 있으니 탑승 1~2일 전에 예약 확인(리컨펌)을 하자.

항공권 예약

한국에서 베트남 국내선 항공권을 예약하려면 베트남항공이나 비엣젯항공의 홈페이지를 통하면 된다. 베트남항공의 경우 국제선과 국내선을 함께 구입하면 각각 구입할 때보다 저렴하다. 할인율은 출발 시기에 따라 달라지니 자세한 사항은 여행사나 항공사 홈페이지를 참고하자. 베트남 현지에서 예약할 때 공항 내 항공사 창구나 지역 여행사를 통하면 당일 발권도 가능하다.

베트남항공 한국 지사
주소 서울특별시 중구 서소문로 89 순화빌딩 9층 **전화** 02-757-8920, 02-757-8923(예약부) **홈페이지** www.vietnamairlines.com
비엣젯항공
홈페이지 www.vietjetair.com

국내선 터미널 이용 시 주의 사항

국내선 체크인은 출발 1시간 전부터 시작해 이륙 30분 전에 마감된다. 교통 혼잡 등을 고려해 최소 1시간 30분 전에 공항에 도착하도록 하자. 국내선을 이용할 때도 여권을 지참해야 한다. 택시를 이용할 경우 국내선(Domestic) 터미널로 갈 것을 확실히 전달해야 한다.

국내선 비행기 탑승

각 지역별 공항 내 국내선 터미널에서 탑승 수속을 밟은 뒤 탑승하면 된다. 전자 항공권을 프린트해 체크인 카운터에 보여 주면 탑승권(보딩 패스)을 발권해 준다. 여권과 탑승권 검사 후 해당 게이트로 이동해 탑승하면 된다.

●국내선 운항 정보

노선	출발일	소요 시간
하노이(HAN) - 다낭(DAD)	매일	1시간 20분
하노이(HAN) - 호찌민(SGN)	매일	2시간 10분
하노이(HAN) - 냐짱(CXR)	매일	1시간 55분
하노이(HAN) - 달랏(DLI)	매일	1시간 55분
호찌민(SGN) - 하노이(HAN)	매일	2시간 05분
호찌민(SGN) - 달랏(DLI)	매일	50분
호찌민(SGN) - 다낭(DAD)	매일	1시간 20분
호찌민(SGN) - 냐짱(CXR)	매일	1시간 10분
다낭(DAD) - 달랏(DLI)	매일	1시간 40분
다낭(DAD) - 하노이(HAN)	매일	1시간 20분
다낭(DAD) - 호찌민(SGN)	매일	1시간 25분
다낭(DAD) - 냐짱(CXR)	매일	1시간 15분

TIP

베트남 중부 도시 호이안에는 공항이 없으며 가장 가까운 다낭 국제공항을 이용한다. 공항에서 호이안까지는 차로 40~50분 정도 걸린다. 냐짱 역시 공항이 없고 가장 가까운 깜라인 공항(Cam Ranh International Airport)을 이용한다. 깜라인 공항에서 냐짱까지는 차로 40~50분 정도 소요된다.

열차

호찌민에서 하노이까지 베트남 남북을 연결하는 통일 철도와 하노이-라오까이, 하노이-하이퐁, 호찌민-판티
엣을 잇는 노선이 있다. 열차는 이동 시간이 긴 반면 기차 여행의 묘미를 만끽하기에 좋은 교통수단이다.

승차권 구입

승차권을 구입하는 방법은 크게 3가지로 직접 기차역을 방문하는 방법, 현지 여행사를 통하는 방법, 인터넷
(dsvn.vn)으로 예약하는 방법이 있다. 여행사에서 구입하면 수수료가 발생하지만 가장 편리하고 안전하다.
2015년 1월 1일부터는 승차권 구입 시 여권 번호가 필요하므로 기차역에 방문해 직접 구입할 때는 여권을 지참
하자. 또 음력설을 비롯해 국경일, 연휴 기간에는 승차권이 빨리 매진되므로 해당 기간에 여행을 계획한다면 서
둘러 예매한다.

●열차 노선 정보

주요 노선	소요 시간	거리
하노이 – 호찌민	31시간 30분 이상	1,726km
하노이 – 라오까이	7시간 50분 이상	294km
하노이 – 하이퐁	2시간 40분 이상	100km
호찌민 – 판티엣	4시간 이상	185km
다낭 – 후에	2시간 45분 이상	103km

통일 열차 이용

호찌민과 하노이를 잇는 총길이 1,726km의 통일 철도는 가장 빠른 SE2, SE4 열차라도 30시간 이상 소요된다.
소요 시간이 긴 열차를 이용하면 밤에 출발해 다다음 날 새벽에 종착역에 도착하는 2박 3일 여행이 된다. 너무
긴 기차 여행이 힘들다면 비교적 가까운 다낭-후에 구간(약 3시간), 호찌민-냐짱 구간(약 7시간)을 이용해 보
자. 요금은 이용하는 열차와 좌석에 따라 달라지는데 SE2 또는 SE4로 호찌민-하노이 전 구간을 이용할 경우
가장 저렴한 승차권이 89만 4,000동(좌석), 가장 비싼 승차권이 146만 2,000동(에어컨, 소프트 베드, 컴파트먼
트 이층 침대의 아래 칸)이다. ※요금은 2023년 2월 기준

좌석 등급

열차에 따라 좌석의 등급 분류가 다른데 보통 4종류로 구분된다. 침대는 하드 베드와
소프트 베드가 있으며 모두 아래 칸일 때 비싸다.
▶**하드 시트** 딱딱한 나무 의자로 만들어진 좌석으로 현지인들이 많이 이용한다.
▶**소프트 시트** 쿠션이 있는 등받이가 있고 각도 조절이 가능한 좌석이다. 하드 시트
보다 쾌적하다.
▶**하드 베드** 3단 목제 침대가 객실마다 2개씩 배치되어 있고, 6인실로 운영된다.
▶**소프트 베드** 쿠션이 있는 2단 침대가 객실마다 2개씩 배치되어 있고, 4인실로 운영된다.

● 통일 열차 시간표

구분	SE1	SE3	SE5	SE7	SE9	거리(km)
			하노이 → 호찌민			
하노이	22:20	19:25	08:50	06:00	14:25	0
잡밧	–	–	–	–	14:41	4
남딘	23:57	21:07	10:32	07:42	16:18	87
닌빈	–	21:42	11:07	08:17	16:59	115
타인호아	01:29	22:53	12:24	09:26	18:13	175
빈	03:50	01:24	14:58	11:59	20:46	319
동허이	07:57	05:30	19:30	16:23	01:34	522
동하	09:37	07:13	21:12	18:40	03:27	622
후에	10:54	08:32	2230	19:56	04:56	688
랑꼬	–	–	–	–	–	755
다낭	13:42	11:28	01:16	22:42	08:02	791
땀끼	14:58	13:15	–	00:07	09:24	825
꽝응아이	16:03	14:26	03:46	01:16	11:18	928
디에우찌	18:53	17:33	06:49	04:14	14:27	1,096
뚜이호아	20:31	19:13	08:50	06:01	16:31	1,198
나짱	22:28	21:14	10:51	08:31	19:02	1,315
탑짬	–	22:48	12:46	10:05	20:46	1,408
빈투언	02:34	01:07	15:19	12:55	23:42	1,551
비엔호아	05:03	03:53	18:09	15:45	02:40	1,697
사이공	05:45	04:38	18:55	16:30	03:25	1,727
총 소요 시간	31시간 25분	33시간 13분	34시간 5분	34시간 30분	37시간	–

구분	SE2	SE4	SE6	SE8	SE10	거리(km)
			호찌민 → 하노이			
사이공	21:55	19:25	08:45	06:00	14:30	0
비엔호아	22:34	20:12	09:27	06:46	15:17	29
탑짬	03:20	–	14:28	11:51	20:49	318
나짱	04:55	03:02	16:06	13:28	23:13	411
뚜이호아	06:52	05:03	18:10	15:34	01:19	528
디에우찌	08:39	06:52	20:31	17:29	03:11	630
꽝응아이	11:20	09:46	23:20	20:28	06:34	798
땀끼	12:25	10:54	–	21:35	07:47	861
다낭	14:01	12:41	02:22	23:23	09:57	935
랑꼬	–	–	–	–	–	971
후에	16:35	15:25	05:00	02:09	13:00	1,038
동하	17:48	16:40	06:17	03:24	14:17	1,104
동허이	19:39	18:35	08:35	05:21	16:14	1,204
빈	23:41	22:44	12:57	09:45	20:43	1,407
타인호아	02:18	01:26	15:41	12:27	23:28	1,551
닌빈	03:21	–	16:56	13:37	–	1,611
남딘	03:53	03:05	17:30	14:11	01:30	1,639
하노이	05:30	04:48	19:12	15:54	03:08	1,726
총 소요 시간	31시간 35분	33시간 23분	34시간 27분	33시간 54분	36시간 38분	–

※2023년 상반기 기준. 스케줄(SE9, SE10 비운행)은 현지 사정에 따라 변경될 수 있다.

주요 기차역

▶하노이역

메인 역과 건너편의 작은 역으로 나뉘며 표는 메인 역에서 구입할 수 있다. 친절한 응대는 기대할 수 없고 현지인들을 위한 시스템으로 운영된다. 베트남 전역으로 이동하는 열차가 발착하는데 호찌민 등 남부 지방으로 가는 열차가 대다수다. 기차역 앞에는 택시들이 대기 중이고 노이바이 국제공항으로 가는 공항 셔틀버스 정류장도 있다.

▶사이공역

여행자보다는 현지인 위주의 시스템으로 운영되므로 어느 정도 대화가 필요하다면 오픈 투어 버스를 이용하는 편이 낫다. 기차역에는 상점과 패스트푸드점이 있고 택시들도 상주하고 있다. 사이공역에서 벤타인 시장으로 가는 149번(요금 6,000동) 버스가 운행한다.

> **MORE INFO | 도시명과 역명이 다른 예**
>
> **호찌민역** : 사이공역으로 통용된다.
> **닌빈역** : 세계 문화유산이 있는 짱안 경관 단지로 가는 가장 가까운 역이다.
> **라오까이역** : 고산족 마을인 사빠로 가는 가장 가까운 역. 역에서 사빠로 가는 버스와 택시 등이 출발한다.
> **다낭역** : 호이안으로 가는 가장 가까운 역. 역에서 호이안까지 차로 40~50분 정도 소요된다.
> **탑짬역** : 짬 유적의 도시 판랑으로 가는 가장 가까운 역이다.

오픈 투어 버스

베트남에서 중·장거리를 이동할 때 가장 편리한 방법은 버스를 이용하는 것이다. 베트남 전국을 촘촘하게 연결하고 있는 장거리 버스는 현지인은 물론 여행자에게도 든든한 발이 되어 준다. 하지만 버스가 낡고 언어 소통이 어려워 불편하다는 단점이 있다. 일반 버스보다는 여행자를 위한 오픈 투어 버스가 이용하기 편리하고 안전하다.

침대 버스가 편리

여행사가 운영하는 버스 차량은 미니버스에서 대형 버스까지 요금과 좌석에 따라 종류가 다양하다. 중거리 이동은 미니버스를 타도 괜찮지만 장거리 이동은 대형 버스를 타는 게 더 쾌적하다. 최근에는 에어컨 설비와 무선 인터넷을 갖춘 고급 버스도 늘어나고 있다. 장거리 버스의 경우 '슬리핑 버스(Sleeping Bus)'라고 부르는 침대 버스가 인기다. 2층 침대가 3줄로 늘어서 있는데 좌석을 조절하면 그런 대로 몸을 누일 수 있다.

●주요 버스 노선의 소요 시간

노선	소요 시간
호찌민 – 껀터	3시간 30분
호찌민 – 무이내	5시간
무이내 – 달랏	4시간
무이내 – 냐짱(나트랑)	5시간
달랏 – 냐짱(나트랑)	4시간
다낭 – 호이안	40분
다낭 – 후에	3시간
후에 – 호이안	4시간
하노이 – 사빠	5시간 30분
하노이 – 할롱베이	3시간 30분

오픈 투어 버스의 승차권 구입

오픈 투어 버스는 베트남 전국을 돌아보는 여행자들에게 편리하다. 특히 베트남 남부에서 북부 구간을 여행할 계획이라면 주목할 필요가 있다. 호찌민 – 하노이 구간의 승차권을 구입하면 기착지에서 마음대로 타고 내릴 수 있으며 원하는 만큼 머물다가 다시 탈 수 있다. 타고 내리는 곳은 버스 터미널이 아니라 해당 시내에 위치한 여행사 사무소 앞인 경우가 많아 접근이 용이하다. 대표적인 오픈 투어 버스는 베트남 최대 오픈 투어 버스 네트워크를 보유하고 있는 신투어리스트에서 운영한다. 보통 오전과 오후에 걸쳐 1일 1~2편 운행하니 자세한 사항은 홈페이지를 참고하자.

승차 방법

각 지역 신투어리스트 사무소에 방문해 체크인한다. 원하는 시각에 출발하는 승차권을 구입하거나 미리 예매한 바우처를 보여 주면 티켓으로 바꿔 준다. 생수와 물수건을 제공하며 트렁크나 가방에는 네임 태그를 달아 준다.

●신투어리스트 오픈 버스 정보

하노이 → 호찌민					
발착지	발착 시간	거리	소요 시간	좌석 종류	요금
하노이 출발	18:00	685km	13시간	침대 버스	69만 9,000동
후에 도착	07:00				
후에 출발	08:30, 13:15	100km	3시간	침대 버스	29만 9,000동
다낭 도착	11:30, 15:45				
다낭 출발	12:00, 15:30	30km	1시간 30분	침대 버스	19만 9,000~24만 9,000동
호이안 도착	13:30, 17:00				
호이안 출발	18:15	530km	12시간 30분	침대 버스	49만 9,000동
냐짱 도착	07:00				
냐짱 출발	08:15, 13:00	140km	4시간	좌석 버스	29만 9,000동
달랏 도착	12:15, 17:00				
달랏 출발	07:30, 13:00	160km	4시간	침대 버스	34만 9,000동
무이내 도착	11:30, 17:00				
무이내 출발	07:30, 13:00	250km	5시간 30분	침대 버스	29만 9,000~49만 9,000동
호찌민 도착	13:00, 18:30				
호찌민 → 하노이					
발착지	발착 시간	거리	소요 시간	좌석 종류	요금
호찌민 출발	08:00, 23:00	250km	5시간 30분	침대/좌석 버스	29만 9,000~49만 9,000동
무이내 도착	13:00, 04:00				
무이내 출발	07:30, 12:30	160km	4시간	침대 버스	34만 9,000동
달랏 도착	11:30, 16:30				
달랏 출발	07:30, 12:30	140km	4시간	좌석 버스	29만 9,000동
냐짱 도착	11:30, 16:30				
냐짱 출발	19:00	530km	11시간	침대 버스	49만9,000동
호이안 도착	06:00				
호이안 출발	08:00, 13:45	30km	1시간 30분	침대 버스	24만 9,000동
다낭 도착	08:45, 14:30				
다낭 출발	08:45, 14:30	100km	3시간	침대 버스	29만 9,000동
후에 도착	11:15, 17:00				
후에 출발	17:30	685km	13시간	침대 버스	69만 9,000동
하노이 도착	06:30				

※ 버스 티켓은 환불이 불가능하며, 성수기에는 요금이 달라진다. 홈페이지에서 요금 확인 가능.

●지역별 신투어리스트 사무소 정보   ※다낭점. 후에점은 현재 리노베이션 중

지역	주소	전화	이메일	운영 시간
호찌민(데탐점)	246-248 Đề Thám, Quận 1, Hồ Chí Minh	028-38389593	info@thesinhtourist.vn	
무이내	144 Nguyễn Đình Chiểu, Hàm Tiến, Phan Thiết	0252-3847542	muine@thesinhtourist.vn	
달랏	22 Bui Thi Xuan St., Da Lat City	0263-3822663	dalat@thesinhtourist.vn	
냐짱	130 Hùng Vương, Nha Trang	0258-3524329	nhatrang@thesinhtourist.vn	
다낭	16-3 Tháng 2, Hải Châu, Đà Nẵng	0236-3843259	danang@thesinhtourist.vn	08:00~17:00
호이안	646 Hai Bà Trưng, Phường Minh An, Hội An	0235-3863948	hoian@thesinhtourist.vn	
후에	38 Chu Văn An, Phú Hội, Thành phố Huế	0234-3845022	hue@thesinhtourist.vn	
하노이	52 Lương Ngọc Quyến, Hoàn Kiếm, Hà Nội	024-39261568	hanoi@thesinhtourist.vn	

시내버스

베트남 전국에서 운영 중이며 최근에는 버스의 컨디션도 좋아지고 있다. 하노이, 호찌민, 다낭, 냐짱 등 대도시에서는 여행자도 일부 구간을 이용할 수 있지만 언어 소통과 복잡한 노선 등은 해결해야 할 문제점이다.

호찌민의 버스 터미널

호찌민에는 전국 각지를 연결하는 버스 터미널이 여러 곳에 있다. 호찌민 시내를 기준으로 동·서·남·북부에 위치하며 각각의 터미널에서 갈 수 있는 목적지도 다르다. 최근 진행 중인 도시화 지하철 공사로 인해 일부 버스 터미널은 위치를 옮겨 임시 운영되고 있다.

▶미엔동 버스 터미널 Bến Xe Miền Đông : 호찌민 동부 지역에 위치하고 있으며 동북부 인근 지역 및 달랏, 무이내, 냐짱, 다낭, 하이퐁, 하노이행 버스와 라오스행 국제 버스가 발착한다.

▶미엔떠이 버스 터미널 Bến Xe Miền Tây : 호찌민 서부에 위치하고 있으며 서남부 지역을 오가는 버스가 발착한다. 메콩 델타 인근 쩌우독을 비롯해 미토, 벤쩨, 빈롱, 하띠엔 등으로 운행한다.

▶쩔런 버스 터미널 Bến Xe Chợ Lớn : 호찌민 시내 남쪽의 쩔런 지역에 위치하고 있으며 호찌민 근교로 나가는 버스들이 운행한다.

▶벤타인 버스 터미널 Bến Xe Bến Thành : 호찌민 시내 남쪽의 벤타인 시장 건너편에 위치하고 있으며 현대식 시설로 리모델링이 완료되었다. 시내 주요 지역을 오가는 150여 개의 노선버스가 발착한다.

▶안스엉 버스 터미널 Bến Xe An Sương : 호찌민 북부에 위치하고 있으며 중남부 지역으로 가는 버스가 주로 발착한다.

하노이의 버스 터미널

▶잘럼 버스 터미널 Bến Xe Gia Lâm : 호안끼엠호에서 차로 15분 정도 거리에 위치하고 있으며 하노이 외곽 지역인 할롱베이, 하이퐁, 사빠 등으로 가는 버스가 주로 발착한다.

▶미딘 버스 터미널 Bến Xe Mỹ Đình : 호안끼엠호 서쪽에 위치하고 있으며 베트남 서부와 북부 지방으로 가는 버스가 발착한다.

▶낌마 버스 터미널 Bến Xe Kim Mã : 시내 중심부에 자리한 버스 터미널로 하노이 시내와 근교로 가는 버스가 발착하며 90번 버스가 노이바이 국제공항에서 도착한다.

▶잡밧 버스 터미널 Bến Xe Giáp Bát : 하노이 남쪽에 위치하고 있으며 시내에서 차로 약 25분 거리다. 호찌민, 후에 등 중남부 지방으로 가는 버스가 발착한다.

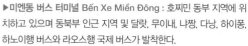

택시 Tắc-xi

택시는 베트남 전역에서 쉽게 이용할 수 있는 교통수단이다. 미터 택시도 있고 흥정 후 이용해야 하는 택시도 있다. 공항이나 호텔, 백화점 등에서는 정해진 승차장에서 탑승하면 되고 필요한 경우 호텔이나 레스토랑 등에 요청할 수도 있다. 베트남 택시는 대부분 무선 통신 장비를 갖추고 있어 연락하면 5분 내에 도착하며 비용은 따로 발생하지 않는다. 일부 기사들은 여행자들에게 터무니없이 비싼 요금을 요구하는 경우가 있으니 믿을 수 있는 택시를 선택하자. 비나선(Vinasun)이나 마일린(Mai Linh)과 같은 대형 택시업체의 평이 좋은 편이다. 기본요금은 지역에 따라 다른데 1km당 1만 1,000~1만 6,000동 수준이며 거리·시간 병산제이다.

쌔옴 Xe Ôm

'쌔'는 '교통수단, 차량'을 뜻하며 '옴'은 '껴안다'라는 의미로, 오토바이 택시를 일컫는다. 택시만큼이나 이용자가 많지만 미터기가 없기 때문에 외국인이 이용하기에는 부담이 따른다. 타기 전에 요금을 확실히 흥정해야 하는데 이 또한 쉽지 않다. 안전을 위해 저녁 시간대 이용은 자제하자. 현지인들의 경우 교통 체증을 피하는 교통수단으로 이용하며 최근에는 '그랩 바이크(Grab Bike)'로 흡수되어 모바일 애플리케이션으로 연계해 이용할 수 있다.

시클로(씩로) Xích Lô

자전거를 개조한 형태로 운전자 앞에 좌석을 만들어 사람이 탈 수 있다. 과거에는 현지인들이 단거리 이동 시나 짐이 많은 경우 이용했으나 현재는 이용자가 점점 줄고 있다. 베트남 정부의 규제로 시내 중심가에서는 운행이 금지되었으며 관광 상품으로 그 역할을 대신하고 있다. 하지만 여행자나 외국인에게 부당하게 높은 요금을 강요하는 등 크고 작은 사건이 종종 발생하고 있다. 심야 시간대는 이용을 삼가고 타기 전에 요금을 확실히 흥정해야 한다. 요금을 조율했다고 하더라도 운행 종료 후 추가 요금을 요구하는 경우도 있다.

그랩 Grab

2016년에 등장한 새로운 교통수단으로, 택시와 달리 개인이 차량을 등록해 서비스하는 형태로 운영된다. 운임은 택시에 비해 저렴하지만 출퇴근 시간, 점심시간, 비가 올 때 등 손님이 몰리는 시간대는 요금이 배로 올라가니 주의하자. 현지 전화번호를 통해 모바일 애플리케이션을 활성화해야 이용할 수 있고, 사전에 등록된 신용카드나 현금으로 결제가 가능하다. 최근 들어 외국인과 여행자들의 이용이 늘

고 있는 추세다. 호찌민, 하노이, 다낭 등 외국인 여행자들이 많은 지역에서 활발하게 이용되고 있다. 다만 호이안, 후에 지역에서는 이용하는 데 제한적이니 참고하자.

베트남 여행 시 사건·사고

예상하지 못한 돌발 사고는 어쩔 수 없지만 관광객을 상대로 한 범죄와 질병 등은 사전에 조금만 신경을 쓴다면 어느 정도 예방이 가능하다. 알아 두면 유용할 몇 가지 치안 정보를 살펴보자.

사전 예방

동남아시아 국가 중에서 치안 상태가 좋은 편인 베트남이지만 외국인 관광객이 늘어나면서 갖가지 사고가 발생하고 있다. 살인이나 상해 같은 흉악한 범죄는 적지만 소매치기, 날치기, 사기도박 등이 증가하는 추세다. 특히 도시 번화가나 관광지, 공항, 열차 등 관광객들이 많이 몰리는 장소에서 사건이 빈번하게 발생하니 주의하자. 밤에 혼자 다니는 것을 삼가는 것은 물론 호텔에서도 귀중품 관리에 신경을 써야 한다. 또 관광지에서 친절하게 다가오는 사람을 무턱대고 믿었다가 문제에 휘말리는 경우도 적지 않으므로 타인의 호의를 생각 없이 받지 말자.

도난 또는 분실했을 때

여행 중 도난을 당했거나 소지품을 분실했다면 가장 먼저 경찰에 신고해야 한다. 보험 청구가 필요한 상황이라면 도난 및 분실 증명서를 발급받아야 한다. 여권은 재발급받아야 하며 신용카드는 해당 회사에 연락해 사용 정지 신청을 한다. 경찰서에서 영어가 통하지 않는 경우가 많으니 가능하면 인솔자나 현지 투어 가이드 혹은 호텔 직원과 의논해 동행하도록 하자. 만약의 사태에 대비해 여행 전 여행자 보험에 가입해 두는 것이 좋다.

호찌민 투어리스트 가드

호찌민에는 2~3인으로 구성된 투어리스트 가드 250여 명이 활동하고 있다. 영어를 능숙하게 구사하며 길 안내나 택시 불러 주기, 레스토랑과 환전소 위치 안내 등의 정보를 제공한다. 또 시클로나 오토바이 택시와의 요금 문제, 흥정으로 인한 다툼 등 여행 중에 곤란한 일이 생겼을 때 도움을 주기도 한다. 여행자들이 주로 방문하는 관광지 주변에 항상 대기하고 있어 쉽게 찾을 수 있다.

여행 트러블 사례와 대처법

도난

하노이와 지방을 연결하는 장거리 버스나 열차 안에서 잠이 든 여행자를 노리는 도난 사고. 자고 있는 사이 면도칼로 옷이나 가방을 찢고 귀중품을 훔쳐 간다. 통로석보다는 창가석에 앉는 것이 낫고, 면도칼이나 가위에도 끄떡없는 튼튼한 가방을 챙기면 좋다.

사기도박

주로 젊은 여성들이 접근해 영어로 말을 건다. 한국에서 일을 하게 되었다고 하면서 집으로 함께 가서 부모님께 한국의 사정을 이야기해 달라고 요청한다. 택시를 타고 집으로 안내한 뒤 환영 인사를 하고 나면 친척이라는 남자가 나타나 카드 게임을 하자고 한다. 처음에는 이기기도 하고 재미있지만 나중에는 엄청난 돈을 잃게 된다. 가지고 있는 현금이 없으면 신용카드로 귀금속을 사게 하거나 위협적인 분위기를 조성해 본국에서 송금할 것을 강요한다.

날치기

오토바이를 탄 2인조가 길을 가는 사람의 가방이나 휴대폰을 재빠르게 채 가는 것으로 어깨에 걸친 가방을 빼앗길 때 넘어지거나 끌려가 타박상, 골절상 등 중상을 입기도 한다. 최근에는 택시를 타고 내리는 사이에 범행을 저지르기도 한다. 가방은 가능하면 가슴 앞쪽으로 놓고 대로 중앙으로 걷도록 하자. 만약 날치기를 당했다면 생명과 신체의 안전을 최우선하고, 되도록 따라가지 말자.

가짜 가이드

공항에서 자주 일어나는 사기로 공항으로 마중 나오기로 한 현지 여행사 직원이나 가이드인 척하며 다가와 말을 걸고 차로 안내한다. 그리고 차 안에서 '현금을 내야 한다'며 돈을 요구하고 부족할 때는 신용카드로 돈을 인출할 것을 강요한다. 마지막에는 숙박 예정이 아닌 다른 호텔 앞에 내려 준다. 이런 피해를 당하지 않으려면 공항에서 말을 걸어 왔을 때 '어느 여행사에서 나오셨나요?'라고 물어 만나기로 한 직원인지 반드시 확인하자.

시클로

베트남에서 시클로를 이용할 때 사건 사고가 빈번하다. 자주 일어나는 상황은 다음과 같다.
→ 타기 전에 요금 흥정을 했는데 내릴 때는 그 이상의 돈을 요구한다.
→ 부탁했던 장소가 아닌 인적이 드문 장소로 끌고 가 협박한다.
→ 운전사가 소개하는 식당으로 데려가 부당한 식대를 강요한다.
→ 공원 등에서 운전사가 말을 거는 사이 한패인 사람이 가방을 들고 사라진다.
※위와 같은 사고를 당하지 않기 위해서는 허점을 보이지 말고 흥정한 가격과 시클로 고유 번호를 메모해 두도록 하자. 비교적 호객 행위와 사건 사고가 적은 후에, 호이안 등에서 시클로를 이용하는 것도 방법이다.

매춘

베트남 전역에서 매춘은 불법이며 적발되면 엄벌에 처해진다. 실명과 사진이 죄상과 함께 신문에 실리기도 한다. 에이즈 등의 우려도 있다.

마약

베트남에서 마약 소지와 투여는 금지되어 있다. 전에는 헤로인 밀수로 검거된 외국인에게 사형 선고가 내려진바 있으며 마약 소지 역시 중범죄에 속한다. 외국인도 가차 없이 엄벌에 처해진다.

선교 활동

베트남에서는 모든 외국인에게 종교의 자유를 보장하고 있지만 베트남의 풍속 및 관습에 위배되는 종교 집회 또는 노상의 종교 활동은 엄격하게 통제받는다. 특히 외국인이 베트남인을 대상으로 하는 선교 또는 포교 행위가 발각되면 강제 추방 등 강경 제재가 가해진다.

베트남 여행 중 건강 관리

베트남을 여행할 때 무엇보다 중요한 것은 현지 날씨와 환경에 적응하는 것이다.
무더운 날씨에 무리한 일정을 강행하거나 위생 상태가 좋지 않은 길거리에서의 식사 등은
피하도록 하자. 여행 중 적절한 휴식을 취하면서 자기 관리에 신경을 쓰자.

이런 점을 조심하자

베트남은 보통 더운 나라로 생각되지만 지역에 따라 기온 차이가 심하다. 북부 지역과 일부 산간 지역은 기온
이 낮아 감기에 걸리기도 하며 더운 날씨에는 냉방병도 조심해야 한다. 그러므로 얇은 옷은 물론 가벼운 점퍼
정도는 챙겨 가는 것이 좋다. 여행 기간이 길거나 무리한 일정은 과로할 수 있으므로 본인의 체력과 건강에 유
의하면서 일정을 조절하자. 여행을 떠나기 전에 미리 여행자 보험에 가입해 두면 병이 났을 때 의료비 부담을
덜 수 있고 도움도 받을 수 있다. 대도시의 병원들은 영어가 가능하고 한국인 의사가 운영하는 병원도 있으니
몸이 아프거나 병이 나면 망설이지 말고 찾아가자.

물과 음식을 섭취할 때 조심하자

베트남의 수돗물은 수도 설비를 갖춘 대도시에서도 광물질이 많이 섞여 있는 센물이어서 익숙하지 않은 사
람이 마시면 설사를 일으키기 쉽다. 마트에서 파는 일반 생수를 사 마시거나 끓인 물을 마시고 레스토랑이나
현지 식당에서 내놓는 얼음도 주의하자. 채소와 해산물은 기생충이 있을 수 있으니 튀기거나 충분히 익힌 것
을 먹는다. 과일과 유제품은 기온이 높아 상하기 쉬우므로 신선한 것으로 고르고 특히 유제품은 되도록 대형
마트에서 구입한다.

●국제 병원 및 한국인 운영 병원 – 긴급구조 115

호찌민	아산 병원 Asan Medical Center	주소 : 220 Trần Văn Trà, Panorama D 전화 : 028-5412-3360 진료 시간 : 월~금요일 09:00~18:00, 토요일 09:00~12:00, 일요일 휴무
	비나 헬스케어 안푸 Vina Healthcare An Phu	주소 : 40 Nguyễn Quý Đức, An Khánh, Quận 2 전화 : 028-6287-1223 진료 시간 : 월~금요일 09:00~17:00, 토요일 09:00~12:00, 일요일 휴무
	다솜 병원 Dasom Poly Clinic	주소 : 13-15 Khu Phố Hưng Gia 1, Tân Phong, Quận 7 전화 : 090-8887-582 진료 시간 : 월~목요일 08:30~18:00, 토요일 08:30~16:00, 금 · 일요일 휴무
다낭	호안미 다낭 병원 Bệnh Viện Hoàn Mỹ Đà Nẵng	주소 : 291 Nguyễn Văn Linh, Thạc Gián, Thanh Khê 전화 : 0236-3650-676 진료 시간 : 07:00~16:00, 일요일 휴무
	패밀리 병원 Family Hospital	주소 : 73 Nguyễn Hữu Thọ, Hòa Thuận Nam, Hải Châu 전화 : 1900-2250 진료 시간 : 06:00~17:00
하노이	킴스 클리닉 & 헬스 케어 Kims Clinic & Health Care	주소 : Tầng 3 Tháp A, Mễ Trì, Từ Liêm 전화 : 024-6128-1041 진료 시간 : 월~금요일 08:30~17:30, 토요일 08:30~12:00, 일요일 휴무
	패밀리 메디컬 프랙티스 Family Medical Practice	주소 : 298I Kim Mã, Ba Đình 전화 : 024-3843-0748 진료 시간 : 24시간 진료
	홍응옥 병원 Hồng Ngọc General Hospital	주소 : 55 Yên Ninh, Trúc Bạch, Ba Đình 전화 : 024-3927-5568 진료 시간 : 07:30~17:00
	래플스 메디컬 하노이 Raffles Medical Hanoi	주소 : 51 Xuân Diệu, Quảng An, Tây Hồ 전화 : 024-3676-2222 진료 시간 : 월~금요일 08:00~17:00, 토요일 08:00~18:00, 일요일 휴무

알아 두어야 할 질병

여행자들이 걸리는 질병의 대부분은 수돗물이나 음식을 잘못 먹어서 나는 설사, 피곤해서 생기는 감기, 강한 직사광선으로 인한 일사병이나 열사병이다. 증상이 가벼운 경우도 있지만 전염병, 감염증, 중독증처럼 심각한 질병에 대한 염려도 적지 않으므로 건강 관리에 신경을 쓰자.

바이러스성 간염

A형, B형, C형 등 여러 종류가 있는데 여행 중에 걸리기 쉬운 것은 A형 간염이다. 2~6주일의 잠복기를 거쳐 전신 권태, 식욕 저하, 발열 등이 나타나고 황달 증세로 이어진다. 의심이 될 때는 즉시 병원으로 간다. 물과 음식에 주의한다.

식중독

감염자나 보균자의 오물에서 나온 세균이 음식물이나 손을 통해 경구로 감염된다. 끓이지 않은 물이나 익히지 않은 채소, 잘라서 파는 과일 등은 되도록 피하고 불에 익힌 음식을 먹도록 하자. 보통 설사, 복통, 구토, 발열을 동반한다.

뎅기열

흰줄숲모기나 이집트숲모기에 물려서 감염된다. 보통 2~7일의 잠복기를 거치며 갑자기 고열, 두통, 심한 근육통 증상이 나타난다. 중증일 때는 한 달 이상 증상이 계속되며 심한 경우 사망에 이른다. 의심이 될 때는 즉시 병원으로 간다. 특히 우기에는 각별한 주의가 필요한데 모기에 물리지 않도록 하는 것이 최선이다.

파상풍

흙 등에 있는 파상풍균이 상처를 통해 들어온 뒤 사지 경직, 발열, 경련 등을 일으킨다. 3일~3주일 안에 발병하며 사망할 수도 있다. 연못이나 하천에서 수영을 하거나 걷다가 상처가 생겼다면 상처 주위를 반드시 깨끗한 물로 닦고 소독한다.

말라리아

메콩 델타 지역이나 산악 지대를 여행한다면 조심해야 할 질병. 학질모기에 물려서 감염되며 잠복기는 수주일, 귀국 후 발병하는 경우도 있다. 일반적으로 열대열, 삼일열, 사일열, 난형열 원충 감염으로 분류되며 베트남에서 감염되는 말라리아는 열대열로 악성이다. 조기에 정확한 진단과 치료를 받지 않으면 뇌성 말라리아를 일으켜 사망에 이르기도 한다. 모기 퇴치제나 모기장을 준비해 모기에 물리지 않도록 하는 것이 최선의 예방법이다.

베트남어 **여행 회화**

베트남에서는 외국인이 많이 이용하는 호텔이나 레스토랑, 쇼핑센터 외에는 영어가 잘 통하지 않기 때문에 기본적인 베트남어를 익혀 두면 여행에 많은 도움이 된다. 여행할 때 꼭 필요한 단어와 문장을 알아보자.

베트남어의 기본 원칙

성조

베트남어는 모음이(a, ă, â, ì(y), u, ư, e, ê, o, ơ, ô)로 12개이며 성조(聲調)가 6개(남쪽 지방은 5개) 있다. 성조는 평탄한 무인(a), 내려가는 부호(à), 천천히 내려갔다 올라가는 부호(ả), 짧게 내려갔다 올라가는 부호(ã), 올라가는 부호(á), 강하게 내리는 부호(ạ)로 표시되며 남쪽에서는 (ả)와 (ã)가 확실하게 구별되지 않는다. 같은 단어라도 성조가 틀리면 의미가 달라지므로 부호를 잘 보고, 천천히 발음해 보자.

문장의 구성

문장의 구성은 주어, 그리고 술어의 순서다. 문법은 아주 간단해서 관사나 시제에 따른 동사의 변화가 없다. 내일과 어제라는 단어가 들어가면 동사 앞에 미래를 뜻하는 sẽ(새), 과거를 뜻하는 đã(다)가 없어도 충분히 통한다.

형용사는 주어의 뒤에 온다.

예) 이 꽃이 예쁩니다. →　호아　나이　댑
　　　　　　　　　　　Hoa này / đẹp
　　주어　술어　　　　주어　술어

또 수식어는 명사의 뒤에 오는 점을 주의하자.

예) 이 꽃 →　호아　나이
　　　　　　Hoa này
　　꽃　이

긍정문과 부정문

영어의 be 동사에 해당하는 것은 Là(라)로, '나는 ~입니다'가 된다.

예) 나는 한국인입니다. →　또이 라 응어이 한 꾸옥
　　　　　　　　　　　　Tôi là người Hàn Quốc

일반 동사의 경우는 예와 같다.

예) 나는 냐짱에 갑니다. →　또이 디　냐짱
　　　　　　　　　　　　 Tôi đi Nha Trang

부정의 경우에는 동사 앞에 Không을 놓으면 된다.

일상 회화

안녕하세요. **Xin chào.** *씬 짜오*

안녕히 가세요. **Tạm biệt.** *땀 비엣*

(남성에게) 잘 지냅니까? **Anh có khỏe không?** *아인 꼬 꽤 콩*

(여성에게) 잘 지냅니까? **Chi có khỏe không?** *찌 꼬 꽤 콩*

고맙습니다. **Cảm ơn.** *깜 언*

천만에요. **Không có gì.** *콩 꼬 지*

실례합니다. **Xin lỗi.** *씬 로이*

축하합니다. **Chúc mừng.** *쭉 믕*

네. **Vâng** *벙*

아니오. **Không** *콩*

모르겠습니다. **Tôi không biết.** *또이 콩 비엣*

싫어요. **Tôi không thích.** *또이 콩 틱*

만나서 반갑습니다. **Rất vui được gặp bạn.** *럿 부이 드억 갑 반*

나는 한국 사람입니다. **Tôi là người Hàn Quốc.** *또이 라 응어이 한 꾸옥*

나의 이름은 ○○○입니다. **Tôi tên là ○○○.** *또이 뗀 라*

(남성에게) 당신의 이름은 무엇입니까? **Anh tên là gi?** *아인 뗀 라 지*

(여성에게) 당신의 이름은 무엇입니까? **Chi tên là gi?** *찌 뗀 라 지*

(남성에게) 수고하세요. **Chào anh.** *짜오 아인*

(여성에게) 수고하세요. **Chào chị.** *짜오 찌*

화장실은 어디입니까? **Nhà vệ sinh ở đâu?** *냐 베 신 어 더우*

천천히 말해 주세요. **Xin nói chầm chậm.** *씬 노이 쩜 쩜*

다시 말해 주세요. **Xin nói lại một lần nữa.** *씬 노이 라이 못 런 느어*

공항 ^{선 바이} sân bay   역 ^{냐 가} nhà ga

버스 정류장 ^{짬 쌔 부잇} trạm xe buýt

버스 터미널 ^{벤 쌔 부잇} bến xe buýt

비행기 ^{마이 바이} máy bay

기차 ^{쌔 르어 따우 호아} xe lửa / tàu hỏa

버스 ^{쌔 부잇} xe buýt

택시 ^{딱 씨} tắc xi

빨리 가 주세요. ^{씬 나인 렌} Xin nhanh lên.

천천히 가 주세요. ^{씬 쩜 쩜} Xin chầm chậm.

OO 호텔은 어디입니까? ^{카익 싼 OO 어 더우} Khách sạn OO ở đâu?

택시를 불러 주세요. ^{고이 딱 씨 즙 또이} Gọi tắc xi giúp tôi.

공항으로 가 주세요. ^{쪼 또이 덴 선 더이} Cho tôi đến sân bay.

여기 세워 주세요. ^{증 라이어 더이} Dừng lại ở đây.

몇 시에 출발합니까? ^{머이 지어 커이 하인} Mấy giờ khởi hành?

몇 시에 도착합니까? ^{머이 지어 덴 너이} Mấy giờ đến nơi?

하루에 얼마입니까? ^{못 응아이 바오 니에우 띠엔} Một ngày bao nhiêu tiền?

기본 단어

인칭

나 ^{또이} tôi

우리들(듣는 사람 포함) ^{쭝 따} chúng ta

우리들(듣는 사람 미포함) ^{쭝 또이} chúng tôi

당신(남성) ^{아인} anh   당신(여성) ^찌 chị

당신들 ^{깍 아인} các anh   ^{깍 찌} các chị

그 ^{아인 어이} anh ấy   그녀 ^{찌 어이} chị ấy   그들 ^호 họ

이 사람 ^{응어이 나이} người này   저 사람 ^{응어이 끼어} người kia

요일

월요일 ^{응아이 트 하이} ngày thứ hai

화요일 ^{응아이 트 바} ngày thứ ba

수요일 ^{응아이 트 뜨} ngày thứ tư

목요일 ^{응아이 트 남} ngày thứ năm

금요일 ^{응아이 트 사우} ngày thứ sáu

토요일 ^{응아이 트 바이} ngày thứ bảy

일요일 ^{응아이 쭈 녓} ngày chủ nhật

숫자

0 ^콩 không

1 ^못 một

2 ^{하이} hai

3 ^바 ba

4 ^본 bốn

5 ^남 năm

6 ^{사우} sáu

7 ^{바이} bảy

8 ^땀 tám

9 ^찐 chín

10 ^{므어이} mười

11 ^{므어이 못} mười một

12 ^{므어이 하이} mười hai

13 ^{므어이 바} mười ba

14 ^{므어이 본} mười bốn

15 ^{므어이 람} mười lăm

16 ^{므어이 사우} mười sáu

17 ^{므어이 바이} mười bảy

18 ^{므어이 땀} mười tám

19 ^{므어이 찐} mười chín

20 ^{하이 므어이} hai mười

100 ^{못 짬} một trăm

1,000 ^{못 응안} một ngàn(남) ^{못 응인} một nghìn(북)

10,000 ^{므어이 응안} mười ngàn(남) ^{므어이 응인} mười nghìn(북)

식당 nhà hàng

(남성에게) 여기요. Anh ơi.

(여성에게) 여기요. Chị ơi.

주문 받아 주세요. Cho chúng tôi gọi món.

메뉴를 보여 주세요. Cho tôi xem thực đơn.

물(미네랄워터) 주세요.
Cho tôi nước suối khoáng.

고수는 빼 주세요. Không rau thơm.

음식은 언제 나오나요? Khi nào món ăn ra?

커피 한 잔 주세요. Cho tôi một cốc cà phê.

얼마예요? Bao nhiêu tiền?

계산할게요. Tính tiền.

계산이 맞지 않습니다.
Tính tiền không đúng ạ.

음식

국수 phở

국수 bún

빵 bánh mì

밥 cơm

닭고기 thịt gà

소고기 thịt bò

돼지고기 thịt heo

새우 tôm

생선 cá

채소 rau

샐러드 gỏi ngó sen

라이스페이퍼 bánh tráng

향채(고수) rau thơm

음료

술 rượu

맥주 bia

수박주스 nước dưa hấu

오렌지주스 nước cam

사탕수수주스 nước mía

물 nước

미네랄워터 nước suối

조미료

소금 muối

간장 nước tương

식초 dấm

후추 tiêu

고추 ớt

설탕 đường

식사 도구

숟가락 thìa / muỗng

젓가락 đũa

포크 nĩa

나이프 con dao

접시 đĩa

컵 cốc

맛

맛있다 ngon

짜다 mặn

싱겁다 nhạt

달다 ngọt

시다 chua

맵다 cay

쓰다 đắng

상점

티셔츠 áo phông
_{아오 퐁}

바지 quần
_{꾸언}

치마 váy
_{바이}

속옷 đồ lót
_{도 롯}

모자 mũ / nón
_{무 논}

구두 giày
_{자이}

운동화 giày thể thao
_{자이 테 타오}

샌들 dép
_잽

화장품 mỹ phẩm
_{미 펌}

지갑 ví
_비

가방 túi xách
_{뚜이 싹}

말린 과일 hoa quả sấy khô
_{호아 꽈 서이 코}

얼마예요? Bao nhiêu tiền?
_{바오 니에우 띠엔}

이것은 무엇입니까? Cái này là cái gì?
_{까이 나이 라 까이 지}

저것을 보여 주세요. Cho tôi xem cái kia.
_{쪼 또이 쌤 까이 끼어}

입어 봐도 될까요? Cái này mặc thử được không?
_{까이 나이 막 트 드억 콩}

너무 비싸요. Mắc quá.
_{막 꽈}

깎아 주세요. Giảm giá đi.
_{잠 자 디}

바가지 씌우지 마세요. Xin đừng nói thách.
_{씬 등 노이 탁}

이 물건으로 살게요. Tôi sẽ mua cái này.
_{또이 새 무어 까이 나이}

새 제품으로 주세요. Cho tôi hàng mới.
_{쪼 또이 항 머이}

문제 상황

병원 bệnh viện
_{벤 비엔}

약국 nhà thuốc
_{냐 투옥}

약 thuốc
_{투옥}

아프다 đau
_{다우}

가렵다 ngứa
_{응으어}

덥다 nóng
_농

춥다 lạnh
_{라인}

열이 있다 bị sốt
_{비 솟}

어지럽다 chóng mặt
_{쫑 맛}

배가 아프다 đau bụng
_{다우 붕}

감기에 걸렸다 bị cảm
_{비 깜}

상처를 입다 bị thương
_{비 트엉}

경찰 cảnh sát
_{까인 삿}

여권 hộ chiếu
_{호 찌에우}

지갑 bóp / ví
_{봅 비}

돈 tiền
_{띠엔}

도둑맞다 bị ăn cướp
_{비 안 끄업}

잃어버리다 mất
_멋

도와주세요. Giúp tôi với.
_{줍 또이 버이}

병원은 어디입니까? Bệnh viện ở đâu?
_{벤 비엔 어 더우}

약을 주세요. Cho tôi thuốc.
_{쪼 또이 투옥}

경찰을 불러 주세요. Hãy kêu cảnh sát.
_{하이 께우 까인 삿}

빨리! Nhanh nhanh!
_{나인 나인}

그만! Không!
_콩

찾아보기

저스트고 베트남

개정 5판 1쇄 인쇄일 2023년 3월 15일
개정 5판 1쇄 발행일 2023년 3월 24일

지은이 김낙현

발행인 윤호권
사업총괄 정유한

편집 이정원 **디자인** 김효정 **마케팅** 정재영
발행처 ㈜시공사 **주소** 서울시 성동구 상원1길 22, 6-8층(우편번호 04779)
대표전화 02-3486-6877 **팩스(주문)** 02-585-1755
홈페이지 www.sigongsa.com / www.sigongjunior.com

글 ⓒ 김낙현, 2023

이 책의 출판권은 (주)시공사에 있습니다. 저작권법에 의해
한국 내에서 보호받는 저작물이므로 무단 전재와 무단 복제를 금합니다.

ISBN 978-11-6925-629-2 14980
ISBN 978-89-527-4331-2(세트)

*시공사는 시공간을 넘는 무한한 콘텐츠 세상을 만듭니다.
*시공사는 더 나은 내일을 함께 만들 여러분의 소중한 의견을 기다립니다.
*잘못 만들어진 책은 구입하신 곳에서 바꾸어 드립니다.